第一版获首届全国教材建设奖全国优秀教材

"十四五"职业教育国家规划教材

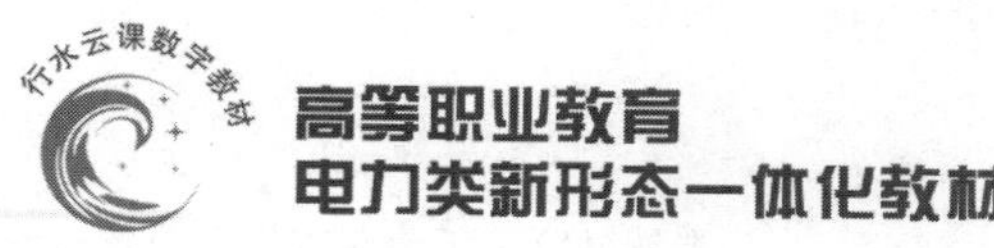


高等职业教育
电力类新形态一体化教材

# 电力系统分析技术及应用

## （第二版）

主　编　邓海鹰　左江林
主　审　程文钢

·北京·

## 内 容 提 要

本教材第一版荣获首届全国教材建设奖全国优秀教材，列入“十四五”职业教育国家规划教材。第二版在第一版的基础上进行了全面修订。本教材介绍了电力系统正常运行和故障条件下的分析技术，以及电网安全、优质、经济运行等方面的相关内容，包括认知电力系统、潮流计算、电力系统的无功功率平衡与电压调整及监视、电力系统对称短路计算及应用、电力系统不对称短路计算及应用、电力系统频率调整、电力系统的经济运行、电力系统稳定分析，并利用电力仿真软件 PWS（PowerWorld Simulator）提供了可视化的工程案例。

本教材可以作为高职高专电力技术类相关专业的教材和行业培训教材，也可供电力系统相关工程技术人员参考使用。

**图书在版编目（CIP）数据**

电力系统分析技术及应用 / 邓海鹰，左江林主编. -- 2版. -- 北京 : 中国水利水电出版社，2024.10

“十四五”职业教育国家规划教材 高等职业教育电力类新形态一体化教材

ISBN 978-7-5226-1737-4

Ⅰ. ①电… Ⅱ. ①邓… ②左… Ⅲ. ①电力系统－系统分析－高等职业教育－教材 Ⅳ. ①TM711

中国国家版本馆CIP数据核字(2023)第145257号

| | |
|---|---|
| 书　　名 | “十四五”职业教育国家规划教材<br>高等职业教育电力类新形态一体化教材<br>**电力系统分析技术及应用（第二版）**<br>DIANLI XITONG FENXI JISHU JI YINGYONG |
| 作　　者 | 主编　邓海鹰　左江林 |
| 出版发行 | 中国水利水电出版社<br>（北京市海淀区玉渊潭南路 1 号 D 座　100038）<br>网址：www. waterpub. com. cn<br>E-mail：sales@mwr. gov. cn<br>电话：(010) 68545888（营销中心） |
| 经　　售 | 北京科水图书销售有限公司<br>电话：(010) 68545874、63202643<br>全国各地新华书店和相关出版物销售网点 |
| 排　　版 | 中国水利水电出版社微机排版中心 |
| 印　　刷 | 天津嘉恒印务有限公司 |
| 规　　格 | 184mm×260mm　16 开本　14.25 印张　347 千字 |
| 版　　次 | 2015 年 8 月第 1 版第 1 次印刷<br>2024 年 10 月第 2 版　2024 年 10 月第 1 次印刷 |
| 印　　数 | 0001—3000 册 |
| 定　　价 | **55.00** 元 |

# 前言

本教材第一版（978-7-5170-3521-3）荣获首届全国教材建设奖全国优秀教材（职业教育与继续教育类）二等奖，列入“十四五”职业教育国家规划教材。第二版在第一版的基础上进行了全面修订。

在党的二十大报告中，降碳、低碳及碳达峰、碳中和等关键词被频频提及，“双碳”工作成为中国式现代化战略布局的重要内容。在此背景下，如何为建设新型电力系统培养高技术技能人才是高职电力类教育工作者的责任之一。近年来，广西水利电力职业技术学院在电力类专业的教材创新开发方面进行了深入探索。

“电力系统分析技术及应用”是高职高专电力类专业核心课程，主要介绍电力系统正常运行和故障条件下的分析计算，以及电网安全、优质、经济运行等方面的相关内容。本教材是国家骨干高职院校重点专业课程建设成果，基于以学生为中心、以能力为本位、以项目为载体、促进自主学习的编写理念，结合电气运行与维护、电网规划设计、电力调度等工程实际案例编写。

相对于传统的电力系统分析教材，本教材在适度保留理论推导、分析、计算之外，注重工程实际应用，提供了实际电网的数据，补充了与本课程相关的丰富的工程案例，引入了PWS（PowerWorld Simulator）软件，向学生打开了使用可视化仿真软件开展电气计算的新世界，由此降低了学习的难度。同时将学习重点由“计算推导”向“结果分析”转变，从而与实际岗位需求更为贴近，也更符合高职学生的学习特点。

本教材按照“理论重在理解、计算借助仿真、数据强化分析”的思路，率先在国内电力系统分析教材中运用国际上先进的电力系统可视化仿真软件PWS，以工程案例分析为切入点，突出了可视化仿真软件的运用，力图解决本课程因理论性强而难以实施项目化教学的痛点。利用PWS软件，通过教学项目系统性介绍电力系统模型建立、数据分析和结果展示，全面模拟电力系统的运行与操作，将运行结果直观动态地呈现出来，突破了理论性强的专业核心课程难以开展项目化教学的瓶颈，解决了“教师难教、学生难学”的难题。本教材采用层层递进式方法编排各项目模块，教学内容从简单到复杂，能力提升由低到高，助推“教学做合一”的教学模式改革。例如：

(1) 设置完成一个县级电网的运行方式报告的撰写任务，由此学习潮流计算的知识以及应用 PWS 开展建模和潮流计算的方法。

(2) 设置为变压器的断路器选择提供短路计算结果的任务，由此学习三相短路计算的知识以及应用 PWS 开展三相短路计算的方法。

(3) 设置为线路保护整定提供短路计算结果的任务，由此学习不对称短路计算的知识以及应用 PWS 开展不对称短路计算的方法。

本教材的编写团队主要成员来自广西水利电力职业技术学院电力工程学院“电力系统分析”课程组。课程组教师自编了电力潮流和短路电流的计算程序，并应用于地方电网规划设计和课程教学，这种实践已有超过 40 年的历史；将可视化仿真软件 PWS 全面应用到电力系统的规划设计以及“电力系统分析”课程教学也有超过 15 年的经验。本教材是校企合作、工学结合的产物，凝聚了 40 多年来几代教师的教学经验和教学改革与创新的成果。在教材开发过程中，课程组始终保持与广西电网等企业的密切合作，共同组建教材编写团队，共同研究专业人才培养方案、课程体系和课程标准，多次深入发电厂、电力公司、电力设计研究院等企业开展现场研讨，确定教材编写理念和设计思路，精选工程案例，编排教学项目，建设数字资源库，力求符合人才培养质量的要求。本教材以可视化仿真软件 PWS 为工具，为电力类专业学生学习和掌握电力系统分析技术提供了一个有效的便捷通道。

课程组实地调研了多家电力企业，举行了多次课程论证会，分析了典型工作任务，提炼了能力、素质和知识的要求，编制了课程标准。在教材编写过程中，课程组遵循由浅入深、由易到难、循序渐进的认识规律并顾及高职学生的接受能力，强调以学生发展为中心，帮助学生学会学习，把创新素质的培养贯穿于教学过程中。编写教材时，课程组精心选取实际工程项目为实施载体，确保课程标准与工作标准对接、课程内容与工作内容对接，以真实应用驱动教学项目的开发，实施项目化教学。

全书由八个项目构成：

项目 1 是认知电力系统。

项目 2 是潮流计算，相关任务包括：电力元件建模、可视化仿真软件 PWS 建模、手算简单电网的潮流分布、利用可视化仿真软件 PWS 开展潮流分析，撰写分析报告。

项目 3 是电力系统的无功功率平衡与电压调整及监视，相关任务包括：学习电压调整的措施和利用可视化仿真软件 PWS 开展综合调压计算，制定调压措施。

项目 4 和项目 5 分别是电力系统对称短路和不对称短路计算及应用。在这两个项目中均要求学生完成手动短路计算和利用可视化仿真软件 PWS 计算短路电流的任务。

项目 6 是电力系统频率调整。

项目 7 是电力系统的经济运行。

项目 8 是电力系统稳定分析。

本教材项目 1 由邓海鹰、左江林、梁梅执笔；项目 2 由黄丽娟、王玲执笔；项目 3 由莫铭瑞、汪通云执笔；项目 4 由邱红执笔；项目 5 由左江林、张婧执笔；项目 6 由谢锡锋执笔；项目 7 由张志刚、左江林执笔；项目 8 由张婧、游义刚执笔。全书由邓海鹰、左江林担任主编并负责统稿。广西电网公司调度中心程文钢高级工程师担任本教材的主审，他对教材内容进行了认真细致的审阅，给出了许多宝贵的意见和建议。特别要说明的是，在我们成为可视化仿真软件 PWS 正式用户并将仿真软件全面引入课程教学的过程中，PowerWorld 公司给予了大力支持和帮助，同意我们在教学时使用教育版软件并编写相应教材，在此谨表示衷心感谢。

本教材的编写得到了广西电网调度中心、广西电网武鸣供电公司、广西水利电业集团蒙山供电分公司、广西容县电力有限公司、黔西南民族职业技术学院等企业和学校的大力支持和帮助。部分材料与内容参考了相关院校和科研单位编写的教材、专著或文章，在此一并致谢。在开展课程改革以及教材的编写过程中，还得到了高文建教授级高工、张宏亮高工、孙艳博士、王庆红博士、陈光会高工，以及江发枝、陈明周、覃乾振等企业专家的关心与帮助，罗宇强、赖亦鸣工程师承担了大量的绘图及整理工作，在此表示衷心的感谢。

限于编者水平，书中疏漏与不妥之处在所难免，请读者批评指正，以便再次印刷时更正。编者的电子邮箱是 dhy_gx@163.com。

**编者**

2024 年 9 月

# “行水云课”数字教材使用说明

“行水云课”水利职业教育服务平台是中国水利水电出版社立足水电、整合行业优质资源全力打造的“内容”+“平台”的一体化数字教学产品。平台包含高等教育、职业教育、职工教育、专题培训、行水讲堂五大版块，旨在提供一套与传统教学紧密衔接、可扩展、智能化的学习教育解决方案。

本套教材是整合传统纸质教材内容和富媒体数字资源的新型教材，将大量图片、音频、视频、3D动画等教学素材与纸质教材内容相结合，用以辅助教学。读者登录“行水云课”平台，进入教材页面后输入激活码激活，即可获得该数字教材的使用权限。可通过扫描纸质教材二维码查看与纸质内容相对应知识点的多媒体资源，完整数字教材及其配套数字资源可通过移动终端App“行水云课”微信公众号或中国水利水电出版社“行水云课”平台查看。

线上教学与配套数字资源获取途径：

手机端：关注“行水云课”公众号→搜索“图书名”→封底激活码激活→学习或下载

PC端：登录“xingshuiyun.com”→搜索“图书名”→封底激活码激活→学习或下载

# 数字资源清单

| 资源编号 | 微课名称 | 页码 |
|---|---|---|
| 1-1 | 电力系统组成 | 1 |
| 1-2 | 额定电压 | 5 |
| 1-3 | 电力系统接线方式 | 13 |
| 1-4 | 电力负荷 | 15 |
| 1-5 | 电力线路结构 | 19 |
| 2-1 | 发电机等效电路 | 26 |
| 2-2 | 双绕组变压器等效电路 | 27 |
| 2-3 | 三绕组变压器等效电路 | 29 |
| 2-4 | 电力线路等效电路 | 33 |
| 2-5 | 标幺值 | 36 |
| 2-6 | 线路元件功率损耗与电压降落 | 50 |
| 2-7 | 电力系统静态安全分析 | 56 |
| 3-1 | 电力系统综合负荷的电压静态特性 | 61 |
| 3-2 | 电力系统的无功电源和无功功率平衡 | 65 |
| 3-3 | 电力系统电压调整综述 | 68 |
| 3-4 | 中枢点调压方式 | 69 |
| 3-5 | 电力系统电压调整综述 | 69 |
| 3-6 | 综合调压算例 | 79 |
| 3-7 | 改变发电机励磁电流调压 | 80 |
| 3-8 | 变比调压 | 81 |
| 3-9 | 无功补偿调压 | 81 |
| 4-1 | 短路综述 | 86 |
| 4-2 | 认识无限大容量系统 | 87 |
| 4-3 | 无限大容量系统短路计算 | 90 |
| 5-1 | 认识对称分量法 | 116 |
| 5-2 | 序网络绘制 | 122 |

续表

| 资源编号 | 微 课 名 称 | 页码 |
| --- | --- | --- |
| 5-3 | 单相接地短路电流计算 | 134 |
| 5-4 | 两相短路电流计算 | 136 |
| 5-5 | 两相接地短路电流计算 | 138 |
| 5-6 | 对称短路特征总结 | 141 |
| 6-1 | 电力系统有功功率平衡及备用 | 150 |
| 6-2 | 电力系统的频率特性 | 151 |

# 目　录

# 项目1 认知电力系统

1-1 电力系统组成

## 任务1.1 认知电力系统的构成

### 1.1.1 学习目标

1. 掌握电力系统、动力系统、电力网的基本概念。
2. 掌握电力系统的运行特点及对电力系统的基本要求。
3. 了解我国电力发展成就，增强自豪感。

### 1.1.2 任务分析

电力系统是从事电力行业相关工作首先要了解的一个基本概念，必须对其组成有正确的理解。现代的电力系统都是联合运行的系统，在技术和经济上有许多明显的优越性。对电力系统运行的基本要求可概括为“安全、优质、经济、环保”。

### 1.1.3 知识学习

1. 电力系统的组成

电能是现代社会不可或缺的能源，人们在生产和生活中大量使用着各种各样利用电能工作的设备。电能在传输、控制、转换等方面的便捷性，使得电能的应用越来越广泛。通常人们是把电能的生产输送、分配和使用的各个功能环节或部门统称为电力系统。

图1.1所示为一个简单电力系统电力生产和使用过程示意图。首先是在发电厂内，由汽轮机、发电机将其他形式的能源转化为电能，然后通过升压变压器将电压升高，经过高压输电线路将电能输送到用电地区或城市的变电站，由其中的降压变压器使电压下降，再通过电压较低的配电线路分配给各个用户来进行用电。

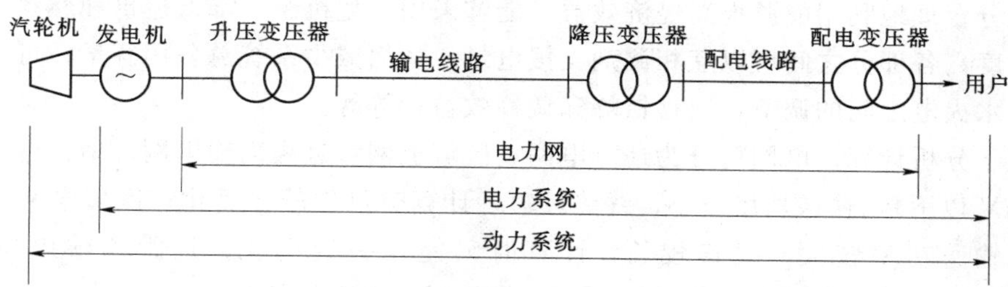


图1.1 简单电力系统电力生产和使用过程示意图

通过图1.1，可以得到以下几个重要的概念：

(1) 电力系统。除锅炉、汽轮机或水轮机等动力部分以外的一个由发电机、变压器、输配电线路和用户电器等各种电气设备连接在一起而形成的生产、输送分配和消耗电能的整体称为电力系统。

（2）动力系统。如果将上述的电力系统加上各种类型发电厂中的动力部分，如热力部分（锅炉汽机）、水力部分、原子能反应堆部分等，就统称为动力系统。

（3）电力网。一般所说的电力网是指在上述电力系统中去掉发电厂的发电机部分和末端的用电设备后所剩余的部分。换而言之，由各种电压等级的变压器和输配电线路所构成的用于变换和输送、分配电能的部分即称为电力网。

现代的电力系统都是由许许多多的发电厂、变电站和输电线路相互连接在一起构成的联合运行的系统，很少有孤立运行的电力系统。图 1.2 所示为有多个电源的电力系统示意图。

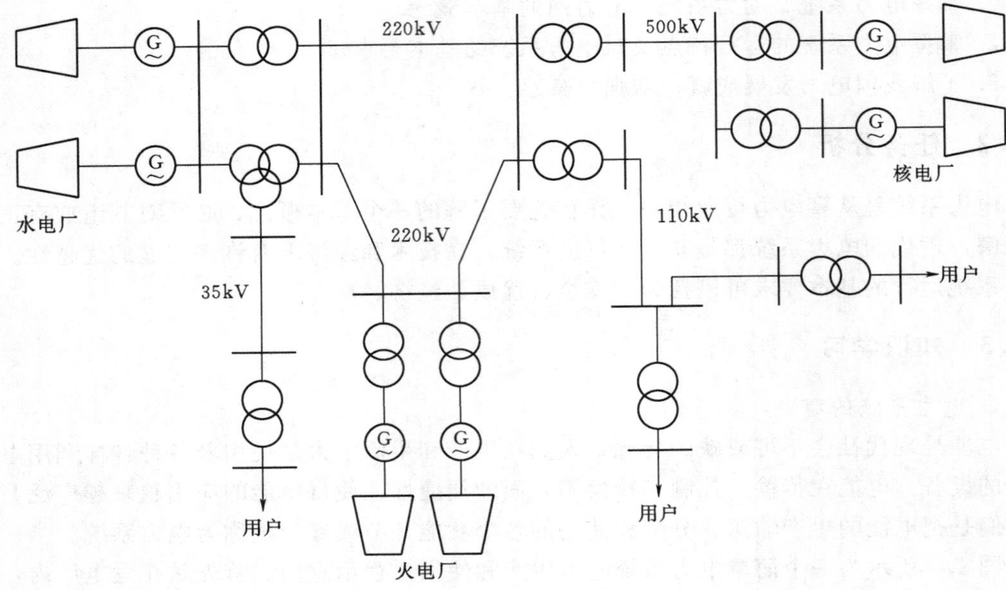


图 1.2 有多个电源的电力系统示意图

联合运行的电力系统在技术和经济上比孤立运行的电力系统有许多明显的优势，如：可以更充分合理地利用能源提高经济效益；能够采用大型机组以降低造价和燃料消耗，加快建设速度；各部分之间可以互相调剂支援电量，从而减少系统总备用容量；可以利用地区时差及水火电之间的调节，取得错峰和调峰效益；等等。

为便于分析计算，电网可分为地方电网、区域电网和远距离输电网。地方电网电压较低（110kV 以下），输送功率较小，线路较短，计算时可作较多简化；区域电网则一般电压较高，输送功率较大，线路较长，计算时只能作一定简化；远距离输电网电压在 330kV 及以上，输电线路长度超过 300km，计算时一般不能简化。

按电压的高低，电网又可以分为低压网（1kV 以下）、中压网（1～10kV）、高压网（35～220kV）、超高压网（330～750kV）、特高压网（1000kV 及以上）。高压直流（HVDC）通常指的是±600kV 及以下的直流电压等级，±600kV 以上的电压称为特高压

直流（UHVDC）。

2. 电力系统运行生产的特点

（1）电力系统的电能生产、输送、分配和使用过程是同时进行，缺一不可的。因为目前尚不能大量地、廉价地存储电能，所以发电厂生产出的电能等于用户所消耗的电能和输送分配过程中的电能损耗之和。简而言之，用户及网络消耗多少电能，电厂就只能生产多少电能，反之亦然。

（2）电力系统的运行生产与国民经济及人民生活关系密切，影响重大。作为当今社会的主要能源，电能的使用无处不在。如果电能供应不足或中断将直接影响工业农业生产，给人民生活带来诸多不便。如国内外发生的几次大面积停电事故都造成了十分巨大的经济损失。

（3）电力系统运行中发生变化的速度很快，即过渡过程非常短暂。电力系统中各元件的投、切和电能输送过程几乎都在瞬间进行，即电力系统从一种运行状态过渡到另一种运行状态的过程非常短暂。如用户端出现负荷增加或减少以及发生短路事故等变化时，在电源端马上就有相应的反应。

3. 对电力系统的基本要求

（1）保证安全可靠地供电。安全可靠地供电是电力系统首先要满足的要求，因为一旦供电中断将使工农业生产停顿，社会生活混乱，甚至会危及人身和设备的安全，造成十分严重的后果。

（2）保证合格的电能质量。电气设备对电能也有质量指标的要求，如果电能质量不合格，用电设备将不能正常使用。电能质量主要由交流电的频率、电压和波形等指标来衡量，供给用户的电能必须保证在规定的额定值允许变化范围内。

（3）力求系统运行的经济性。电力系统的运行生产与其他生产企业一样也要考虑经济效益。电力系统应在保证可靠性和良好质量的同时，力争降低生产成本。电力系统运行的经济性可从合理分配各发电厂间的负荷、降低燃料消耗率和厂用电率、降低电力网的电能损耗等多个方面来考虑。

总之，对电力系统的基本要求可简单概括为安全、优质、经济。

## 1.1.4　电力工业在国民经济中的地位

1. 电力工业与国民经济的关系

在现代社会中，电能是工业、农业、交通和国防等各行各业不可缺少的动力，也是人们日常生活须臾不可离开的能源，主要由煤、石油、天然气、水能、核能、风能、太阳能等自然界的一次能源转化而来，所以电能也称为二次能源。电能已经成为支撑现代社会文明的物质基础之一，社会文明越发达，人类的生产和生活就越离不开电能。电力工业的发展水平已成为反映国家经济发达程度的重要标志，人均消费电能的数量也成为衡量人们现代生活水平的重要指标。因此，电力工业是国民经济的一项基础产业。世界各国的发展表明：国民经济每增长1%，电力工业要相应增长1.3%～1.5%才能为国民经济其他各行业的快速稳定发展提供足够的动力。因此，电力工业也是国民经济发展的先行产业。如今，互联网、大数据、人工智能等现代信息技术与电力产业深度融合，电力生产运行技术信息化智能化水平持续提升，电力产业智能化升级进程不断加快，快速推广了智慧电厂、智能电网等应用，有力地推动了国民经济的快速发展。所以，优先和快速发展电力工业是社会进步、综合国力增强和人民物质文化生活现代化的必然要求。

2. 我国电力工业发展简介

我国电力工业的发展经历了一个曲折的过程。从历史上看，1875 年在法国巴黎北火车站建成世界上第一座火力发电厂。7 年后的 1882 年，在我国上海南京路建成了中国第一座发电厂。在这一点上，可以说中国电力与世界电力几乎是同时起步的。但遗憾的是，由于封建统治和外国列强的侵略，我国的电力工业在此后长达 60 余年的时间里发展极为缓慢，技术也十分落后。直到 1949 年，全国装机容量累计只有 185 万 kW，年发电量为 43 亿 kW·h，分别列世界第 21 位和第 25 位。就装机容量而言，仅相当于一座 6×30 万 kW 机组的发电厂。新中国成立后我国的电力工业得到了飞速的发展。据国家能源局统计信息显示：截至 2021 年末，我国电力总装机容量为 23.8 亿 kW，年发电量为 85342 亿 kW·h，双双稳居世界第一。装机容量中火电为 12.97 亿 kW，占总容量的 54.5%；水电装机容量为 3.91 亿 kW，占总容量的 16.4%；并网风电装机容量为 3.28 亿 kW，占总容量的 13.8%；并网太阳能发电装机容量为 3.06 亿 kW，占总容量的 12.9%；核电装机容量为 0.53 亿 kW，占总容量的 2.2%。此外，还有占总容量不到 1%的生物质能发电。

举世瞩目的三峡工程，为我国电力工业的发展注入了强大的活力。三峡水电站装机容量高达 2250 万 kW，是此前世界上装机容量最大的巴西伊泰普水电站的 1.6 倍，为当今世界上最大的水力枢纽工程。2021 年，安装有 16 台我国自主研制的全球单机容量最大、功率达百万千瓦水轮发电机组的白鹤滩水电站首台机组投入生产，总装机容量达 1600 万 kW，是全球第二大水电站，标志着我国对大型水电的勘测、设计、施工、安装和设备制造等均已处于国际领先水平。白鹤滩水电站将与三峡工程、葛洲坝工程，以及金沙江乌东德水电站、溪洛渡水电站、向家坝水电站一起，构成世界最大的清洁能源走廊。

在电网建设方面，我国在 20 世纪五六十年代建成 110～220kV 省级高压电网之后，70 年代建成了西北 330kV 超高压区域电网，1981 年建成了平顶山至武昌的第一条 500kV 超高压输电线路，使我国的超高压输电技术达到了一个新的水平。随着 2009 年晋东南—南阳—荆门 1000kV 特高压交流试验示范工程的建成投产，以及 2010 年向家坝至上海 800kV 特高压直流示范工程的全线带电成功，标志着我国特高压输电技术走在了世界输电领域的前列。截至 2020 年年底，全国建成投运“十四交十六直”30 个特高压工程，220kV 及以上输电线路达 79.4 万 km，变电容量 45.3 亿 kVA。2018 年，世界上输电电压等级最高、距离最远的±1100kV 准东—皖南特高压直流工程建成投运。2021 年 6 月，世界首个特高压多端混合直流工程乌东德电站送电广东广西工程提前投产。这些标志着我国特高压输电技术保持了世界领先水平。

3. 未来我国电力工业展望

我国提出力争 2030 年前实现碳达峰、2060 年前实现碳中和的战略目标，而建设低碳

的新型电力系统是实现“双碳”目标的重要途径。国家能源局《“十四五”现代能源体系规划》提出，为科学有序推进实现碳达峰、碳中和目标，要推动电力系统向适应大规模高比例新能源方向演进；要创新电网结构形态和运行模式，加快配电网改造升级，推动智能配电网、主动配电网建设；要增强电源协调优化运行能力，推动源网荷储一体化和多能互补发展，推进电力系统数字化转型和智能化升级；要加快新型储能技术规模化应用；要大力提升电力负荷弹性，加强电力需求侧响应能力建设，整合分散需求响应资源，引导用户优化储用电模式。展望 2035 年，我国将基本建成现代能源体系，新型电力系统建设取得实质性成效。

### 1.1.5 练习

1. 动力系统、电力系统、电力网的定义是什么？
2. 电力系统运行有什么特点及要求？

## 任务 1.2 确定电气设备和电力网的额定电压

1－2 额定电压

### 1.2.1 学习目标

1. 掌握额定电压的概念及额定电压的分类方法。
2. 能够根据若干已知条件确定主要电气设备的额定电压。
3. 熟悉各级电压电力网的适用范围。
4. 树立标准化生产意识。

### 1.2.2 任务分析

生产厂家在制造和设计电气设备时都是按一定的电压标准来执行的，电气设备也只有运行在这一标准电压附近，才能具有最好的技术性能和经济效益。电力线路输送电能应当考虑经济性。对应于一定的输电容量和输电距离，必然存在一个技术和经济上都较为合理的电压等级。

### 1.2.3 知识学习

#### 1.2.3.1 额定电压的概念

电力系统标准电压是国家有关部门根据技术经济比较而规定的，通常也称为电压等级，或称为标准电压或者电网额定电压，有的还称为用电设备额定电压，它们的含义完全相同。规定标准电压是为了使电力设备能标准化、系列化制造，便于设备的运行、维护、管理等。电力系统中的发电机、变压器、线路、用电设备等都有明确的额定电压值，当它们在额定电压下运行时，其技术与经济性能将达到最好的效果。对于公共交流电力系统，我国在 GB/T 156—2017《标准电压》中的推荐值见表 1.1。

表 1.1　　电力系统各元件额定电压　　单位：kV

| 电力线路和用电设备额定电压 | 电力线路平均额定电压 | 交流发电机额定电压 | 变压器额定电压 | |
|---|---|---|---|---|
| | | | 一次绕组 | 二次绕组 |
| 3 | 3.15 | 3.15* | 3 及 3.15 | 3 及 3.15 |
| 6 | 6.3 | 6.3 | 6 及 6.3 | 6.3 及 6.6 |
| 10 | 10.5 | 10.5 | 10 及 10.5 | 10.5 及 11 |
| | | 13.8* | 13.8 | |
| | | 15.75 | 15.75 | |
| | | 18* | 18 | |
| (20) | | (20) | (20) | |
| 35 | 37 | | 35 | 38.5 |
| (66) | (69) | | (66) | (72.6) |
| 110 | 115 | | 110 | 121 |
| 220 | 230 | | 220 | 242 |
| (330) | (345) | | (330) | (345 或 363) |
| 500 | 525 | | 500 | 525 或 550 |
| 750 | 788 | | 750 | 825 |
| 1000 | 1050 | | 1000 | 1050 或 1100 |

注　1. 表中所列均为线电压值。
2. 带“*”的数字为发电机专用。
3. 括号内的电压仅适用于特殊地区。
4. 水轮发电机允许用非标准电压。

#### 1.2.3.2　电力系统中各元件额定电压的规定

1. 电力线路的额定电压

在传输电能过程中由于线路阻抗中要产生电压损耗，所以沿线路各点的电压是不同的，线路首端电压一般高于末端电压。为了使接在线路末端的用电设备得到相应的额定电压，就规定电网线路的额定电压与用电设备的额定电压相同。因为一般沿线路的电压损耗不超过 10%，如果线路首端的电压为额定电压的 1.05 倍，那么线路末端的电压就不会低于额定电压的 95%，而一般用电设备的允许电压偏移为±5%。这样一来，各用电设备就能在允许电压范围内运行。

电力线路的额定电压规定为交流 220V、380V、3kV、6kV、10kV、35kV、66kV、110kV、220kV、330kV、500kV、750kV、1000kV。

2. 发电机的额定电压

发电机一般接在线路的首端，因此，发电机的额定电压应比线路额定电压高 5%，即

$$U_{GN}=(1+5\%)U_N \tag{1.1}$$

式中 $U_{GN}$——发电机的额定电压；

$U_N$——电力线路的额定电压。

根据式（1.1）及其他技术经济条件所确定的发电机额定电压为 13.8kV、15.75kV、18kV、20kV 等。

3. 变压器的额定电压

变压器是将一种电压变换成另一种电压的设备。与其他设备不同的是，变压器它本身

就具有两个（或两个以上）电压等级，所以变压器实际上是每个绕组都有其额定电压。即双绕组变压器有高、低两个额定电压，三绕组变压器有高、中、低三个额定电压。

对变压器的额定电压，一般是按照接受电能的一次侧电压和输出电能的二次侧电压来区分规定的：一次绕组相当于用电设备，其额定电压应等于所连电力线路的额定电压（当变压器直接和发电机相连时，应等于发电机额定电压）。变压器二次侧相当于线路的首端（电源端），而线路首端要求至少比线路额定电压高 5%。另外，变压器自身内部也有约 5%的阻抗电压降，因此，变压器二次侧额定电压一般应比线路额定电压高 10%。只有当变压器的漏抗较小（一般高压侧电压不大于 35kV 且短路电压百分值不大于 7.5%）或二次绕组所连线路较短时，二次侧额定电压可以比线路额定电压只高 5%。

变压器额定电压数值见表 1.1。

#### 1.2.3.3　电力线路的平均额定电压

电力线路平均额定电压等于电力线路首末两端所连接的电气设备额定电压的平均值，即

$$U_{av}=\frac{U_N+1.1U_N}{2}=1.05U_N \tag{1.2}$$

式中　$U_N$——电力线路的额定电压。

根据式（1.2）计算，目前我国电力网平均额定电压规定为 3.15kV、6.3kV、10.5kV、37kV、115kV、230kV、345kV、525kV、800kV。

有时为简化计算，也取变压器各侧绕组的额定电压等于各侧所连线路的平均额定电压，这样变压器的电压比也就等于其两侧线路的平均额定电压之比。

上述各类额定电压数值列在表 1.1 中备查。

**【例 1.1】** 如图 1.3 所示的电力系统，线路额定电压已知，试求发电机、变压器的额定电压。

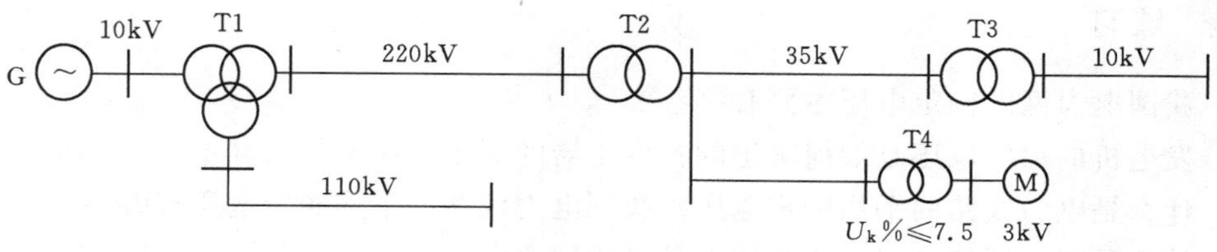


图 1.3　［例 1.1］电力系统图

**解：** 1）发电机 G 的 $U_N$ 应比其相连的 10kV 网络高 5%，即发电机额定电压为 10.5kV。

2）升压变压器 T1 的一次侧与发电机直接相连，故其一次侧电压应等于发电机额定电压 10.5kV；该变压器的二次侧分别与 110kV、220kV 线路相连，其额定电压均应分别高于线路 10%；所以 T1 的电压比确定为 242kV/121kV/10.5kV。

3）降压变压器 T2 的一次侧与 220kV 线路相连，二次侧与 35kV 线路相连，因此可以确定 T2 的电压比为 220kV/38.5kV。

4）降压变压器 T3 一次侧与 35kV 线路相连，二次侧与 10kV 线路相连，也可以确定

T3 的电压比为 35kV/11kV。

5）降压变压器 T4 一次侧与 35kV 线路相连，二次侧直接与 3kV 设备相连，且 T4 的短路电压百分数 $U_k\%\leqslant 7.5$，因此确定它的电压比为 35kV/3.15kV。

#### 1.2.3.4 各级电压电力网的适用范围

根据三相输电功率关系式 $S=\sqrt{3}IU$ 分析可知，输送功率 $S$ 一定时，输电的电压 $U$ 越高，线路上的电流 $I$ 就越小，就可采用小截面积的导线从而减少导线的投资。但是，电压越高对设备的绝缘要求自然也越高，从而导致线路杆塔等设备的投资也越大。因此综合起来考虑，对应于一定的输电距离和输送功率，就必然有一个技术和经济上都较为合理的电压等级。

根据技术经济条件所得到的各级电压电力网的经济输送容量、输送距离见表 1.2。

**表 1.2　电力网的经济输送容量和输送距离**

| 额定电压 /kV | 输送容量 /MW | 输送距离 /km | 适用场合 |
|---|---|---|---|
| 0.38 | 0.1 以下 | 0.6 以下 | 低压动力与三相照明 |
| 3 | 0.1～1.0 | 1～3 | 高压电动机 |
| 6 | 0.1～1.2 | 4～15 | 发电机、高压电动机 |
| 10 | 0.2～2.0 | 6～20 | 配电线路、高压电动机 |
| 35 | 2.0～10 | 20～50 | 县级输电网、用户配电网 |
| 110 | 10～50 | 30～150 | 地区级输电网、用户配电网 |
| 220 | 100～500 | 100～300 | 省、区级输电网 |
| 330 | 200～800 | 200～600 | 省、区级输电网、联合系统输电网 |
| 500 | 1000～1500 | 150～850 | 省、区级输电网、联合系统输电网 |
| 750 | 2000～2500 | 500 以上 | 联合系统输电网 |

### 1.2.4 练习

1. 我国电力网的额定电压主要有哪些？
2. 发电机的额定电压是如何确定的？变压器的额定电压又如何确定？
3. 什么是电力线路的平均额定电压？我国电力线路的平均额定电压有哪些？
4. 什么是变压器的额定变比？什么是平均额定电压之比？
5. 试确定习题图 1.2.1 所示电力系统中发电机、变压器的额定电压值。

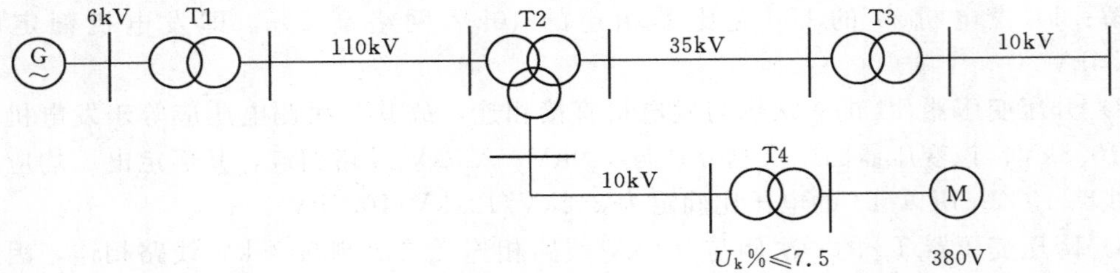


习题图 1.2.1　电力系统图

6. 电力系统的部分接线示于习题图 1.2.2，各电压级的额定电压及功率输送方向已标明在图中。试求：

（1）发电机及各变压器高、低压绕组的额定电压；

（2）各变压器的额定电压比；

（3）设变压器 T1 工作于＋5％抽头，T2、T4 工作于主抽头，T3 工作于－2.5％抽头时，各变压器的实际电压比。

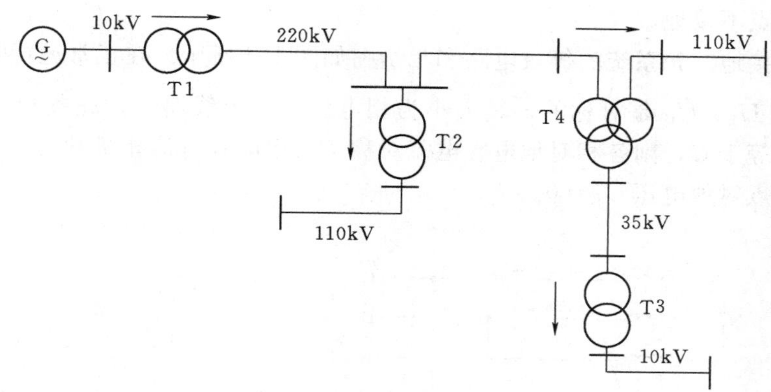


习题图 1.2.2　电力系统部分接线示意图

# 任务 1.3　电力系统中性点接地方式

## 1.3.1　学习目标

1. 掌握中性点接地方式的类型。
2. 能够根据已知条件选择电力系统中性点接地方式。
3. 熟悉各种中性点接地方式的适用范围。
4. 树立安全生产意识。

## 1.3.2　任务分析

电力系统中性点的接地方式是一个涉及供电可靠性、短路电流大小、人身和设备安全、过电压的大小、绝缘水平、继电保护与自动装置的配置、通信干扰、电压等级、系统接线及系统稳定性等多方面的综合性的技术经济问题，必须经过合理的比较论证后方可确定中性点的接地方式。

## 1.3.3　知识学习

### 1.3.3.1　中性点及其运行方式的概念

电力系统中性点是指发电机或变压器三相绕组星形接线的公共连接点。因该点在系统正常对称运行情况下电位接近于 0，故称为中性点。所谓中性点的运行方式是指中性点的接地方式，即与大地的连接关系。我国目前采用的中性点接地方式主要有不接地、经消弧线圈接地、直接接地，近年来在城市电网中，经低电阻接地方式也采用较多。

#### 1.3.3.2 中性点接地方式

选择电力系统中性点接地方式是一个综合性问题。它与电压等级、单相接地短路电流、过电压水平、保护配置等有关，直接影响电网的绝缘水平、系统供电的可靠性和连续性、主变压器和发电机的运行安全以及对通信线路的干扰等。电力系统中性点的接地方式有以下几种。

1. 中性点非有效接地

(1) 中性点不接地。

中性点不接地三相系统的等效电路和相量图如图 1.4 所示。在正常运行时，系统各相对地电压 $\dot{U}_A$、$\dot{U}_B$、$\dot{U}_C$ 是对称的，其大小为相电压；如果线路经过完整换位，三相对地电容相等，都等于 $C$，则各相对地电容电流对称，三相电容电流相量和为 0，地中没有电容电流，中性点对地电压 $U_N=0$。

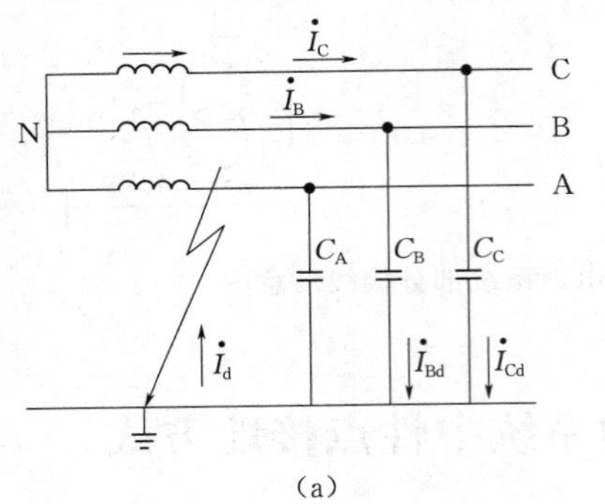

(a)

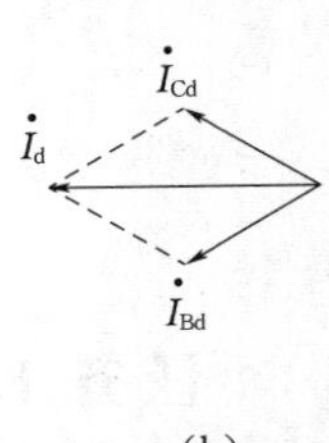

(b)

图 1.4 中性点不接地系统
(a) 等效电路；(b) 相量图

当发生 A 相单相金属性接地故障时，接地相电压为 0，中性点对地电压升高为相电压，未接地相对地电压也升高为相电压的$\sqrt{3}$倍，变为线电压，所以在这种系统中，相对地的绝缘水平根据线电压来设计。

$$\dot{U}_{Ad}=0$$

$$\dot{U}_N=-\dot{U}_A$$

$$\dot{U}_{Bd}=\dot{U}_N+\dot{U}_B=-\dot{U}_A+\dot{U}_B$$

$$\dot{U}_{Cd}=\dot{U}_N+\dot{U}_C=-\dot{U}_A+\dot{U}_C$$

$$U_{Bd}=U_{Cd}=\sqrt{3}U_P$$

因 A 相对地电容被短接，A 相电容电流为 0，B、C 两相的对地电容电流为故障前的$\sqrt{3}$倍，如图 1.4 (b) 所示，短路点接地电流 $\dot{I}_d=\dot{I}_{Bd}+\dot{I}_{Cd}$，故短路点接地电流有效值为

$$I_d=\sqrt{3}\times\sqrt{3}U_P/X_C=3U_P\omega C_0$$

可见，单相接地短路时，通过接地点的短路电流为接地时每一相对地电容电流的 3 倍。

中性点不接地方式最简单，单相接地时允许带故障运行 2h，供电连续性好，接地电

流仅为线路及设备的电容电流。但由于过电压水平高，要求有较高的绝缘水平，不宜用于110kV及以上电网。在6～63kV电网中，则采用中性点不接地方式，但电容电流不能超过允许值，否则接地电弧不易自熄，易产生较高弧光间歇接地过电压，会波及整个电网。

（2）中性点经消弧线圈接地。

当接地电容电流超过允许值时，可采用消弧线圈补偿电容电流，保证接地电弧瞬间熄灭，以消除弧光间歇接地过电压。

消弧线圈是一个有铁芯的电感线圈，其铁芯柱有很多间隙，以避免磁饱和，使消弧线圈有一个稳定的电抗值。中性点经消弧线圈接地系统的等效电路和相量图如图1.5所示，正常运行时中性点电位为零，消弧线圈中没有电流流过。当发生单相接地故障时，以A相为例，因为中性点电压升高为相电压，则作用在消弧线圈两端的电压为相电压，此时就有电感电流 $\dot{I}_L$ 通过消弧线圈和接地点，$\dot{I}_L$ 与 $\dot{I}_d$ 的方向相反，接地点的电流为 $\dot{I}_L$ 和 $\dot{I}_d$ 的相量和。选择适当的消弧线圈电感，可使接地点的电流变得很小，甚至为零，这样接地点的电弧就会很快熄灭。

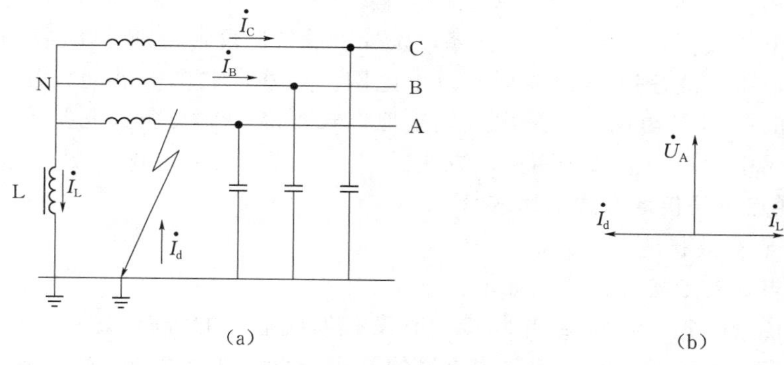


图1.5　中性点经消弧线圈接地系统

（a）等效电路；（b）相量图

根据消弧线圈的电感电流对接地点电容电流补偿程度不同，有三种补偿方式：

1）全补偿 $I_L=I_d$，接地点电流为零。从消除故障点电弧和避免出现电弧过电压的角度看，此种补偿方式最好；但全补偿满足了串联谐振的条件，易发生串联谐振，产生很高的谐振过电压，使变压器中性点对地电压严重升高，可能使设备绝缘损坏，因此实际系统中并不采用这种补偿方式。

2）欠补偿 $I_L<I_d$，接地点的电流仍然为容性，实际系统中也很少采用这种补偿方式，原因是在检修、事故切断部分线路或系统频率降低等情况下，可能使系统接近或达到全补偿，以致出现串联谐振过电压。

3）过补偿 $I_L>I_d$，接地点的电流为感性，这种补偿方式不会有上述缺点，因此在系统中广泛采用。

（3）中性点经高电阻接地。

当接地电容电流超过允许值时，也可采用中性点经高电阻接地方式。此接地方式和经消弧线圈接地方式相比，改变了接地电流相位，加速泄放回路中的残余电荷，促使接地电弧自熄，从而降低弧光间歇接地过电压，同时可提供足够的电流和零序电压，使接地保护可靠动作，一般用于大型发电机中性点。

2. 中性点有效接地

中性点有效接地包括直接接地和经低阻抗接地。

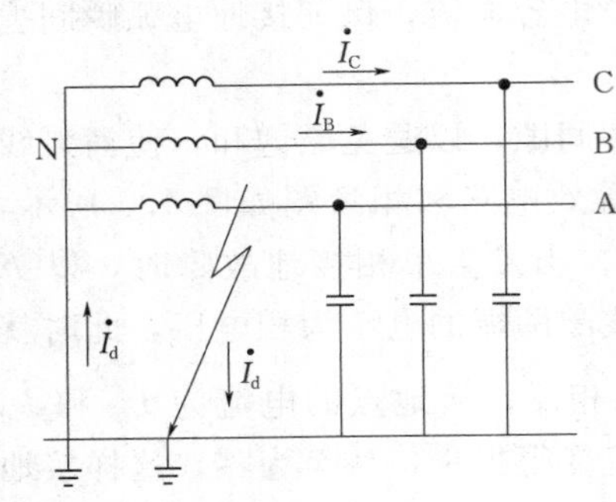

图 1.6　中性点直接接地系统

当中性点直接接地系统（图 1.6）正常运行时，中性点的电压为零或接近于零。当发生单相接地故障时，接地相对地电压为零，故障相经地形成单相短路回路，所以短路电流很大，继电保护装置立即动作，将接地相线路切断，不会产生稳定或间歇电弧。同时，未接地相对地电压基本不变，仍接近于相电压。而与接地相相关的线电压降低为正常运行时的 $1/\sqrt{3}$，即变为相电压。

直接接地方式的单相短路电流很大，线路或设备须立即切除，增加了断路器负担，降低了供电连续性。但由于过电压较低，绝缘水平可下降，减少了设备造价，特别是在高压和超高压电网中，经济效益显著，故适用于 110kV 及以上电网。此外，在雷电活动较强的山岳丘陵地区，结构简单的 110kV 电网，如采用直接接地方式不能满足安全供电要求和对联网影响不大时，可采用中性点经消弧线圈接地方式。

### 1.3.3.3　中性点不同接地方式的比较

1. 中性点非有效接地

(1) 中性点非有效接地的优点如下：

1) 供电可靠性高。因为系统单相接地时没有形成电源的短路回路，而是经过三相线路的对地电容形成电流的回路，回路中流过的是比较小的电容电流，达不到继电保护装置的动作电流值，故障线路不跳闸，只发出接地报警信号，规程规定系统可带着单相接地故障点继续运行 2h，在 2h 内排除了故障就可以不停电，从而提高了供电可靠性。

2) 单相接地时，不易造成或轻微造成人身和设备安全事故。

(2) 中性点非有效接地的缺点如下：

1) 经济性差。因为系统单相接地故障时，非故障相对地电压升高到正常时的$\sqrt{3}$倍，即为线电压，因此系统的绝缘水平应按线电压设计，由于电压等级较高的系统中绝缘费用在设备总价格中占有较大的比重，所以此种接地方式对电压较高的系统就不适用。

2) 单相接地时，易出现间歇性电弧引起的系统谐振过电压，幅值可达电源相电压的 2.5～3 倍，足以危及整个网络的绝缘。

2. 中性点有效接地

(1) 中性点有效接地的优点如下：

1) 快速切除故障，安全性好。因为系统单相接地时可形成电源的短路回路，即单相短路，继电保护装置可立即动作切除故障。

2) 经济性好。因为中性点直接接地系统在任何情况下，中性点电压都被大地所固定而不会升高，也不会出现不接地系统单相接地时故障的电弧过电压问题，所以系统的绝缘

水平便可按相电压设计，可提高其经济性。

（2）中性点有效接地的缺点是系统供电可靠性差。因为单相接地是四种短路故障中发生几率最高的故障，而系统在发生单相接地故障时也会在继电保护作用下使故障线路的断路器跳闸，所以降低了供电可靠性。

#### 1.3.3.4　各种接地方式的适用范围

目前，我国 110kV 及以上电网都采用中性点直接接地方式，只有在个别雷害事故较为严重的地区和某些大城市，110kV 电网采用中性点经消弧线圈接地方式，以提高供电可靠性。20～60kV 电网，一般采用中性点经消弧线圈接地方式，当接地电流小于 10A 时也可采用不接地方式，而在电缆供电的城市电网，则一般采用经低电阻接地方式。3～10kV 电网，一般均采用中性点不接地方式，当接地电流大于 30A 时，应采用经消弧线圈接地方式，同样，当城市电网使用电缆线路时，有时也采用经低电阻接地方式。1000V 以下的电网，可以采用中性点接地或不接地的方式，只有 380V/220V 的三相四线制电网，为保证人员安全，其中性点必须直接接地。

### 1.3.4　练习

1.【单选题】

（1）中性点直接接地的应用范围是（　　）。

A. 110kV 及以上系统、0.4kV 系统　B. 35kV　C. 10kV　D. 6kV

（2）发生单相接地故障时，哪种中性点运行方式的短路电流大？（　　）

A. 中性点直接接地　B. 中性点不接地

C. 中性点经消弧线圈接地

（3）中性点经消弧线圈接地方式通常采用（　　）。

A. 欠补偿方式　B. 过补偿方式　C. 全补偿方式　D. 不补偿方式

（4）中性点不接地系统发生单相金属性接地故障时，非故障相对地电压（　　）。

A. 不变　B. 升高为相电压的$\sqrt{3}$倍

C. 升高为相电压的 2 倍　D. 降低为 0

2.【判断题】

（1）中性点经消弧线圈接地适用于 110kV 电网。（　　）

（2）一般在 10kV 系统中，当故障点电容电流总和大于 30A 时，电源中性点应采用经消弧线圈接地方式。（　　）

（3）中性点不接地系统发生单相金属性接地故障时，故障相电压为 0。（　　）

## 任务 1.4　认知电力系统的接线方式

1-3 ▶
电力系统
接线方式

### 1.4.1　学习目标

掌握电力系统接线图的定义、电力系统的接线方式及特点。

## 1.4.2 任务分析

电力网的接线方式一般分为无备用接线和有备用接线两类。无备用接线供电的可靠性稍差，一般只适于向不太重要的负荷供电。有备用接线可靠性较高，一般多用于供电要求较高的负荷。

电力线路按结构不同可分为架空线路和电缆线路两大类。架空线路投资、维护检修比较方便，其导线材料广泛采用钢芯铝绞线，部分导线还可采用扩径导线、分裂导线等。电力电缆的结构主要包括导体、绝缘层和保护层。电缆线路可靠性较高，但投资大。

## 1.4.3 知识学习

### 1.4.3.1 电力系统接线图

1. 电气接线图

电气接线图用于表示电力系统中变电站的母线、发电机、变压器、断路器和电力线路等电气元器件之间的电气连接关系。但一般只反映某节点与相邻节点间的电力设备电气连接的相对位置，并不能准确反映它们空间或平面的实际位置。这样的接线图又称发电厂、变电站的一次主接线图。

2. 地理接线图

电力系统的地理接线图主要反映发电厂、变电站、输电线路在一定地域内的相对地理位置关系和它们之间的电气连接关系。图中标出了发电厂、变电站、输电线路的名称，发电厂、变电站主变压器台数和容量，电力线路的导线型号、线径及长度。图中还标出了地型、地貌的一些要素。

### 1.4.3.2 电力网的接线方式

1. 无备用接线

无备用接线包括有单回路放射式、干线式、链式等网络接线，其网络构成非常简单方便，设备投资少，如图 1.7 所示。很显然，这类接线中的每一个负荷都只能从一个方向取得电能，因此当其中某段线路发生故障时，都将使一部分用户断电，供电的可靠性稍差，因此这类接线一般只适于向不太重要的负荷供电。

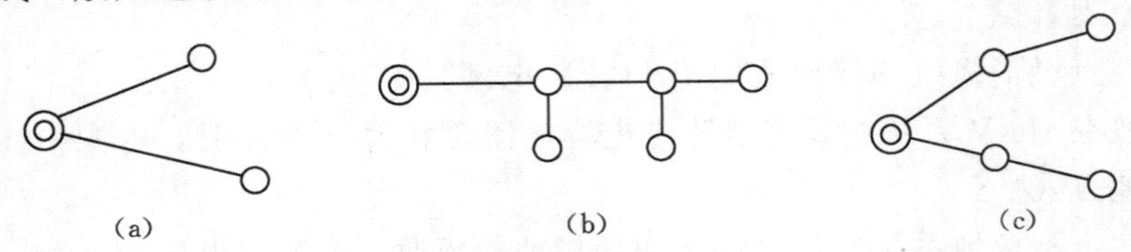


图 1.7 无备用接线

(a) 放射式；(b) 干线式；(c) 链式

2. 有备用接线

有备用接线包括双回路放射式、干线式、链式以及环式、两端供电网等网络接线，如图 1.8 所示。显然，其网络设备投资相对无备用接线要高。但这类接线中的每一个负荷都能从两个方向取得电能，因此当其中某条线路发生故障时，其中的用户都能从另一个方向获得电能，从而避免了供电中断，因此这类接线多用于供电要求较高的负荷。

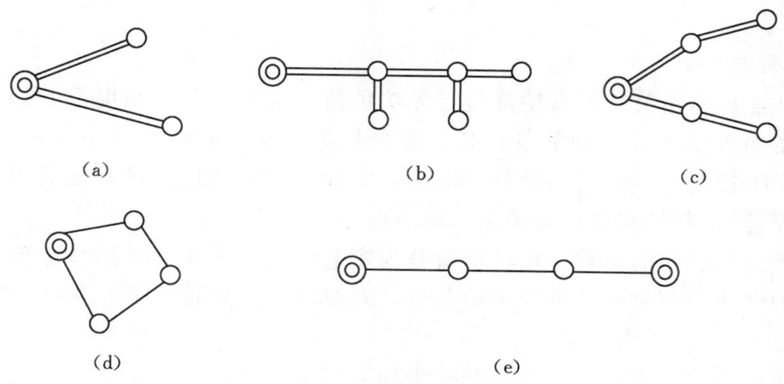


图1.8 有备用接线

(a) 放射式；(b) 干线式；(c) 链式；(d) 环式；(e) 两端供电网

通常，又把每一个负荷都只能从一个方向取得电能的网络称为开式网络，而把每一个负荷都能从两个或两个以上方向取得电能的网络称为闭式网络。

### 1.4.4 练习

1. 电力系统接线方式有哪几种？比较有备用接线和无备用接线的优缺点。
2. 调查某指定区域电力网的接线方式，并描述其优缺点。

## 任务1.5 认知电力负荷

1-4 电力负荷

### 1.5.1 学习目标

1. 掌握电力负荷的概念及分类。
2. 熟悉多种主要负荷曲线图。
3. 了解电力负荷对人们生活的重要影响。

### 1.5.2 任务分析

电力负荷的计算和预测是编制电网供电规划的基础，电力负荷的发展水平是确定供电方案、选择电气设备的主要依据，关系到规划地区的电源开发、网络布局、网络的接线方式、供电设备的装机容量以及电气设备的选择等一系列问题的合理解决。

### 1.5.3 知识学习

#### 1.5.3.1 负荷的概念

用户的用电设备消耗的功率称为负荷，电力系统的综合用电负荷是指所有电力用户的用电设备所消耗的功率的总和。它包含工业、农业、交通运输、市政生活等各方面消耗的功率。电力系统的供电负荷是指电力系统的综合用电负荷与电力网的功率损耗之和，即发电厂供出的功率。电力系统的发电负荷是指供电负荷与发电厂用电之和，即发电厂发电机的出力。

#### 1.5.3.2 负荷的分类

按物理性能可将负荷分为有功负荷与无功负荷。有功负荷是指电能转换为其他能量，并在用电设备中真实消耗掉的能量，其计算单位为千瓦（kW）。无功负荷是指在电能输送和转换过程中需要建立磁场而消耗的电能，它仅完成电磁能量的相互转换，并不做功，因而称为“无功”，其计算单位为千乏（kvar）。

按电力生产与销售的过程，可将负荷分为发电负荷、供电负荷和用电负荷。

按用户的性质，可将负荷分为工业负荷、农业负荷、交通运输负荷和人民生活用电负荷等。

根据负荷的重要程度，一般将负荷分为如下三种类型：

（1）一类负荷。这类负荷如果中断供电，将会造成恶劣的政治和社会影响，将会带来人身伤亡和设备损坏，使生产瘫痪，人民生活发生混乱，给国民经济带来严重的经济损失。

（2）二类负荷。这类负荷如果中断供电，将造成生产大量减产，城市公用事业和人民生活将受到影响。

（3）三类负荷。这类负荷如果中断供电，影响较小，一般不会带来严重的后果。

根据以上的分类要求可见，针对不同的负荷，其供电要求也是不一样的。为了保证可靠性，通常对一类负荷应设置两个或两个以上的独立电源，而且由于一类负荷不允许短时停电，因此要求电源间应能够自动切换；对二类负荷也应当设置两个独立的电源，由于二类负荷允许短时停电，因此这两个电源间可采用手动切换；对于三类负荷一般采用一个电源供电即可。

#### 1.5.3.3 负荷曲线

电力系统各用户的用电情况不同，并且经常发生变化，因此实际系统的负荷是随时间变化的，而且有很大的随机性。描述负荷随时间变化规律的曲线就称为负荷曲线。

常用的负荷曲线有有功日负荷曲线、有功年最大负荷曲线和有功年持续负荷曲线。

1. 有功日负荷曲线

用户的有功日负荷曲线是反映一天24h内有功功率变化情况的，可以根据运行中的记录绘出，如图1.9所示。为了简化计算和便于绘制，常把连续变化的负荷看成在测量的那一小段时间内不变，因此负荷曲线可以绘制成阶梯形，如图1.10所示。负荷曲线的最高点和最低点分别代表日最大负荷和日最小负荷，是电力系统运行中必须掌握的重要数据。

日负荷曲线的最大值称为日最大负荷（峰值），最小值称为日最小负荷（谷值）。日负荷曲线下的面积就是负荷一天所消耗的电能，即

$$w=\int_0^{24} P\,\mathrm{d}t \tag{1.3}$$

日平均负荷为

$$P_{\mathrm{av}}=\frac{w}{24}=\frac{1}{24}\int_0^{24} P\,\mathrm{d}t \tag{1.4}$$

引入负荷率概念反映负荷曲线的起伏情况，有

$$\alpha=\frac{P_{\mathrm{av}}}{P_{\max}} \tag{1.5}$$

负荷率小表明负荷曲线起伏大，发电机的利用率较差。

对于不同性质的用户，负荷曲线是不同的，图 1.11 给出了不同行业的有功日负荷曲线。

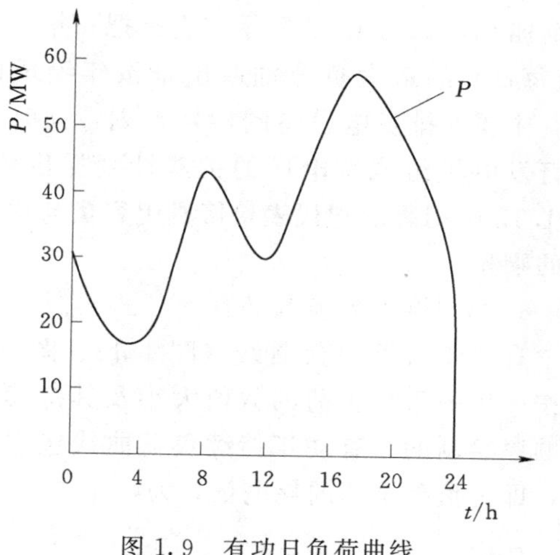


图 1.9 有功日负荷曲线

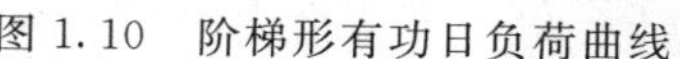

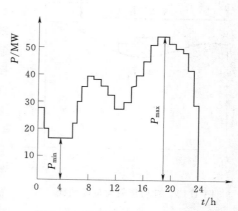

图 1.10 阶梯形有功日负荷曲线

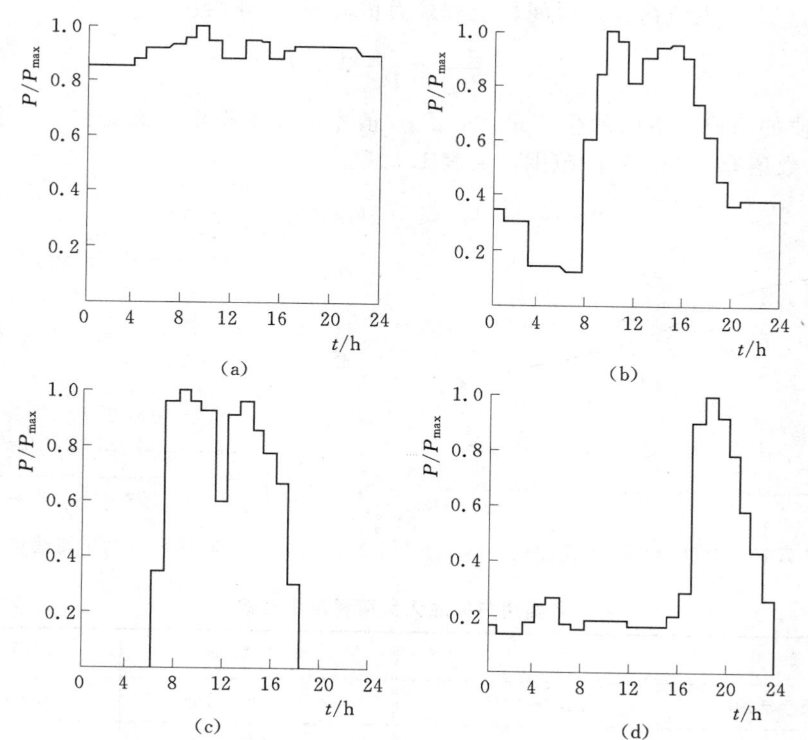


图 1.11 不同行业的有功日负荷曲线

(a) 钢铁工业负荷（三班制负荷）；(b) 食品加工负荷（两班制）；(c) 一般加工负荷（单班制）；(d) 人们生活用电

2. 有功年最大负荷曲线

在电力系统的运行和设计中，不仅要知道一天之内负荷的变化规律，而且要知道一年之中负荷的变化规律。最常用的是有功年最大负荷曲线，如图1.12所示。它是把一年内每月（或每日）的最大负荷抽取出来按年绘成的曲线，主要安排发电设备的检修计划，同时也为制订发电机组或发电厂的扩建计划提供依据。图1.12中阴影面积代表检修机组容量与检修时间的乘积。

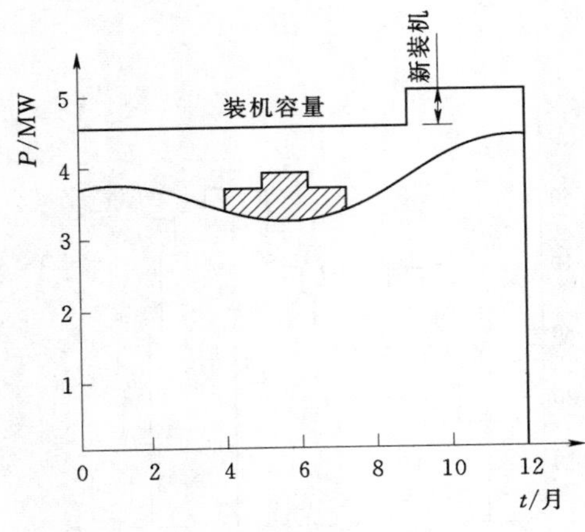


图1.12 有功年最大负荷曲线

3. 有功年持续负荷曲线

有功年持续负荷曲线（图1.13、图1.14）是按一年中系统负荷的数值大小及其持续小时数顺序绘制的。有功年持续负荷曲线包围的面积，即为负荷全年的耗电量，为

$$w=\int_{0}^{8760}P\,\mathrm{d}t \tag{1.6}$$

如果负荷始终等于最大值，经过 $T_{max}$ 时间后所消耗的电能恰好等于全年的实际耗电量，则称 $T_{max}$ 为最大负荷使用时间，也称最大负荷利用小时数。

$$T_{max}=\frac{w}{P_{max}}=\frac{1}{P_{max}}\int_{0}^{8760}P\,\mathrm{d}t \tag{1.7}$$

不同性质的用户、不同的生产班次，$T_{max}$ 值不同，根据电力系统的运行经验，各类负荷的 $T_{max}$ 数值有一个大致的范围，见表1.3。

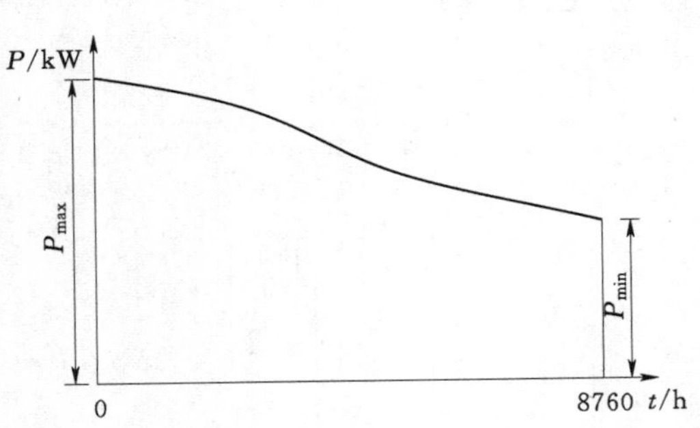


图1.13 有功年持续负荷曲线

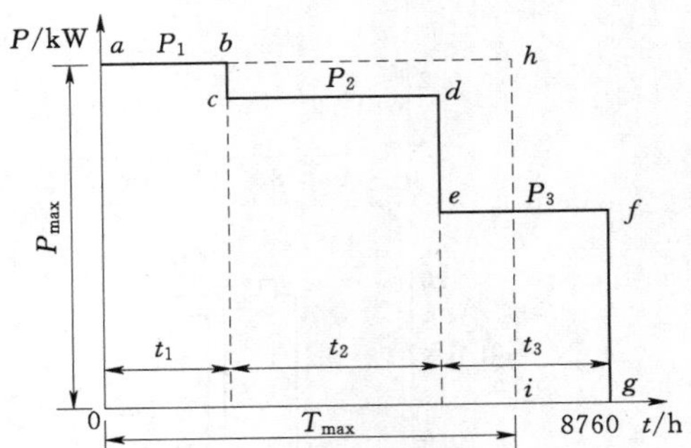


图1.14 阶梯形有功年持续负荷曲线

表1.3 各类用户的最大负荷利用小时数

| 负荷类型 | $T_{max}$/h | 负荷类型 | $T_{max}$/h |
|---|---|---|---|
| 户内照明及生活用电 | 2000～3000 | 三班制企业用电 | 6000～7000 |
| 一班制企业用电 | 1500～2200 | 农灌用电 | 1000～1500 |
| 二班制企业用电 | 3000～4500 | | |

### 1.5.4 练习

1. 什么是电力系统的负荷？发电负荷、供电负荷和综合用电负荷有何不同？三者之间有何关系？

2. 什么是负荷曲线？常用的负荷曲线有哪几种？有何用途？

3. 某一负荷的有功年持续负荷曲线如习题图 1.5.1 所示，试求其最大负荷利用小时数。

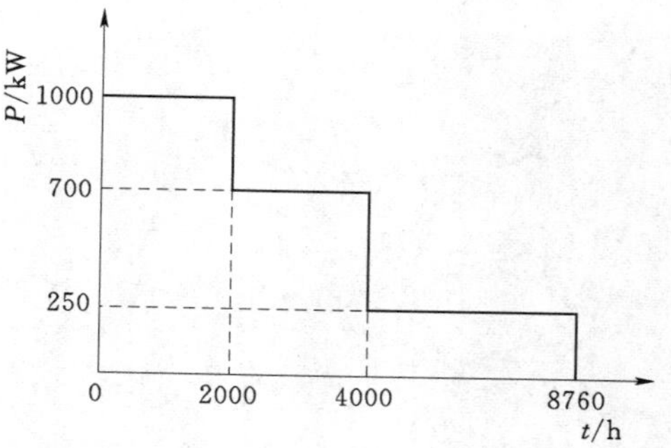


习题图 1.5.1 有功年持续负荷曲线

## 任务 1.6 认知电力线路的结构

1-5 电力线路结构

### 1.6.1 学习目标

1. 了解电力线路的分类及其构成特点。
2. 掌握送电线路所用导线、避雷线型号的含义。
3. 了解工作环境，培养奉献精神。

### 1.6.2 任务分析

电力线路是用来传输电能的，按结构不同可分为架空线路和电缆线路两大类。架空线路是将裸露导线架设在电线杆塔上来进行电能传输的；而电缆线路则是将电缆线埋设在地下（埋在土中、沟中、管道中等）来进行电能传输的。

架空线路由于裸露在空气中，容易受外界环境条件影响，如易遭受雷击和有害气体腐蚀等，但它具有投资省、施工维护和检修比较方便的优点，所以电力网中绝大多数的线路都采用架空线路。电缆线路的投资相对较大，但由于电缆线路埋设在地下，可避免外力破坏和气象条件的影响，供电可靠性较高。另外，电缆线路还具有不需要架设杆塔、不影响城市美观、可跨海送电等优点，因而可根据具体需要采用电缆线路。

### 1.6.3 知识学习

#### 1.6.3.1 架空线路

架空线路是由导线、避雷线、杆塔、绝缘子和金具等组成，如图 1.15 所示。

1. 导线和避雷线

导线是架空线路的主要组成部件，其功能主要是传导电流、输送电能。避雷线架设在导线的上方且是接地的，故通常又称为架空地线，其主要作用是将雷电流引入大地，使电力线路免遭雷电的侵袭。导线和避雷线都架设在空气中，要受到自身张力及风、雪、冰等外加荷载的作用和空气中有害物质的侵蚀，所以导线和避雷线应具有较高的机械强度和抗腐蚀的能力。导线还应具有良好的导电性能。

图 1.15 架空线路结构示意图

导线主要采用铝、钢、铜、铝合金等材料制成，避雷线则一般采用钢线。

在上述几种材料中，铜的导电性能最好，抗腐蚀能力也强，但其蕴藏量较少，价格较高，故一般架空线不采用铜导线。钢线的价格最便宜，机械强度大，但电导率最低，集肤效应明显，故不宜用作导线，一般只作为避雷线或固定拉线。铝的导电性能虽然比铜差一些，但也属优良导电介质，而且因为铝质轻价廉，故架空线路多使用铝作为导电材料。10kV 及以下的线路因导线受力小，多使用铝绞线 LJ；35kV 及以上的线路因导线受力大，则广泛应用钢芯铝绞线 LGJ。

所谓钢芯铝绞线 LGJ，主要是利用铝的导电性能较好，而钢的机械强度较大的特点，将两者结合起来使用的一种导线。就是将铝线缠绕在单股或多股钢线外层作主要载流部分，导线机械荷载则由主要由钢线承担。钢芯铝绞线根据其中铝材料部分和钢材料部分的截面比率不同，可分为以下三种类型：

普通型钢芯铝绞线（LGJ），其铝、钢截面积比为 5.3～6.1。

轻型钢芯铝绞线（LGJQ），其铝、钢截面积比为 7.6～8.3。

加强型钢芯铝绞线（LGJJ），其铝、钢截面积比为 4～4.5。

普通型、轻型钢芯铝绞线，多用于一般地区；加强型钢芯铝绞线，多用于重冰区或大跨越地段。

送电线路所用的导线、避雷线型号，一般是用表示导线材料、结构的字母符号和表示载流截面积的数字三部分组合而成的，例如：

LGJ－120
- LGJ 表示钢芯铝绞线
  - L 表示铝线
  - G 表示钢线
  - J 表示多股绞线
- 120 表示标称截面是 $120mm^2$

其他表示材料和导线结构的字母符号还有：T 表示铜材料；TJ 表示铜绞线；LJ 表示铝绞线；GJ 表示钢绞线；等等。注意表示载流截面积的数字是以 $mm^2$ 为单位的数值。如 LJ－35 是标称截面积为 $35mm^2$ 的铝绞线；GJ－50 是标称截面积为 $50mm^2$ 的镀锌钢绞线。

为了防止电晕及减小线路的感抗，超高压线路的导线一般采用扩径导线、分裂导线等。扩径导线是一种人为地增大导线直径，但又不增大载流截面积的导线。分裂导线是将每相导线分成若干根小导线，小导线相互之间保持一定距离。

架空线路各种导线的截面结构如图 1.16 所示。各种型号的导线数据见附表Ⅰ－1～附表Ⅰ－8。

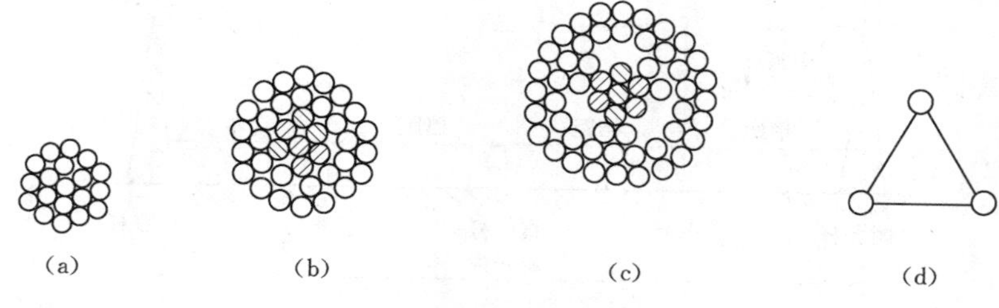

图 1.16　架空线路各种导线的截面结构

(a) 铝绞线；(b) 钢芯铝绞线；(c) 扩径导线；(d) 分裂导线（三分裂）

2. 杆塔

架空线路的杆塔主要作用是支撑导线和避雷线，以使导线之间、导线与避雷线之间、导线与地面之间保持一定的安全距离。杆塔的形式很多，可按不同的方法分类。如按使用的材料不同可分为木杆、钢筋混凝土杆和铁塔。也可按导线在杆塔上的排列方式不同进行分类。如一般单回线路采用三角形、上字形和水平形排列方式，双回线同杆架设时一般按伞形、倒伞形、干字形或鼓形等排列，如图 1.17 所示。

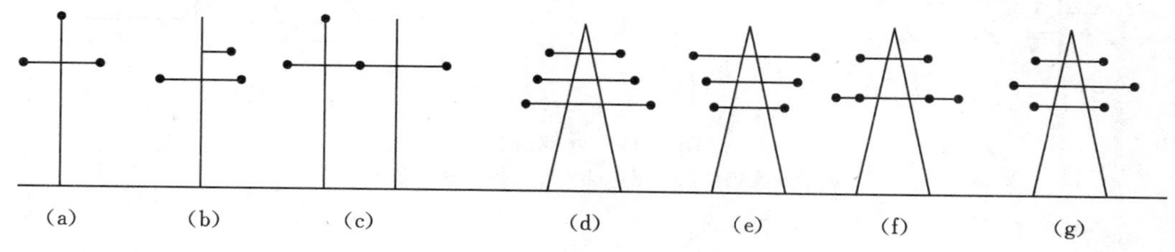

图 1.17　杆塔上各种导线排列方式

(a) 三角形；(b) 上字形；(c) 水平形；(d) 伞形；(e) 倒伞形；(f) 干字形；(g) 鼓形

杆塔按不同用途又可分为直线杆塔、耐张杆塔、转角杆塔、终端杆塔和特种杆塔五种。

(1) 直线杆塔。直线杆塔设计要求能承受导线的自重、导线上覆冰的重量及导线所承受的风压，不能承受沿线路方向的水平张力。由于其强度要求低，造价也比较便宜。直线杆塔用于线路的直线走向处，约占杆塔总数的 80%。直线杆塔上，绝缘子串和导线相互垂直。

(2) 耐张杆塔。耐张杆塔设计要求能承受由于断线使杆塔两侧导线产生的不平衡拉力作用。耐张杆塔又称承力杆塔。这种杆塔强度高，结构较复杂，造价也相对较高。相邻的两基耐张杆塔之间就是一个耐张段。通常隔一段距离就需要设立一个耐张段以便把断线故障的影响范围限制在耐张段内。一个耐张段内一般有若干直线杆塔，相邻两基杆塔的水平直线距离称为档距，如图 1.18 所示。

(3) 转角杆塔。转角杆塔设置在线路转弯处。主要用来承受由于两侧导线张力不在一条直线上所产生的侧向拉力。根据转角大小不同可用耐张型转角杆塔或直线型转角杆塔。

(4) 终端杆塔。线路终端处的杆塔称为终端杆塔，它装设在线路的首端和末端，用来承受最后一个耐张段导线的单侧拉力。

(5) 特种杆塔。当线路需要跨越河流、山谷、铁路、公路或需要进行导线换位等一些

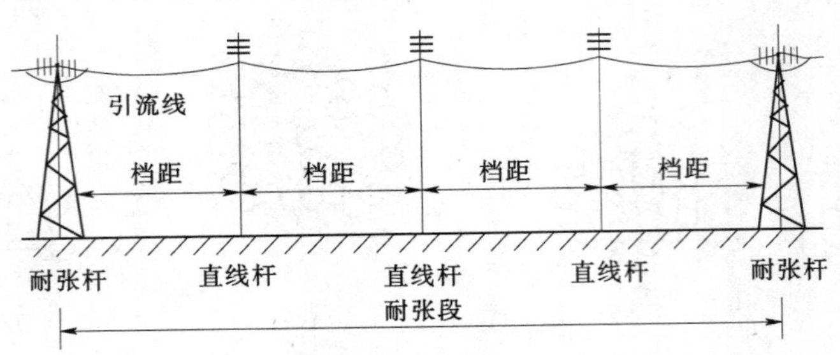


图 1.18 线路耐张杆塔连接示意图

特殊需要时才采用特种杆塔，主要有跨越杆、换位杆、分支杆等。导线换位主要为了使架空电力线路各相参数平衡，导线换位的结构示意如图 1.19 所示。

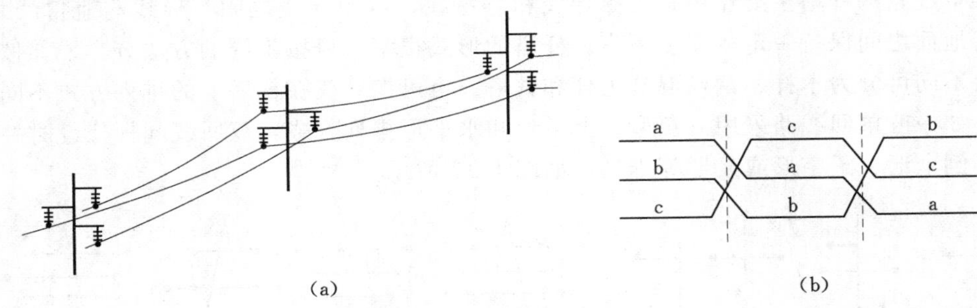


图 1.19 导线换位

(a) 导线换位示意图；(b) 导线换位循环布置图

3. 绝缘子

绝缘子是用来支撑或悬挂固定导线，并使导线与杆塔之间保持一定绝缘距离的部件。按材料不同可分为瓷质绝缘子、钢化玻璃绝缘子和硅橡胶合成绝缘子等。按形状不同可分为针式绝缘子、悬式绝缘子、棒型绝缘子及瓷横担绝缘子，如图 1.20 所示。

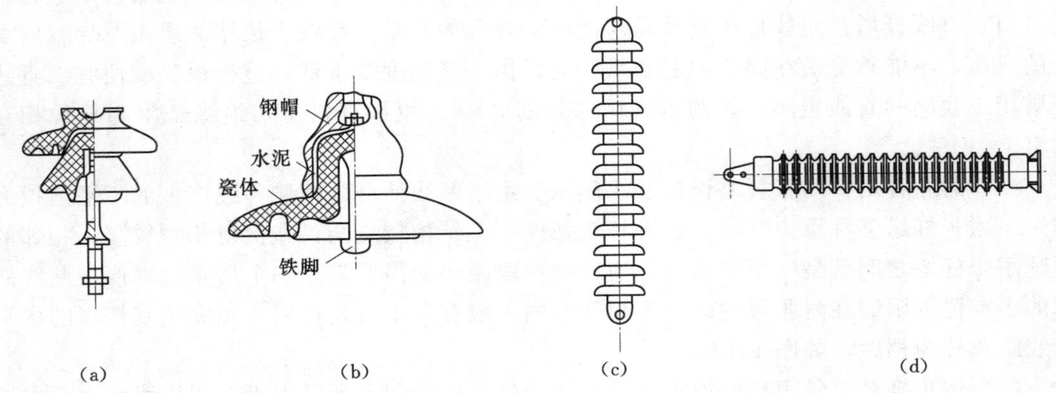


图 1.20 架空线路的绝缘子

(a) 针式绝缘子；(b) 悬式绝缘子；(c) 棒型绝缘子；(d) 瓷横担绝缘子

(1) 针式绝缘子。价格低廉，但耐雷水平不高，易闪络，主要用于 35kV 以下电力线路中的直线杆塔及小转角杆塔。

(2) 悬式绝缘子。主要用于 35kV 及以上的线路中，通常把它们组合成绝缘子串使用。绝缘子串的绝缘子的数量与电压有关。例如当使用的绝缘子为 X－4.5 时，35kV 线路不少于 3 片，110kV 线路不少于 7 片，220kV 线路不少于 13 片，330kV 线路不少于 19 片，500kV 线路不少于 24 片。耐张杆塔绝缘子串的个数一般比同电压级的直线杆塔绝缘子串个数多 1～2 个。

(3) 棒型绝缘子，是用环氧玻璃钢等硬质材料做成的整体型绝缘子，具有质量轻、体积小、便于运输和安装的特点，它可代替悬式绝缘子串。

(4) 瓷横担绝缘子。瓷横担绝缘子可起到绝缘子和横担的双重作用，它有自洁性能强、安装方便、节约材料等优点，但由于其机械抗弯强度低，一般只在 6～35kV 配电线路上广泛使用。

4. 金具

架空线路中，用来连接、固定、保护导线及绝缘子的各种金属零件，统称为金具。按其用途大致可分为线夹、连接金具、接续金具、保护金具几大类，如图 1.21 所示。

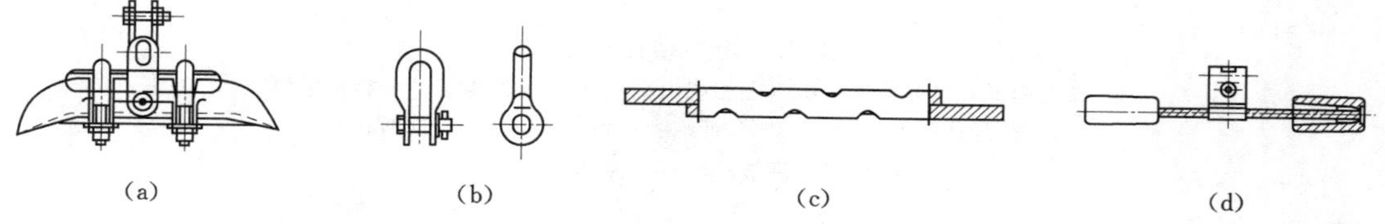


图 1.21　各种金具

(a) 悬垂线夹；(b) 连接金具（U 形挂环）；(c) 接续金具（钳压管）；(d) 保护金具（防振锤）

线夹的作用是将导线和避雷线固定在绝缘子和杆塔上，用在直接杆塔和悬式绝缘子串上的线夹称为悬垂线夹。用在耐张杆塔和耐张绝缘子串上的线夹称为耐张线夹。

连接金具的作用是将绝缘子连接成串，或将线夹、绝缘子串、杆塔横担相互连接，如 U 形挂环、直角挂板等。

接续金具的作用是将两段导线或避雷线连接起来，如钳压管、液压管等。

保护金具主要是用来保护导线或避雷线因风引起的周期性振动而造成的损坏，防止其过分靠近杆塔，以保持导线和杆塔之间的绝缘，如护线条、防振锤、悬重锤等。

#### 1.6.3.2　电缆线路

1. 电缆的结构

电力电缆的结构主要包括导体、绝缘层和保护层三大部分。

电缆的导体是用来传导电流的，一般使用多股铜绞线或铝绞线，以增加电缆的柔性，便于弯曲电缆。根据电缆中导体线芯数量的多少，可将电缆划分为单芯电缆、三芯电缆和四芯电缆等。

电缆的绝缘层是用来使各导体之间及导体与包皮之间绝缘的，使用的材料有橡胶、沥青聚乙烯、聚丁烯、棉、麻、绸缎、纸、浸渍纸、矿物油、植物油等，一般多采用油浸纸绝缘。

电缆的保护层是用来保护绝缘层不受外力损伤的，同时还有防止水分侵入或浸渍剂外流的作用。电缆的保护层可分为内护层和外护层，内护层由铝或铅制成，外护层由内衬层、铠装层和外被层组成，如图 1.22 所示。

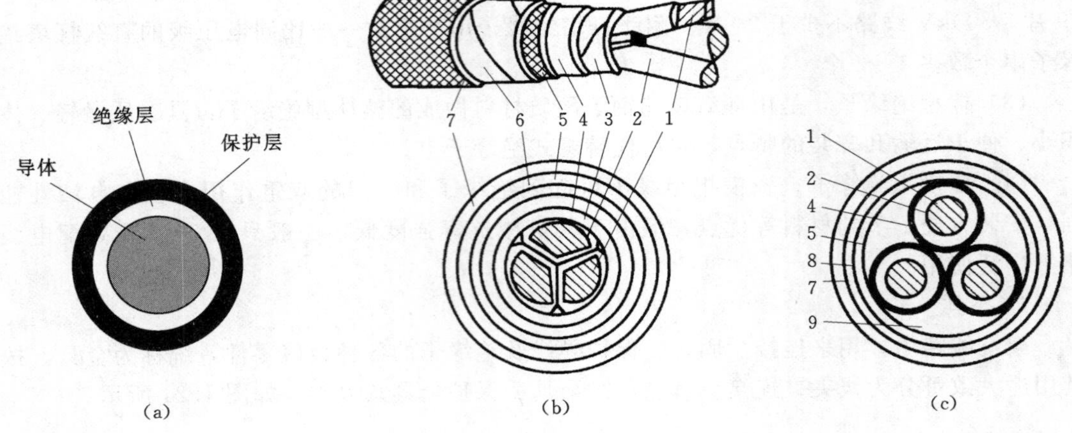


图 1.22 电缆结构示意图

(a) 单芯电缆；(b) 三芯电缆（三相统包型）；(c) 三芯电缆（分相铅包型）
1—导体；2—相绝缘；3—纸绝缘；4—铅包皮；5—麻衬；
6—钢带铠；7—麻被；8—钢丝铠甲；9—填充物

2. 电缆的附件

电缆附件主要有连接头（盒）和终端头（盒）。对充油电缆还需配备一套供油系统。

电缆连接头是用来连接两段电缆的部件，电缆终端头则是电缆线路末端用以保护缆芯绝缘并将缆芯导体与其他电气设备相连的部件。

### 1.6.4 练习

1. 架空线路主要由哪些部件构成？各部件各有什么作用？
2. 架空电力线路的杆塔有哪些形式？受力特点如何？
3. 什么是分裂导线和扩径导线？
4. 什么是导线的换位？为什么要换位？
5. 电缆线路主要结构是怎样的？
6. 架空线路和电缆线路各有什么特点？适用于什么场合？

# 项目2 潮 流 计 算

## 任务2.1 简单电力系统手动建模

### 2.1.1 学习目标

1. 绘制发电机、变压器、线路、负荷等元件的等效电路并计算等效电路中的参数。
2. 了解标幺值的概念。
3. 培养集体主义精神和团结协作能力。

### 2.1.2 任务提出

绘制如图2.1所示简单电力系统的等效电路，并计算各元件的等效参数。

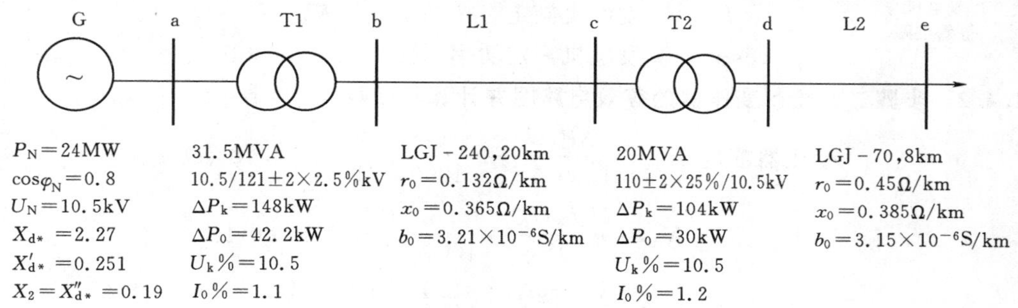


图2.1 简单电力系统示意图及元件参数

### 2.1.3 任务分析

正如项目1中提到的，电力系统是由发电机、变压器、线路、负荷等部分组成的，因此在需要绘制整个电力系统的等效电路时，首先要掌握上述各设备的等效电路及参数计算的方法。在电力系统建模中，学生需要学习，推导元件参数和绘制等效电路图。这要求学生之间要相互合作、互相支持，以达到共同目标，使学生感悟到集体主义精神在团队合作中的重要性。

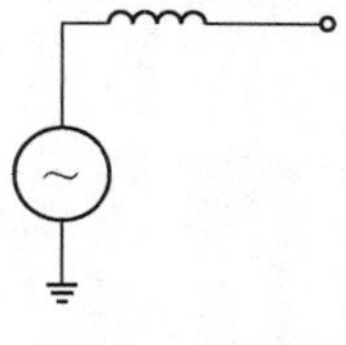

### 2.1.4 任务实施

#### 2.1.4.1 步骤一：绘制发电机的等效电路图并计算其参数

发电机的等效电路和参数计算如图2.2所示。

j8.34Ω

图2.2 发电机等效电路和参数

发电机G：$X_d=X_{d*}\dfrac{U_N^2}{P_N/\cos\varphi_N}=2.27\times\dfrac{10.5^2}{24/0.8}=8.34$（Ω）

**【知识链接】**

发电机是电力系统中的重要组成部分，是电力系统中唯一的有功功率源。由于发电机属于旋转设备，其特性非常复杂。本节仅针对电网稳态分析的需要，简要讲述潮流计算中常用的参数计算公式和等效电路。

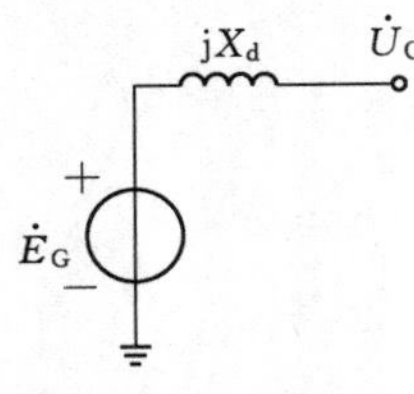


图 2.3 发电机等效电路图

因为发电机定子绕组的电阻比电抗小得多，对发电机一般只计算电抗参数。发电机的等效电路可用一个电压源加上一个定子绕组电抗表示，如图 2.3 所示。

厂家提供的设备参数中一般不包括图中的电抗 $X_d$，而是以发电机额定容量为基准的电抗标幺值 $X_{d*}$，$X_{d*}$ 和 $X_d$ 的转换关系为

$$X_{d*}=\frac{\sqrt{3}I_N X_d}{U_N} \tag{2.1}$$

于是，发电机电抗 $X_d$ 有名值为

$$X_d=X_{d*}\frac{U_N}{\sqrt{3}I_N}=X_{d*}\frac{U_N^2}{S_N}=X_{d*}\frac{U_N^2\cos\varphi_N}{P_N} \tag{2.2}$$

2-1 ⊛ 发电机等效电路

式中 $U_N$——发电机额定电压，kV；

$S_N$——发电机额定视在功率，MVA；

$P_N$——发电机额定有功功率，MW；

$\cos\varphi_N$——发电机额定功率因数。

#### 2.1.4.2 步骤二：绘制变压器的等效电路图并计算其参数

变压器 T1：$R_{T1}=\dfrac{\Delta P_k U_N^2}{1000\times S_N^2}=\dfrac{148\times 121^2}{1000\times 31.5^2}=2.18(\Omega)$

$$X_{T1}=\frac{U_k\% U_N^2}{100S_N}=\frac{10.5\times 121^2}{100\times 31.5}=48.80(\Omega)$$

$$Z_{T1}=R_{T1}+jX_{T1}=2.18+j48.80(\Omega)$$

$$G_{T1}=\frac{\Delta P_0}{1000U_N^2}=\frac{42.2}{1000\times 121^2}=2.88\times 10^{-6}(S)$$

$$B_{T1}=\frac{I_0\% S_N}{100U_N^2}=\frac{1.1\times 31.5}{100\times 121^2}=2.37\times 10^{-5}(S)$$

$$Y_{T1}=G_{T1}-jB_{T1}=(2.88-j23.7)\times 10^{-6}(S)$$

变压器 T2：$R_{T2}=\dfrac{\Delta P_k U_N^2}{1000\times S_N^2}=\dfrac{104\times 110^2}{1000\times 20^2}=3.15(\Omega)$

$$X_{T2}=\frac{U_k\% U_N^2}{100S_N}=\frac{10.5\times 110^2}{100\times 20}=63.53(\Omega)$$

$$Z_{T2}=R_{T1}+jX_{T1}=3.15+j63.53(\Omega)$$

$$G_{T2}=\frac{\Delta P_0}{1000U_N^2}=\frac{30}{1000\times 110^2}=2.48\times 10^{-6}(S)$$

$$B_{T2}=\frac{I_0\% S_N}{100U_N^2}=\frac{1.2\times 20}{100\times 110^2}=1.98\times 10^{-5}(S)$$

$$Y_{T2}=G_{T2}-jB_{T2}=(2.48-j19.8)\times 10^{-6}(S)$$

等效电路图及其参数如图 2.4 所示。

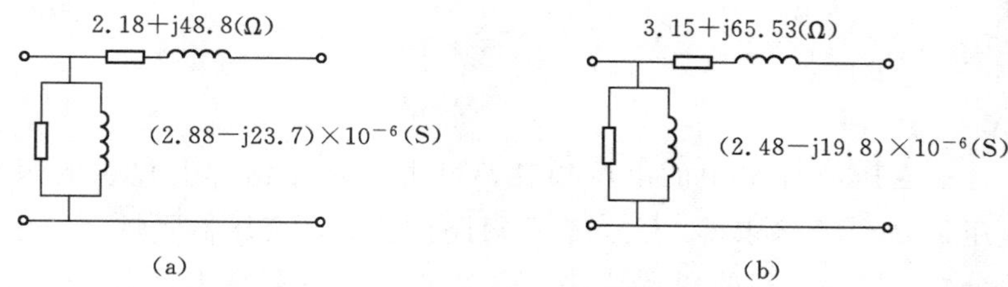


图 2.4　变压器 T1 和 T2 的等效电路图及其参数

(a) T1；(b) T2

**【知识链接】**

变压器的等效电路在电力系统计算中大都采用 Γ 形等效电路，这与学生在电机学中学习的 T 形等效电路有所不同。比如对双绕组变压器来说，将 T 形等效电路中位于一、二次绕组阻抗之间的励磁支路前移到一次侧，并将变压器二次绕组的阻抗折算到一次绕组的值与一次绕组的阻抗合并，用等效阻抗 $R_T+jX_T$ 表示，便得到如图 2.5 (a) 所示的 Γ 形等效电路。对于 35kV 及以下电压等级的变压器，因为其励磁支路功率损耗较小，可忽略不计，其等效电路可表示成如图 2.5 所示的简化形式。

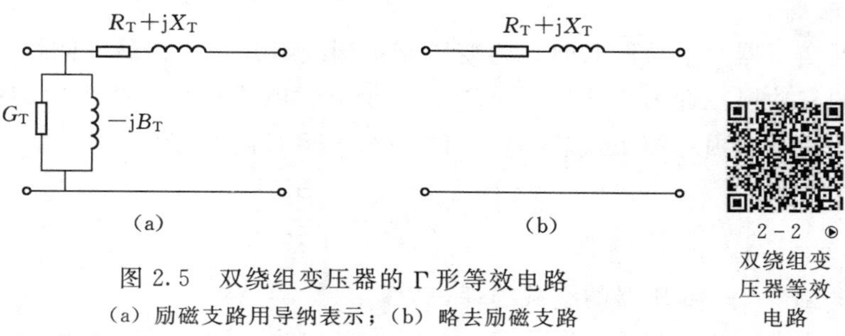


图 2.5　双绕组变压器的 Γ 形等效电路

(a) 励磁支路用导纳表示；(b) 略去励磁支路

2-2 双绕组变压器等效电路

图中双绕组变压器的参数包括电阻 $R_T$、电抗 $X_T$、电导 $G_T$ 和电纳 $B_T$，它们的计算方法如下。

1. 电阻 $R_T$

电阻 $R_T$ 表示变压器绕组中的铜耗，可由变压器铭牌上提供的短路试验数据——短路损耗 $\Delta P_k$ 计算求得。

开展变压器的短路试验时，将低压侧绕组短接，并在高压侧绕组施加电压，使低压短路绕组的电流达到额定值，此时变压器有功损耗即为短路损耗 $\Delta P_k$。$\Delta P_k$ 包括绕组损耗和铁芯励磁损耗两部分，由于铁芯励磁损耗很小，因此近似认为 $\Delta P_k$ 就等于变压器一、二次绕组通过额定电流时的电阻总损耗，即 $\Delta P_k \approx 3I_N 2R_T$，于是有计算式

$$R_T=\frac{\Delta P_k}{3I_N^2}=\frac{\Delta P_k U_N^2}{S_N^2}$$

式中　$\Delta P_k$——变压器的短路损耗，W；

$U_N$、$I_N$、$S_N$——变压器的额定电压 (V)、额定电流 (A)、额定容量 (VA)。

当上式中 $\Delta P_k$、$U_N$、$S_N$ 分别用 kW、kV、MVA 作单位时，则计算式变为

$$R_T=\frac{\Delta P_k U_N^2}{S_N^2}\times 10^{-3} \tag{2.3}$$

2. 电抗 $X_T$

电抗 $X_T$ 表示变压器绕组中的电压损耗，可由变压器铭牌上提供的短路试验的数据——短路电压百分数 $U_k\%$求得。$U_k\%$表示短路试验时，变压器阻抗上产生的电压降占额定电压的百分数，因为一般的变压器中，$X_T \gg R_T$，因此阻抗上的电压降约等于电抗上产生的电压降，即

$$U_k\%=\frac{\sqrt{3}I_N X_T}{U_N}\times 100$$

$$X_T=\frac{U_k\% U_N^2}{100S_N} \tag{2.4}$$

式中 $U_N$、$I_N$、$S_N$——变压器的额定电压（V）、额定电流（A）、额定容量（VA）。

当上式中 $U_N$、$S_N$ 分别用 kV、MVA 作单位时，计算式与式（2.4）相同。

3. 电导 $G_T$

电导 $G_T$ 表示变压器的铁芯损耗，可由变压器铭牌上提供的空载试验数据——空载损耗 $\Delta P_0$ 求得。

开展变压器的空载试验时，将变压器一侧绕组开路，在另一侧绕组加额定电压，此时变压器的有功损耗即为空载损耗 $\Delta P_0$。由于空载电流很小，绕组中的铜耗也很小，所以，可近似认为空载损耗等于铁芯损耗，即 $\Delta P_0 \approx U_N^2 G_T$。因此

$$G_T=\frac{\Delta P_0}{U_N^2}$$

式中 $\Delta P_0$——变压器的空载损耗，W。

当上式中 $\Delta P_0$、$U_N$ 分别用 kW、kV 作单位时，则计算式变为

$$G_T=\frac{\Delta P_0}{U_N^2}\times 10^{-3} \tag{2.5}$$

4. 电纳 $B_T$

电纳 $B_T$ 表示变压器的励磁功率，可由变压器铭牌上提供的空载试验数据——空载电流百分数 $I_0\%$求得，$I_0\%$表示变压器空载电流 $I_0$ 占额定电流的百分数。空载电流包含有功分量 $I_a$ 和无功分量 $I_r$。由于有功分量很小，可近似认为空载电流等于无功分量 $I_r$。因此有

$$I_0\%=\frac{I_0}{I_N}\times 100 \approx \frac{I_r}{I_N}\times 100=\frac{U_N B_T}{\sqrt{3}I_N}\times 100$$

因此

$$B_T=\frac{I_0\%\sqrt{3}I_N}{100U_N}=\frac{I_0\% S_N}{100U_N^2} \tag{2.6}$$

式中 $U_N$、$I_N$、$S_N$——变压器的额定电压（V）、额定电流（A）、额定容量（VA）。

当上式中 $S_N$、$U_N$ 分别用 MVA、kV 作单位时，计算式与式（2.6）相同。

以上参数计算公式中，$U_N$ 用变压器哪一侧的额定电压，就相当于把变压器参数折算到哪一侧电压级。

**【知识链接】**

1. 三绕组变压器的 Γ 形等效电路

三绕组变压器等效电路如图 2.6 所示。

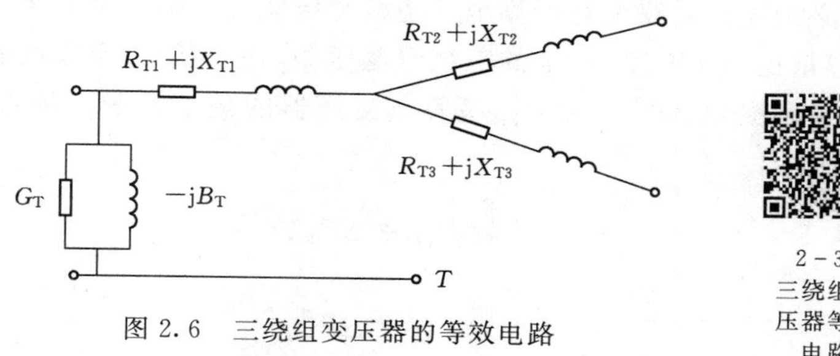


图 2.6　三绕组变压器的等效电路

2-3　三绕组变压器等效电路

2. 三绕组变压器的参数计算

(1) 电阻 $R_{T1}$、$R_{T2}$、$R_{T3}$。三个绕组的电阻 $R_{T1}$、$R_{T2}$、$R_{T3}$ 是根据每个绕组对应的短路损耗 $\Delta P_{k1}$、$\Delta P_{k2}$、$\Delta P_{k3}$ 求得的，而 $\Delta P_{k1}$、$\Delta P_{k2}$、$\Delta P_{k3}$ 又是根据三绕组变压器的每两个绕组的短路损耗试验数据 $\Delta P_{k12}$、$\Delta P_{k23}$、$\Delta P_{k31}$ 得到的。

根据三绕组变压器的短路试验有

$$\Delta P_{k12}=\Delta P_{k1}+\Delta P_{k2}$$
$$\Delta P_{k23}=\Delta P_{k2}+\Delta P_{k3}$$
$$\Delta P_{k31}=\Delta P_{k3}+\Delta P_{k1}$$

由此解得

$$\begin{cases}\Delta P_{k1}=\dfrac{1}{2}(\Delta P_{k12}+\Delta P_{k31}-\Delta P_{k23})\\[2ex]\Delta P_{k2}=\dfrac{1}{2}(\Delta P_{k12}+\Delta P_{k23}-\Delta P_{k31})\\[2ex]\Delta P_{k3}=\dfrac{1}{2}(\Delta P_{k31}+\Delta P_{k23}-\Delta P_{k12})\end{cases}\tag{2.7}$$

仿照双绕组变压器计算 $R_T$ 的公式，可写出三绕组变压器各绕组电阻的计算公式为

$$\begin{cases}R_{T1}=\dfrac{\Delta P_{k1}U_N^2}{S_N^2}\times10^{-3}\\[2ex]R_{T2}=\dfrac{\Delta P_{k2}U_N^2}{S_N^2}\times10^{-3}\\[2ex]R_{T3}=\dfrac{\Delta P_{k3}U_N^2}{S_N^2}\times10^{-3}\end{cases}\tag{2.8}$$

式中　$\Delta P_{k1}$、$\Delta P_{k2}$、$\Delta P_{k3}$——高、中、低压绕组的损耗，kW；

$S_N$——三绕组变压器的额定容量，MVA；

$U_N$——三绕组变压器的额定电压，kV。

注意，上述电阻的计算是对应于高、中、低压绕组容量比为100/100/100的三绕组变压器的。我国目前生产的变压器三个绕组的容量比有100/100/100、100/100/50、100/50/100三种。变压器铭牌上的额定容量是指容量最大的绕组的容量。对于容量比为100/100/100的三绕组变压器，做短路试验时，试验电流只能按小容量绕组的额定电流取用。也就是说厂家或手册上所提供的短路损耗是两个绕组中容量较小的一方达到其额定电流时的值。所以必须先将短路损耗折算至三绕组变压器的额定容量下才行。

1）对容量比为100/100/50的三绕组变压器，必须将厂家提供的未经折算的中低、高低绕组间的短路损耗$\Delta P'_{k23}$、$\Delta P'_{k31}$折算到变压器的额定容量下的数值$\Delta P_{k23}$、$\Delta P_{k31}$。其折算公式为

$$\begin{cases}\Delta P_{k23}=\Delta P'_{k23}\left(\dfrac{S_N}{S_{3N}}\right)^2\\\Delta P_{k31}=\Delta P'_{k31}\left(\dfrac{S_N}{S_{3N}}\right)^2\end{cases}\tag{2.9}$$

式中 $S_N$——三绕组变压器的额定容量，MVA；

$S_{3N}$——三绕组变压器的低压绕组的额定容量，MVA。

2）对容量比为100/50/100的三绕组变压器，必须先将未折算的短路损耗$\Delta P'_{k12}$和$\Delta P'_{k23}$进行折算。折算公式为

$$\begin{cases}\Delta P_{k12}=\Delta P'_{k12}\left(\dfrac{S_N}{S_{2N}}\right)^2\\\Delta P_{k23}=\Delta P'_{k23}\left(\dfrac{S_N}{S_{2N}}\right)^2\end{cases}\tag{2.10}$$

式中 $S_N$——三绕组变压器的额定容量，MVA；

$S_{2N}$——三绕组变压器的中压绕组的额定容量，MVA。

（2）电抗$X_{T1}$、$X_{T2}$、$X_{T3}$。与电阻计算类似，三绕组变压器的各绕组电抗也是用各个绕组对应的短路电压百分数$U_{k1}\%$、$U_{k2}\%$、$U_{k3}\%$按双绕组变压器的电抗计算方法求得的。而$U_{k1}\%$、$U_{k2}\%$、$U_{k3}\%$又同样是由每两个绕组的短路电压百分数$U_{k12}\%$、$U_{k31}\%$、$U_{k23}\%$求得的。

根据三绕组变压器的短路试验，有

$$U_{k12}\%=U_{k1}\%+U_{k2}\%$$
$$U_{k23}\%=U_{k2}\%+U_{k3}\%$$
$$U_{k31}\%=U_{k3}\%+U_{k1}\%$$

由此解得

$$\begin{cases}U_{k1}\%=\dfrac{1}{2}(U_{k12}\%+U_{k31}\%-U_{k23}\%)\\U_{k2}\%=\dfrac{1}{2}(U_{k12}\%+U_{k23}\%-U_{k31}\%)\\U_{k3}\%=\dfrac{1}{2}(U_{k31}\%+U_{k23}\%-U_{k12}\%)\end{cases}\tag{2.11}$$

可写出各绕组电抗的计算式为

$$\begin{cases} X_{T1}=\dfrac{U_{k1}\%U_N^2}{100S_N} \\ X_{T2}=\dfrac{U_{k2}\%U_N^2}{100S_N} \\ X_{T3}=\dfrac{U_{k3}\%U_N^2}{100S_N} \end{cases} \tag{2.12}$$

式中　$U_N$、$S_N$——变压器的额定电压（kV）、额定容量（MVA）。

应该指出，不论三绕组变压器的容量比如何，厂家提供的短路电压百分数一般已经折算至变压器额定容量下，无须再进行折算。

（3）导纳 $G_T$ 和 $B_T$。三绕组变压器导纳的计算与双绕组变压器相同。

**【例 2.1】** 某降压变电站有一台三绕组变压器，型号为 $SSPSL_1-120000/220$ 型，容量比为 120MVA/120MVA/60MVA，各种试验数据为 $\Delta P_0=123.1kW$，$I_0\%=1.0$，$\Delta P_{k12}=1023kW$，$\Delta P'_{k23}=165kW$，$\Delta P'_{k31}=227kW$，$U_{k12}\%=24.7$，$U_{k23}\%=8.8$，$U_{k31}\%=14.7$，试计算该变压器折算至高压侧的参数并作出其等效电路。

**解：**（1）计算参数。

1）电阻。先折算有关的短路损耗：

$$\Delta P_{k23}=\Delta P'_{k23}\left(\frac{S_N}{S_{3N}}\right)^2=165\times\left(\frac{120}{60}\right)^2=660(kW)$$

$$\Delta P_{k31}=\Delta P'_{k31}\left(\frac{S_N}{S_{3N}}\right)^2=227\times\left(\frac{120}{60}\right)^2=908(kW)$$

各绕组的短路损耗分别为

$$\Delta P_{k1}=\frac{1}{2}(\Delta P_{k12}+\Delta P_{k31}-\Delta P_{k23})=\frac{1}{2}\times(1023+908-660)=635.5(kW)$$

$$\Delta P_{k2}=\frac{1}{2}(\Delta P_{k12}+\Delta P_{k23}-\Delta P_{k31})=\frac{1}{2}\times(1023+660-908)=387.5(kW)$$

$$\Delta P_{k3}=\frac{1}{2}(\Delta P_{k31}+\Delta P_{k23}-\Delta P_{k12})=\frac{1}{2}\times(908+660-1023)=272.5(kW)$$

各绕组的电阻分别为

$$R_{T1}=\frac{\Delta P_{k1}U_N^2}{S_N^2}\times10^{-3}=\frac{635.5\times220^2}{120^2}\times10^{-3}=2.14(\Omega)$$

$$R_{T2}=\frac{\Delta P_{k2}U_N^2}{S_N^2}\times10^{-3}=\frac{387.5\times220^2}{120^2}\times10^{-3}=1.30(\Omega)$$

$$R_{T3}=\frac{\Delta P_{k3}U_N^2}{S_N^2}\times10^{-3}=\frac{272.5\times220^2}{120^2}\times10^{-3}=0.916(\Omega)$$

2）电抗。各绕组短路电压百分数分别为

$$U_{k1}\%=\frac{1}{2}(U_{k12}\%+U_{k31}\%-U_{k23}\%)=\frac{1}{2}\times(24.7+14.7-8.8)=15.3$$

$$U_{k2}\%=\frac{1}{2}(U_{k12}\%+U_{k23}\%-U_{k31}\%)=\frac{1}{2}\times(24.7+8.8-14.7)=9.4$$

$$U_{k3}\%=\frac{1}{2}(U_{k31}\%+U_{k23}\%-U_{k12}\%)=\frac{1}{2}\times(14.7+8.8-24.7)=-0.6$$

各绕组电抗分别为

$$X_{T1}=\frac{U_{k1}\%U_N^2}{100S_N}=\frac{15.3\times220^2}{100\times120}=61.71(\Omega)$$

$$X_{T2}=\frac{U_{k2}\%U_N^2}{100S_N}=\frac{9.4\times220^2}{100\times120}=37.91(\Omega)$$

$$X_{T3}=\frac{U_{k3}\%U_N^2}{100S_N}=\frac{-0.6\times220^2}{100\times120}=-2.42(\Omega)$$

3)导纳。

$$G_T=\frac{\Delta P_0}{U_N^2}\times10^{-3}=\frac{123.1}{220^2}\times10^{-3}$$
$$=2.54\times10^{-6}(S)$$

$$B_T=\frac{I_0\%S_N}{100U_N^2}=\frac{1.0\times120}{100\times220^2}$$
$$=2.48\times10^{-5}(S)$$

(2) 画出等效电路(图2.7)。

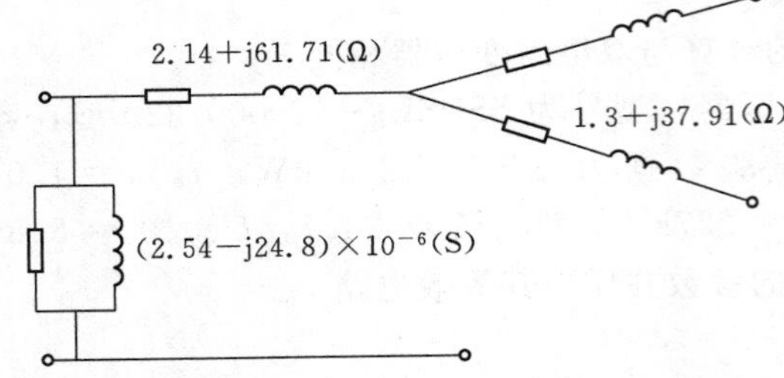


图2.7 [例2.1]三绕组变压器等效电路图

### 2.1.4.3 步骤三：绘制线路的等效电路图并计算其参数

线路L1：$Z_{L2}=L_2\times(r_0+jx_0)=20\times(0.132+j0.365)=2.64+j7.3(\Omega)$

$Y_{L2}=L_2\times b_0=20\times j3.21\times10^{-6}=j6.42\times10^{-5}(S)$

线路L2：$Z_{L2}=L_3\times(r_0+jx_0)=8\times(0.45+j0.385)=3.6+j3.08(\Omega)$

画出等效电路图，如图2.8所示。

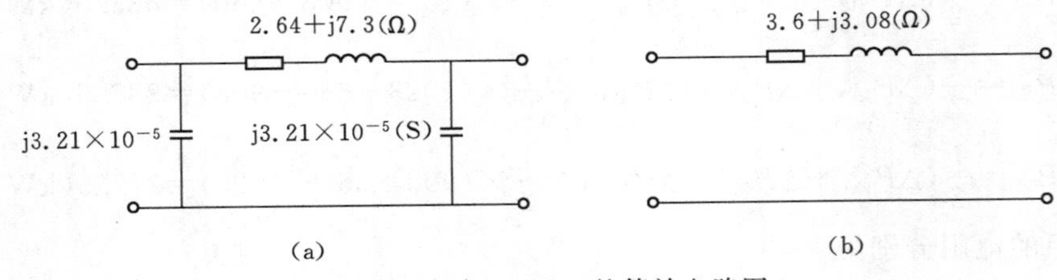


图2.8 线路L1、L2的等效电路图

(a) 线路L1等效电图；(b) 线路L2等效电路图

**【知识链接】**

输电线路的电阻、电导、电抗、电纳都是沿线路均匀分布的，但这种等效电路的计算比较复杂，一般多用于较长线路的计算分析，而对300km以下的架空线路和100km以下的电缆线路，一般都用集中参数电路来表示。同时由于线路的电导约为0，所以线路的等效电路图可以用Ⅱ形等效电路来表示［图2.9 (a)］，其中$R$、$X$、$B$分别为线路总的电阻、电抗和电纳值。注意，在Ⅱ形等效电路中的电纳$B$是作为两条支路分别置于线路阻抗的两端。对电压较低的短线路，由于其电纳很小，一般可将电纳支路忽略不计，而采用更为简单的一字形电路，如图2.9 (b) 所示。在实际工程中，多对35kV及以下电压等级的架空线路和10kV及以下的电缆线路作简化。

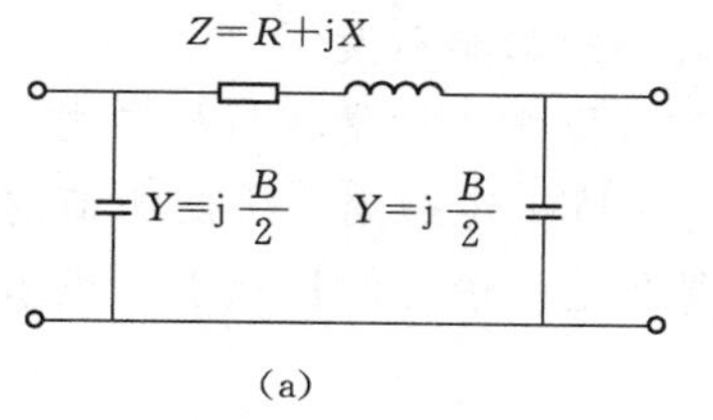


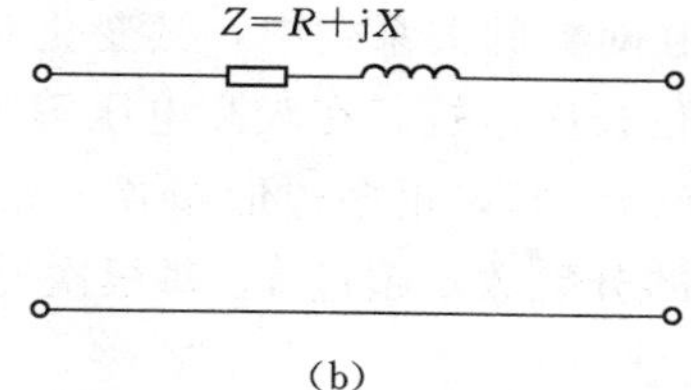

2-4 电力线路等效电路

图 2.9　线路等效电路图

(a) Ⅱ形等效电路；(b) 一字形等效电路

图中线路的参数包括电阻 $R_T$、电抗 $X_T$、电导和电纳 $B_T$，它们的计算方法如下。

1. 电阻

单位长度的导线电阻用 $r_0$ 表示，可按下式进行计算：

$$r_0=\frac{\rho}{s} \tag{2.13}$$

式中　$\rho$——导线电阻率，一般取 $\rho_{铜}=18.8\Omega\cdot mm^2/km$，$\rho_{铝}=31.5\Omega\cdot mm^2/km$；

$s$——导线载流部分的标称截面积，$mm^2$。

工程实际应用中，通常可以直接查取导线单位长度的电阻值 $r_0$，然后乘以导线总长度 $L$，即可得到线路电阻，如式（2.14）。但需要注意的是，查得的电阻值指的是 20℃时的电阻值。当线路实际环境温度为 $t$ 时，导线电阻应按式（2.15）修正。

$$R=r_0L \tag{2.14}$$

$$R_t=R_{20}[1+\alpha(t-20)] \tag{2.15}$$

式中　$R_t$、$R_{20}$——温度为 $t$、20℃时的电阻，Ω；

$\alpha$——电阻温度系数，对铜导线 $\alpha=0.00382(1/℃)$，铝导线 $\alpha=0.0036(1/℃)$。

2. 电抗

线路电抗是一个用来反映交流电流经过导线时产生交变磁场效应的参数。它包括一相导线自身产生的自感作用和各相导线之间所产生的互感作用。

普通单导线和分裂导线的电抗计算略有不同。

（1）单导线的单位长度电抗计算式为

$$x_0=0.1445\lg\frac{D_m}{r}+0.0157\mu\ (\Omega/km) \tag{2.16}$$

式中　$D_m$——三相导线间的几何均距，mm；

$r$——导线的计算半径，mm；

$\mu$——导线材料的相对磁导系数。

当三相导线间的距离分别为 $D_{AB}$、$D_{BC}$、$D_{CA}$ 时，$D_m$ 的计算式为

$$D_m=\sqrt[3]{D_{AB}D_{BC}D_{CA}}$$

对式（2.16）分析可知，线路的电抗与导线的半径 $r$、几何均距 $D_m$ 相关：

1）导线半径 $r$ 越大，则 $x_0$ 越小，所以采用分裂导线、扩径导线能够减小线路电抗。

2）几何均距 $D_m$ 越大，则 $x_0$ 越大，所以一般高压线路的电抗大，低压线路的电抗小。架空线路的电抗大，电缆线路的电抗小。

3）由于 $D_m$、$r$ 是在对数的关系式中，其变化对电抗大小的影响不大。

（2）分裂导线的单位长度电抗。在较高电压等级的架空线路中，通常将每相导线分成若干根导线（称为次导线），并呈正多边形布置，相互之间保持一定距离，构成所谓的分裂导线。一般分裂导线的分裂数不超过 4，每根次导线布置在正多边形的顶点上，正多边形的边长 $d$ 称为分裂间距。

分裂导线每相单位长度的电抗用下式计算：

$$x_0=0.1445\lg\frac{D_m}{r_{eq}}+\frac{0.0157}{n} \tag{2.17}$$

式中　$n$——每相导线的分裂数；

$r_{eq}$——每相分裂导线的等值半径，mm。

对分裂导线每相的等值半径 $r_{eq}$ 可用下式计算：

$$r_{eq}=\sqrt[n]{r\prod_{i=2}^{n}d_{1i}}$$

式中　$r$——分裂导线中每一根次导线的半径，mm；

$d_{1i}$——每相分裂导线中第 1 根与第 $i$ 根次导线之间的距离，$i=2$，3，…，$n$。

很显然，由于分裂导线的等值半径 $r_{eq}$ 比单根导线的半径 $r$ 大许多，所以分裂导线的等值电抗 $x_0$ 比单根导线的 $x_0$ 小，而且分裂数 $n$ 越大，$x_0$ 越小。

工程实际应用中，通常可以直接查取导线单位长度的电抗值 $x_0$，然后乘以线路长度即可计算出线路电抗：

$$X=x_0L \tag{2.18}$$

3. 电导

线路电导是用来反映架空电力线路沿绝缘子的泄漏损失和导线电晕的有功损耗的一个参数。由于在设计、施工和运行等各方面都采取了相应措施来避免线路发生电晕，因此在电力系统计算中一般都可忽略电晕损耗，即认为线路电导 $g_0\approx0$。

4. 电纳

线路电纳是用来反映各相导线之间和导线对大地之间电容效应的参数。普通单导线和分裂导线的电容计算同样略有不同。

（1）单导线每相的单位长度电纳为

$$b_0=2\pi fC_1=\frac{7.58}{\lg\dfrac{D_m}{r}}\times10^{-6} \tag{2.19}$$

式中　$C_1$——单导线每相单位长度的电容，F/km；

$r$——导线半径，mm；

$D_m$——线路几何均距，mm。

（2）分裂导线每相的单位长度电纳为

$$b_0=\frac{7.58}{\lg\dfrac{D_m}{r_{eq}}}\times10^{-6} \tag{2.20}$$

工程实际应用中，通常可以直接查取导线单位长度的电纳值 $b_0$，然后乘以导线总长度 $L$，即得线路电纳：

$$B=b_0L \tag{2.21}$$

需要注意的是，变压器等效电路与线路等效电路中的电纳性质不同。变压器的电纳 $B_T$ 是感性的，在等效电路中以负号出现，而线路电纳是容性的，在等效电路中以正号出现。

**2.1.4.4　步骤四：折算部分元件的参数**

首先选择 110kV 为基本电压级。

因计算变压器 T1、T2 和线路 L1 参数时就是在 110kV 这一基本电压级进行的，这几个元件的参数实际上已经归算过了。所以下面只需对发电机 G、变压器 T3 和线路 L2、L3 进行参数归算即可。

发电机 G：$$X'_G=8.34\times\left(\frac{121}{10.5}\right)^2=1107.54(\Omega)$$

线路 L2：$$Z'_{L2}=(3.6+j3.08)\times\left(\frac{110}{10.5}\right)^2=395.1+j338.03(\Omega)$$

**【知识链接】**

在完成了各个元件的等效电路计算后，并不是将这些元件简单地拼接就能得到整个电力系统的等效电路。这是因为每个元件参数计算时使用的额定电压不同。而一个系统等效电路的电压是对应于一个电压等级的，即等效电路图中各个元件的电压是相同的，这样各个元件的等效电路才能直接连接起来。所以在作电力系统等效电路时，首先必须将不同电压等级的各个元件的参数折算到同一个电压等级下，即所谓的电压等级的归算。

要对具有多个电压等级的电力系统电路参数进行同一电压等级的归算，首先要确定这个等值电路的电压等级（即基本电压级），而后将其他电压等级的元件参数全部归算到这个电压等级。

设某电压级与基本级之间串联有电压比为 $k_1$、$k_2$、$k_3$、…、$k_n$ 的 $n$ 台变压器，则该电压级中某元件阻抗 $Z$、导纳 $Y$、电压 $U$、电流 $I$ 归算到基本级的计算式分别为

$$\begin{cases}Z'=Z\times(k_1k_2k_3\cdots k_n)^2\\ Y'=Y\times\left(\dfrac{1}{k_1}\dfrac{1}{k_2}\dfrac{1}{k_3}\cdots\dfrac{1}{k_n}\right)^2\\ U'=U\times(k_1k_2k_3\cdots k_n)\\ I'=I\times\left(\dfrac{1}{k_1}\dfrac{1}{k_2}\dfrac{1}{k_3}\cdots\dfrac{1}{k_n}\right)\end{cases} \tag{2.22}$$

注意，计算式中各变压器的电压比 $k_1$、$k_2$、$k_3$、…、$k_n$ 的比值取法：分子为靠近基本级一侧的电压，分母为靠近待归算级一侧的电压。

**2.1.4.5　步骤五：绘制整个系统的等效电路**

简单电力系统等效电路如图 2.10 所示。

**2.1.4.6　步骤六：若有必要，将所有设备的参数折算成标幺值**

发电机 G：$$X_{G*}=\frac{X'_G}{U_B^2/S_B}=\frac{j1107.54}{115^2/100}=j8.37$$

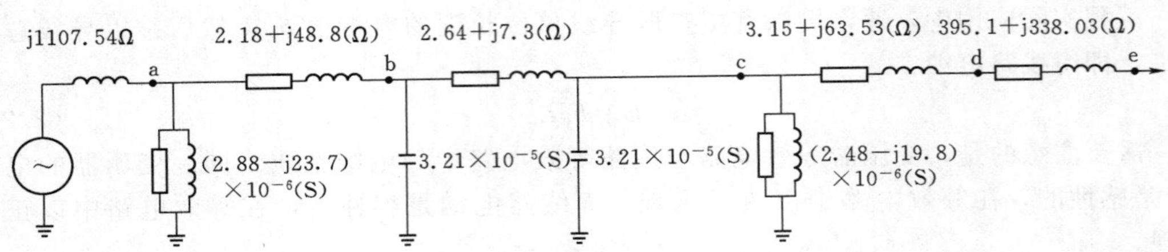


图 2.10 简单电力系统等效电路图

变压器 T1：
$$Z_{T1*}=\frac{Z_{T1}}{U_B^2/S_B}=\frac{2.18+j48.8}{115^2/100}=0.016+j0.369$$

$$Y_{T1*}=\frac{Y_{T1}}{S_B/U_B^2}=\frac{(2.88-j23.7)\times10^{-6}}{100/115^2}=(0.38-j3.13)\times10^{-3}$$

变压器 T2：
$$Z_{T2*}=\frac{Z_{T2}}{U_B^2/S_B}=\frac{3.15+j63.53}{115^2/100}=0.024+j0.48$$

$$Y_{T2*}=\frac{Y_{T2}}{S_B/U_B^2}=\frac{(2.48-j19.8)\times10^{-6}}{100/115^2}=(0.33-j2.62)\times10^{-3}$$

线路 L1：
$$Z_{L1*}=\frac{Z_{L1}}{U_B^2/S_B}=\frac{2.64+j7.3}{115^2/100}=0.020+j0.055$$

$$Y_{L1*}=\frac{Y_{L1}}{S_B/U_B^2}=\frac{j6.42\times10^{-5}}{100/115^2}=j0.085$$

线路 L2：
$$Z_{L2*}=\frac{Z'_{L2}}{U_B^2/S_B}=\frac{3.6+j3.08}{115^2/100}=0.027+j0.023$$

**【知识链接】**

2－5 ▶
标幺值

1. 标幺值的概念

在电力系统的分析计算中，对元件参数可以有两种表示形式，一种是用有名值表示，另一种是用标幺值表示。

有名值就是平时所使用的有量纲单位表示的数值。例如某线路电压为 220kV，就是用量纲单位“伏”所表示的电压数值。有名值可以清楚地表达想要描述的物体的性质，这是大家已经习以为常的。

有时候，人们需要对事物进行对比说明，比如人们经常听到的“今年的粮食产量比去年同期增加了 20%”，这就是说假如把去年的产量当作 100 来衡量的话，今年的产量增加值就是 20。我们来看，这个 20%实际上是一个比值，并不是一个有单位量纲的有名值，但通过 20%这个比值却可以让人们清楚地了解到今年粮食增长变化的幅度情况。可见无量纲的比例数值也能够表达想要描述的物体的特性，这就是标幺值。

标幺值定义由下式给出：

$$标幺值=\frac{实际有名值(任意单位)}{基准值(与实际有名值同单位)} \tag{2.23}$$

对以标幺值表示的物理量，一般是在其符号下角加“ * ”以区别于有名值。需注意，标幺值是没有量纲的。

**【例 2.2】** 当选定电流、电压、功率、阻抗的基准值分别为 $I_B=60A$、$U_B=6kV$、$S_B=1000kVA$、$Z_B=80\Omega$ 时，试分别求有名值 $I=30A$、$U=6.3kV$、$S=800kVA$、$Z=100\Omega$ 的标幺值 $I_*$、$U_*$、$S_*$、$Z_*$。

**解**：根据标幺值的定义公式有

$$I_*=\frac{I}{I_B}=\frac{30A}{60A}=0.5$$

$$U_*=\frac{U}{U_B}=\frac{6.3kV}{6kV}=1.05$$

$$S_*=\frac{S}{S_B}=\frac{800kVA}{1000kVA}=0.8$$

$$Z_*=\frac{Z}{Z_B}=\frac{100\Omega}{80\Omega}=1.25$$

值得注意的是，对于同一个实际有名值，若基准值选得不同，其标幺值结果也就不同。例如在上述例子中，选择 6kV 作为电压的基准值时，有名值电压 $U=6.3kV$ 的标幺值 $U_*=1.05$；当另选别的数值作为电压的基准值时，比如选 $U_B=6.3kV$，则 $U_*=1.0$；若选 $U_B=10kV$，则 $U_*=0.63$。

因此，当我们说一个量的标幺值时，必须同时说明它的基准值，否则标幺值的意义是不明确的。

2. 基准值的选择

电力系统参数计算中，对基准值的选择并不是随意的，一般应注意以下要求：

(1) 所选择的基准值单位应与有名值的单位相同，不同的量相比是无意义的。

(2) 所选择的基准值电量之间应符合电路的基本关系式，例如，

对三相系统：　$S_B=\sqrt{3}I_BU_B$，$U_B=\sqrt{3}I_BZ_B$，$Z_B=\frac{1}{Y_B}$

对单相系统：　$S_B=I_BU_B$，$U_B=I_BZ_B$，$Z_B=\frac{1}{Y_B}$

(3) 电力系统的 5 个参数基准值 $S_B$、$I_B$、$U_B$、$Z_B$、$Y_B$ 一般不任意选取。为方便计算，通常是指定 $S_B$ 和 $U_B$，然后通过电路基本关系得到其余 3 个基准值：

$$I_B=\frac{S_B}{\sqrt{3}U_B},\ Z_B=\frac{U_B}{\sqrt{3}I_B}=\frac{U_B^2}{S_B},\ Y_B=\frac{1}{Z_B}=\frac{S_B}{U_B^2} \tag{2.24}$$

(4) 在实际计算中，对基准容量值 $S_B$，一般可选定为 100MVA 或 1000MVA 等容易计算的数值，或者选定为系统总容量或某台发电机容量。在本书的计算中，统一选定 $S_B=100MVA$。

(5) 对基准电压值 $U_B$，一般选取为基本级的额定电压或平均额定电压，往往可以简化计算公式或计算步骤。在本书的计算中，统一选定 $U_B=U_{av}$。

总之，基准值的选取应当使得计算更方便。

3. 标幺值的换算

在进行电力系统计算时，通常都需要从资料、手册中查找元件的参数标幺值，而这些资料所给出的参数标幺值都是以各元件自身的额定参数为基准值的。因为各元件的额定参

数通常是不同的，所以这些元件的标幺值所采用的基准值并不一样。而在电力系统计算中，往往又需要把不同基准值的标幺值参数换算成统一基准值的标幺值才能使用。例如绘制用标幺值表示的电力系统等值电路时，各元件的参数就要求按统一的基准值进行归算。因此在计算中，往往就需要对各种不同基准的标幺值进行统一基准的转换，这就是所谓的标幺值的换算问题。

在进行标幺值换算时，一般是先把需要换算的元件标幺值参数还原为有名值参数，而后再用统一的基准值来计算标幺值。

下面以电抗为例说明标幺值的换算步骤。

设某电抗有名值为 $X$，以额定值 $S_N$、$U_N$ 为基准时该电抗的标幺值为 $X_{*N}$，试换算成以指定的 $S_B$、$U_B$ 为基准值时的电抗标幺值 $X_{*B}$。

(1) 根据标幺值公式，得到已知额定标幺值的表达式为

$$X_{*N}=\frac{X}{X_N}=\frac{X}{U_N^2/S_N}=X\frac{S_N}{U_N^2}$$

(2) 将额定标幺值换算为有名值，即

$$X=X_{*N}\frac{U_N^2}{S_N}$$

(3) 根据标幺值定义，得指定基准的标幺值为

$$X_{*B}=\frac{X}{X_B}=\frac{X}{U_B^2/S_B}=X\frac{S_B}{U_B^2}=X_{*N}\frac{S_BU_N^2}{S_NU_B^2}$$

如果选择的基准电压正好等于额定电压，即 $U_B=U_N$，那么上式就变成更为简单的 $X_{*B}=X_{*N}\dfrac{S_B}{S_N}$，也就是说基准值选择得合适是可以简化计算的。

4. 常见元件参数的标幺值及近似计算方法

在对复杂电网进行建模时，出于简化计算的目的，在能保证工程所需精度的前提下可采用近似的参数计算方法，一般可作如下简化：

(1) 在元件参数的计算和电压归算时，各元件以及各电压等级都以其平均额定电压作为基准电压，即 $U_B=U_{av}$，这样就简化了多电压等级电力系统等效电路中参数的多级归算，从而使计算工作量减少。在该假设下，各种元件的参数计算方法简化见表 2.1。

(2) 在近似计算中，可以将某些元件的参数略去不计，这样可以大大简化等效电路。比如发电机、变压器的电阻通常都忽略不计；线路的电阻小于其电抗的 1/3 时，也可忽略不计；变压器的导纳和线路的电导一般也可以略去；如果线路电压为 35kV 以下，长度小于 100km，还可忽略线路的电纳。

### 2.1.5 练习

1. 什么是变压器的短路试验和空载试验？短路电压百分数 $U_k$%的含义是什么？

2. 双绕组、三绕组变压器的等值电路各怎样表示？与电力线路的等值电路有何异同？

3. 某 35kV 变电站中的变压器的铭牌参数见习题表 2.1.1，请画出该变压器的等效电路，并计算该变压器的电阻、电抗有名值。

表 2.1　　元件参数的近似计算方法

| 元　件 | 参数 | 在 $U_N=U_B=U_{av}$ 的假设下的近似值 |
|---|---|---|
| 线路 | $R_{L*}$ | $R_{L*}=\frac{r_0LS_B}{U_B^2}=\frac{r_0LS_B}{U_{av}^2}$ |
| | $X_{L*}$ | $X_{L*}=\frac{x_0LS_B}{U_B^2}=\frac{x_0LS_B}{U_{av}^2}$ |
| | $B_{L*}$ | $B_{L*}=\frac{b_0LU_B^2}{S_B}=\frac{b_0LU_{av}^2}{S_B}$ |
| 变压器 | $R_{T*}$ | $R_{T*}=\frac{\Delta P_kU_N^2S_B}{1000S_N^2U_B^2}\approx\frac{\Delta P_kS_B}{1000S_N^2}$ |
| | $X_{T*}$ | $X_{T*}=\frac{U_k\%U_N^2S_B}{100S_NU_B^2}\approx\frac{U_k\%S_B}{100S_N}$ |
| | $B_{T*}$ | $B_{T*}=\frac{I_0\%S_NU_B^2}{100U_N^2S_B}\approx\frac{I_0\%S_N}{100S_B}$ |
| | $G_{T*}$ | $G_{T*}=\frac{\Delta P_0U_B^2}{1000U_N^2S_B}\approx\frac{\Delta P_0}{1000S_B}$ |
| 发电机 | $X_{G*}$ | $X_{G*}=\frac{X_dU_N^2S_B}{S_NU_B^2}\approx\frac{X_dS_B}{S_N}$ |

习题表 2.1.1　　某变压的铭牌参数

| 高压侧额定电压/kV | 低压侧额定电压/kV | 容量/MVA | 接线方式 | 短路损耗/kW | 空载损耗/kW | 空载电流/% | 短路电压/% |
|---|---|---|---|---|---|---|---|
| 35 | 10.5 | 6.3 | Yd11 | 41 | 8.2 | 0.9 | 7.5 |

# 任务 2.2　电力系统的 PWS 建模

## 2.2.1　学习目标

1. 掌握 PowerWorld Simulator（以下简称 PWS）软件的建模方法，能够正确计算、填写各种元件的参数。

2. 理解平衡节点、PV 节点、PQ 节点的概念。

3. 激发学生科学探索精神和创新能力。

## 2.2.2　任务提出

本任务要求学生根据附录Ⅲ和附录Ⅳ提供的电网接线图及元件的原始参数，在 PWS 软件中建立起该地区的电网模型，该模型可供后续的电网分析使用。

该电网涵盖 35kV 和 110kV 两个电压等级，并通过一个 110kV 变电站的 110kV 母线与外电网连接。该电网的地理接线图见附录Ⅲ。电网中包含了火力发电机、水力发电机、线路、三绕组变压器、两绕组变压器、负荷等典型的电网设备或组成部分，具体的设备参数见附录Ⅳ。

### 2.2.3 任务分析

随着电网结构的日益复杂，对电网进行手动分析计算已经满足不了生产的需求。如今，广泛采用计算机软件对电力系统进行分析计算，大幅度提高了分析计算的效率。但与手动计算类似，用软件进行电网分析的前提是必须先对目标电网进行建模。

在软件上进行建模，首先要表达清楚元件之间的拓扑关系，即在软件中建立起元件和元件之间的连接关系；其次要填写元件参数，填写时应根据不同软件的说明书，来决定需要填写的是有名值、标幺值或铭牌值。值得注意的是，由于一个实际电网中包含的电压等级较多，因此一般不需要进行电压等级的归算，仅需填写元件基于自身电压基准值的参数即可。参数归算的工作将由软件自行处理。在PWS建模中，学生需要运用科学的方法和理论知识，创造性地解决问题。这培养了学生的创新思维和科学态度，使他们认识科学精神对于个人和社会的重要性，并鼓励他们在实践中不断探索和创新。

### 2.2.4 任务实施

#### 2.2.4.1 步骤一：认识PWS软件

1. PWS软件介绍

PWS软件是由PowerWorld公司开发的电力系统分析软件。该仿真软件能够进行专业的工程分析，包括潮流计算、短路分析、事故分析、经济调度和稳定计算等功能。由于软件界面友好，并有高度的交互性，因此在国外被大量地应用于工程实际计算。而国内也开展了部分应用PWS进行工程计算的试点。同时，该软件可视性强、使用简单的特点也适用于电力系统分析的教学。因此，本教材采用PWS软件进行复杂电网的分析计算。

2. PWS的界面说明

程序的软件界面主要分为工具栏和作图区域两部分，如图2.11所示。

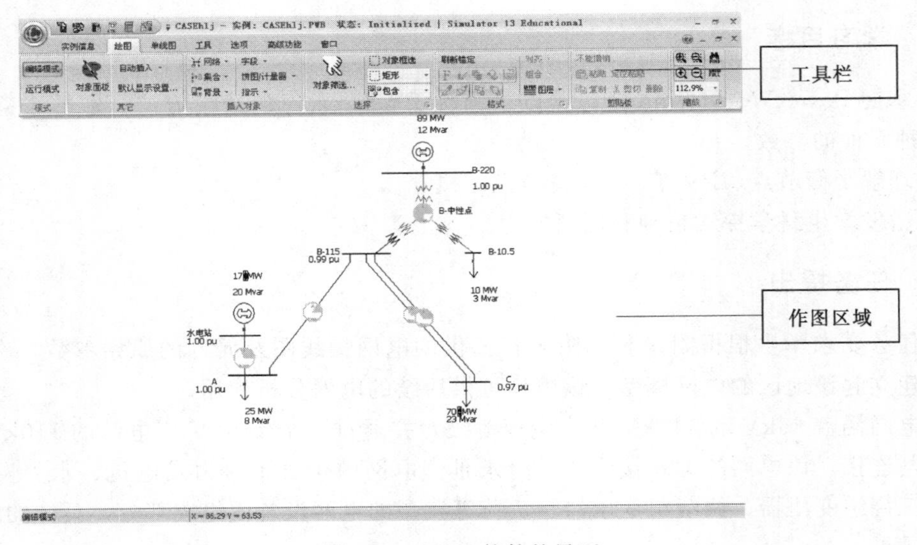


图2.11 PWS软件的界面

作图区域中可进行模型建立及计算结果的显示。

而在工具栏中，可以看到该软件的软件状态主要分为编辑模式和运行模式，如图 2.12 所示。编辑模式用于建模和修改模型，运行模式则用于在已建的模型上开展不同的电力系统分析。在使用该软件的任何时候都可以单击工具栏上的编辑模式按钮和运行模式按钮进行切换。

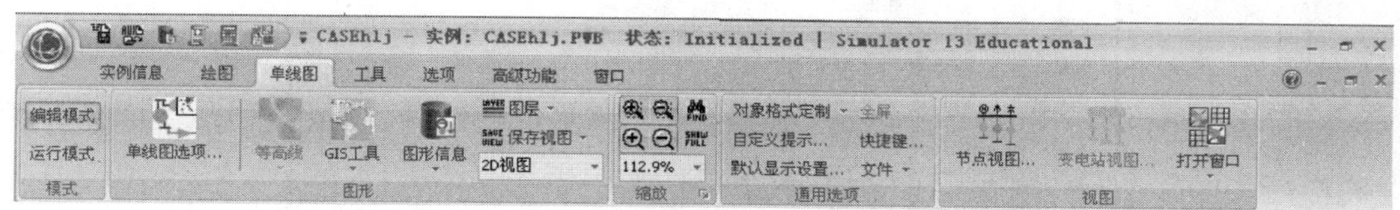


图 2.12　PWS 软件的工具栏

### 2.2.4.2　步骤二：插入母线

以插入乐清变电站 110kV 母线为例。

(1) 从工具栏中，选择“绘图”标签，单击其中的“网络”，可以看到下拉菜单中可选择的元件包括节点、发电机、负荷、并联补偿器、线路、变压器、串联补偿、直流线路，单击其中的任意一项即可开展该元件的插入工作。当需要插入母线时，选择“节点”项，此时鼠标变为十字光标，再在单线图中适当的位置单击鼠标左键（图 2.13）。这将激活“节点选项”对话框，如图 2.14 所示。

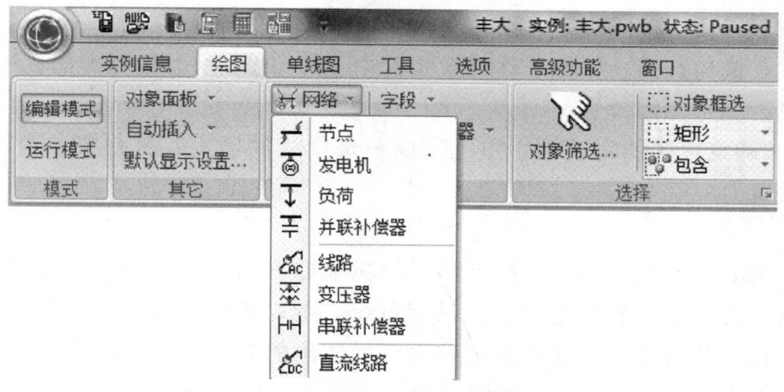


图 2.13　插入节点的方法

(2) 在“节点选项”对话框中，节点编号是一条母线区别于另一条母线的唯一标志，它不需要用户填写，而是根据插入的顺序由软件自行分配的。因此建模的顺序不同，每个节点分配的节点编号也不一样，但这不影响对电网进行分析计算的结果。其余需要用户填入的信息包括：

1) 节点名称。节点名称默认设置为节点编号，但为了辨识的方便，一般可以将节点的名称命名为变电站的名称。

2) 基准电压。基准电压是节点的重要信息之一，用于表征节点所在的电压等级。基准电压的计算公式为

$$U_B = U_{av} = 1.05U_N$$

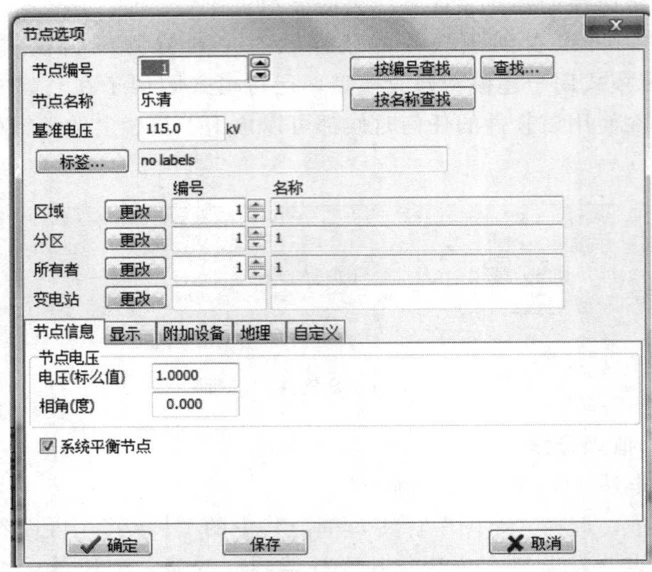


图 2.14 “节点选项”对话框

3）勾选“系统平衡节点”。在进行仿真计算时，一个连通的电网中须且仅须指定一个平衡节点，以对整个电网的有功和无功进行平衡。由于该区域电网与外部的电网仅通过乐清变电站的110kV母线相连，即该地区所缺的电力均通过母线1进行平衡，由此将母线1选择为平衡节点最为合适。因此，在母线1的对话框中，需勾选“系统平衡节点”一项，而其他的母线设置中无需勾选。

4）单击“确定”关闭对话框，由此完成一条母线的插入。其他节点可用同样的方法进行插入及设置。

**【知识链接】**

PQ节点：这类节点的有功功率 $P$ 和无功功率 $Q$ 是给定的，节点电压和相位（$V$，$\delta$）是待求量。由于变电站没有发电设备，只有负荷，所以通常都是这一类型的节点，故其发电功率为零。在一些情况下，系统中某些发电厂送出的功率在一定时间内为固定时，该发电厂也作为PQ节点，因此，电力系统中绝大多数节点属于这一类型。

PV节点：这类节点的有功功率 $P$ 和电压幅值 $V$ 是给定的，节点的无功功率 $Q$ 和电压相位 $\delta$ 是待求量，这类节点必须有足够的可调无功容量，用以维持给定的电压幅值，因而又称之为“电压控制节点”，一般是选择有一定无功储备的发电厂和安装有可调无功电源设备的变电站作为PV节点。

平衡节点的电压幅值 $V$ 和相位 $\delta$ 是给定的，而其注入的有功功率和无功功率是待求量。平衡节点在系统中只能有一个，且必须有一个，它对系统起到功率平衡的作用，可以向系统提供缺损的功率，也可以吸收系统中多余的功率。从理论上讲，平衡节点代表与系统相连的无穷大系统。在实际应用中，一般选取系统中的主调频发电厂为平衡节点比较合理，最后计算结果中的平衡节点功率就是此发电厂必须向系统提供的功率。如果系统是与另一更大的电力系统S相连，则可以选取这个连接点作为平衡节点，最后计算结果中的平

衡节点功率就是系统 S 通过平衡节点向系统提供的功率。另外，如果系统是一独立系统且只有一个电源点，则必须选此电源点为平衡节点。

#### 2.2.4.3 步骤三：插入发电机

(1) 从菜单的绘图功能标签中选择“网络→发电机”，将鼠标放在发电机所在节点的位置上单击鼠标左键（需要注意的是，在插入发电机之前，要保证发电机所在的节点已经存在）。这将激活“发电机选项”对话框。

(2) 节点编号已自动设置为发电机所在母线的节点编号。ID 字段默认为 1，若一条母线上挂有若干个发电机，则这些发电机的 ID 值需相互区分。

(3) 在功率和电压控制设置页中，有以下两种情况：

1) 对于外部电网，可以用一个发电机来进行等效。在本例中，该等效发电机挂于平衡节点上，因此，该外网等效发电机的有功和无功都是可调的。有功出力可任意填一个数字，有功的范围可以设为－999～999MW，同时勾选“启用 AGC”，无功的范围使用默认值，无功的范围可以设为－999～999Mvar，同时勾选“启用 AVR”，如图 2.15 所示。

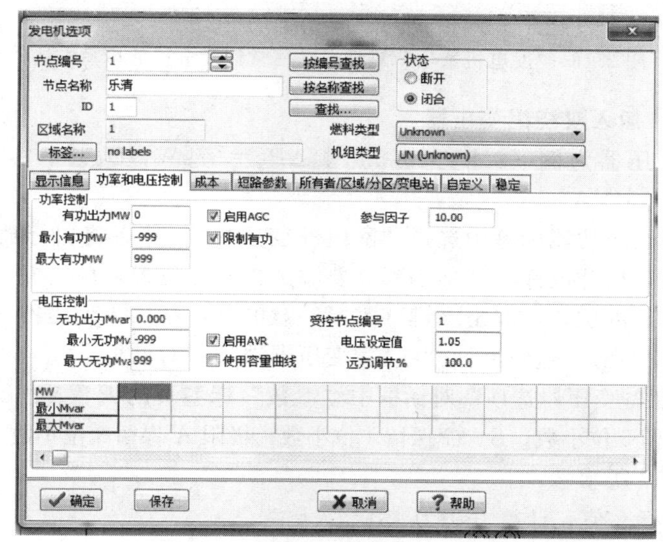


图 2.15 “发电机选项”对话框——外部系统等值发电机的填写方法

2) 对于一般的发电机（以本例中的水电站为例），一般认为是挂在 PV 节点上，即有功恒定，无功可调。因此有功出力为该发电站在特定运行方式下的具体出力，如装机容量为 5MW 的发电机，丰大运行方式下出力 100%，即丰大运行方式下的有功出力为 5MW。最小有功设置为 0，最大有功设置为水电站的装机容量，由于有功出力恒定，因此不能勾选“启用 AGC”。在无功设置方面，由于并入电网的发电机组应具备功率因数在 0.85～0.97（进相）运行的能力，因此无功的范围为－1.25～3.1Mvar，无功出力项可不填，同时勾选“启用 AVR”选项，如图 2.16 所示。

(4) 单击“确定”关闭对话框，由此完成一个发电机的插入。其他发电机可用同样的方法进行插入及设置。

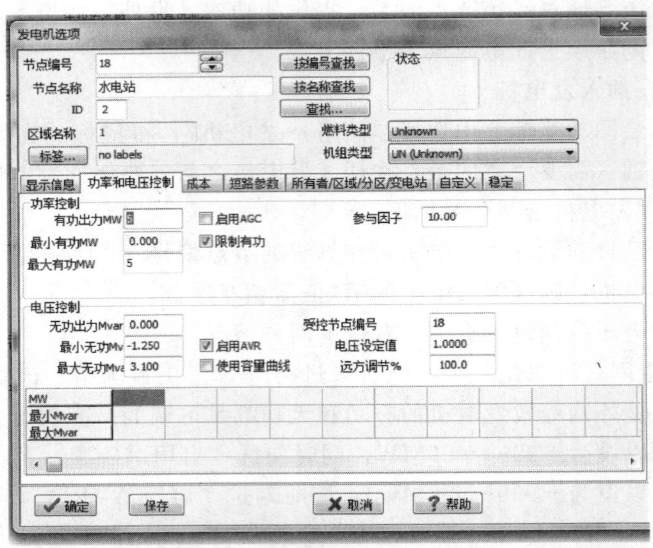


图 2.16 “发电机选项”对话框——常规发电机的填写方法

#### 2.2.4.4 步骤四：插入双绕组变压器

以古宜站的变压器为例（35kV/10.5kV，$\Delta P_k=27\text{kW}$，$U_k\%=7$，$\Delta P_0=4.75\text{kW}$，$I_0\%=1$，$S_N=3.15\text{MVA}$）。

（1）从菜单的绘图功能标签中选择“网络→变压器”，然后将鼠标放到线路的起始节点位置，单击左键，松开鼠标，并移动到需要添加拐点的位置，单击左键。最后，将鼠标放到线路的终止节点的位置，双击左键（需要注意的是，在插入变压器之前，要保证变压器两端的节点已经存在）。这将激活“线路/变压器选项”对话框。

（2）填写“线路/变压器选项”对话框中“参数”标签页的 $R$、$X$、$B$、$G$ 和极限 $A$ 参数，其中 $R$、$X$ 保留 5 位小数，$B$、$G$ 保留 4 位小数，极限 $A$ 保留 3 位小数，并且 $B$ 取计算值的相反数。如图 2.17 所示。

$R$：要求填写标幺值，计算方法为

$$R_{T*}=\frac{\Delta P_k U_N^2 S_B}{1000 S_N^2 U_B^2}=\frac{27\times 35^2\times 100}{1000\times 3.15^2\times 37^2}=0.24349$$

$X$：要求填写标幺值，计算方法为

$$X_{T*}=\frac{U_k\% U_N^2 S_B}{100 S_N U_B^2}=\frac{7\times 35^2\times 100}{100\times 3.15\times 37^2}=1.98847$$

$B$：要求填写标幺值，计算方法为

$$B_{T*}=\frac{I_0\% S_N U_B^2}{100 U_N^2 S_B}=\frac{1\times 3.15\times 37^2}{100\times 35^2\times 100}=0.000352$$

$G$：要求填写标幺值，计算方法为

$$G_{T*}=\frac{\Delta P_0 U_B^2}{1000 U_N^2 S_B}=\frac{4.75\times 37^2}{1000\times 35^2\times 100}=0.0000530837$$

对 35kV 及以下的变压器，$B$ 和 $G$ 值也可忽略。

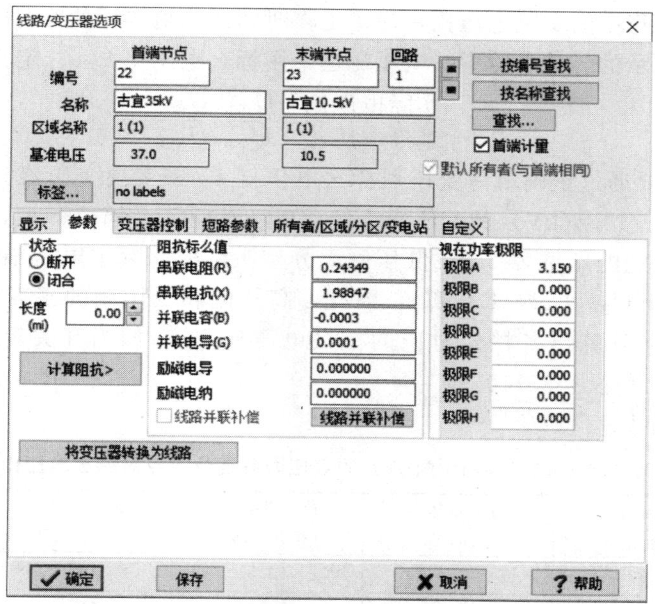


图 2.17　“线路/变压器选项”对话框——“参数”标签页

极限 $A$：要求填写变压器的额定容量 $S_N$。

(3) 填写“线路/变压器选项”对话框中“变压器控制”标签页的标幺电压比（变比）参数，如图 2.18 所示。

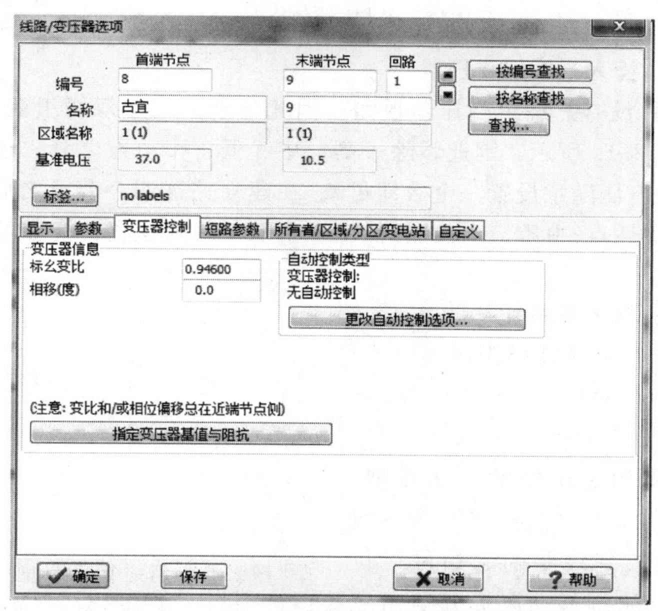


图 2.18　“线路/变压器选项”对话框——“变压器控制”标签页

**【知识链接】**

变压器的电压比 $k_T$ 指的是两侧绕组额定电压的比值，但是变压器不一定工作在主抽头，因此变压器运行中的实际电压比，应是工作时两侧绕组实际抽头对应的电压比。

在用标幺值表示的等效电路中，电压比也采用标幺电压比 $k_{T*}$，定义为

$$k_* = \frac{实际电压比}{基准电压比} = \frac{U_{高N}/U_{低N}}{U_{高B}/U_{低B}} \tag{2.25}$$

在 PWS 中主要通过正确填写变压器标幺电压比 $k_*$ 来实现变压器分接头的选择。以一台 35±3×2.5%/10.5(kV) 的变压器为例，现场对应 7 个挡位开关，每个挡位开关对应的高压侧实际额定电压见表 2.2；低压侧无分接头，因此额定电压维持在 10.5kV。在 PWS 中，基准电压 $U_B = U_{av} = 1.05U_N$，因此，高压侧和低压侧的基准电压分别为 37kV 和 10.5kV，由此可计算出各挡位对应的标幺电压比 $k_*$。如当开关置于 4 挡时，$k_* = \frac{实际电压比}{基准电压比} = \frac{U_{高N}/U_{低N}}{U_{高B}/U_{低B}} = \frac{35/10.5}{37/10.5} = 0.946$。

**表 2.2　　变比为 35±3×2.5%/10.5(kV) 的变压器各挡位对应的标幺电压比计算**

| 挡位开关 | 高压侧实际额定电压/kV | 高压侧基准电压/kV | 低压侧额定电压/kV | 低压侧基准电压/kV | 标幺电压比 $k_*$ |
|---|---|---|---|---|---|
| 1 | 37.625 | 37 | 10.5 | 10.5 | 1.017 |
| 2 | 36.75 | 37 | 10.5 | 10.5 | 0.993 |
| 3 | 35.875 | 37 | 10.5 | 10.5 | 0.967 |
| 4 | 35 | 37 | 10.5 | 10.5 | 0.946 |
| 5 | 34.125 | 37 | 10.5 | 10.5 | 0.922 |
| 6 | 33.25 | 37 | 10.5 | 10.5 | 0.899 |
| 7 | 32.375 | 37 | 10.5 | 10.5 | 0.875 |

### 2.2.4.5　步骤五：插入三绕组变压器

由于 PWS 软件没有三绕组变压器模型，因此分别以三个双绕组变压器代表高、中、低三个绕组，如图 2.19 所示。因此，除了高、中、低三个节点之外，还需要增设一个虚拟的中性点（额定电压随意设置一个数即可）。在建立完这四个节点之后，就可以依次建立高压-中性点、中性点-中压、中性点-低压三个双绕组变压器。参数填写的方法请参照步骤四。

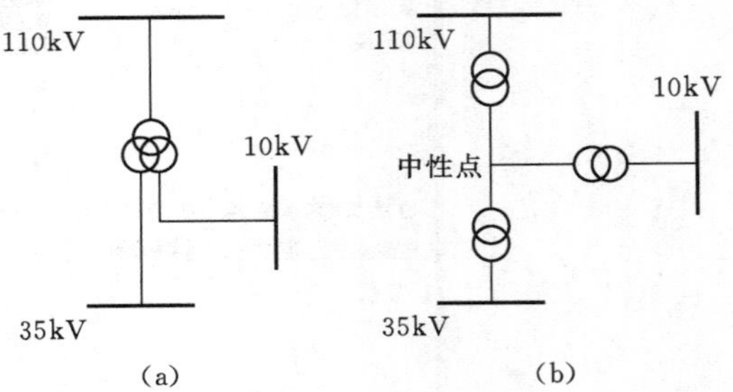

图 2.19　用三个双绕组变压器表示一个三绕组变压器的方法

### 2.2.4.6　步骤六：插入线路

以乐清—马龙 110kV 线路为例（LGJ－240，$L=12$km，$r_0=0.132\Omega$/km，$x_0=0.388\Omega$/km，$b_0=2.75\times10^{-6}$S/km）：

(1) 插入线路和变压器的方法相似。从菜单的绘图功能标签中选择“网络→线路”，然后将鼠标放到线路的起始母线位置，并单击左键。通过移动鼠标并单击左键给线路添加拐点。最后，将鼠标放到线路的终止母线位置，并双击左键。这将激活“线路/变压器选项”对话框。

(2) 填写“线路/变压器选项”对话框中“参数”标签页的 $R$、$X$、$B$ 和极限 $A$ 参数，

其中 $R$、$X$ 保留 5 位小数，$B$ 保留 4 位小数，极限 $A$ 保留 3 位小数。如图 2.20 所示。

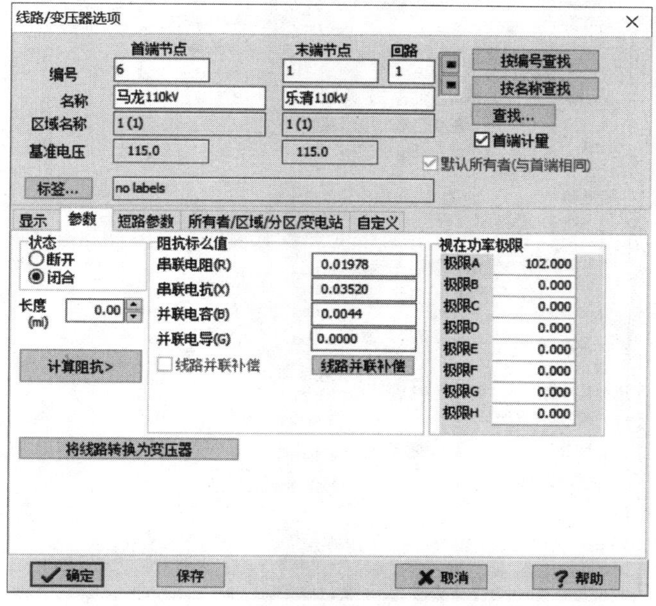


图 2.20　“线路/变压器选项”对话框

$R$：要求填写标幺值，计算方法为

$$R_{L*}=\frac{r_0LS_B}{U_B^2}=\frac{0.132\times12\times100}{115^2}=0.01978$$

$X$：要求填写标幺值，计算方法为

$$X_{L*}=\frac{x_0LS_B}{U_B^2}=\frac{0.388\times12\times100}{115^2}=0.0352$$

$B$：要求填写标幺值，计算方法为

$$B_{L*}=\frac{b_0LU_B^2}{S_B}=\frac{2.75\times10^{-6}\times12\times115^2}{100}=0.0044$$

对 35kV 及以下的线路，$B$ 值也可忽略。

极限 $A$：要求填写线路输送极限容量。

(3) 单击“确定”关闭对话框，由此完成一条线路的插入。其他线路可用同样的方法进行插入及设置。

#### 2.2.4.7　步骤七：插入负荷

以乐清站的负荷为例。

(1) 从菜单的绘图功能标签中选择“网络→负荷”，将鼠标放在负荷所在母线的位置上单击左键。这将激活“负荷选项”对话框，如图 2.21 所示。

(2) 填写“负荷选项”对话框时，节点编号已自动设置为负荷所在母线的节点编号。ID 字段默认为 1，若一条母线上挂有若干个负荷，则这些负荷的 ID 值需相互区分。将负荷的有功和无功填入恒定功率中的有功和无功项中。

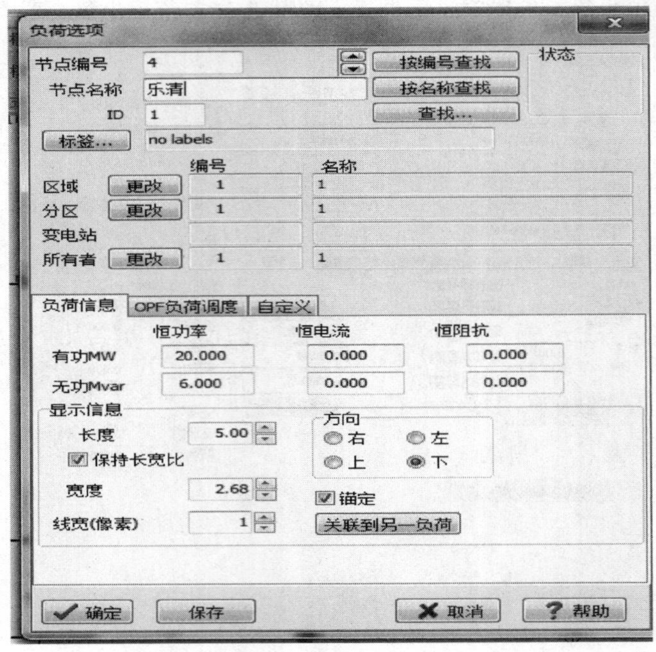


图 2.21 “负荷选项”对话框

（3）单击“确定”关闭对话框，由此完成一个负荷的插入。其他负荷可用同样的方法进行插入及设置。

#### 2.2.4.8 步骤八：插入电容器

（1）从菜单的绘图功能标签中选择“网络→并联补偿器”，将鼠标放在并联电容器所在母线的位置单击左键。这将激活“并联电容器选项”对话框。

（2）填写“并联电容器选项”对话框时，节点编号已自动设置为电容器所在母线的节点编号。ID 字段默认为 1，若一条母线上挂有若干个电容器，则这些电容器的 ID 值需相互区分。将负荷的基准无功值填入。

（3）单击“确定”关闭对话框，由此完成一个电容器的插入。

## 任务 2.3 认识功率损耗和电压降落

### 2.3.1 学习目标

通过本节的学习，使学生了解电力传输过程中，功率在网络元件中的损耗情况和电压降落的情况，培养学生节约能源、降低系统运行损耗意识。

### 2.3.2 任务分析

电力系统在运行时，电流或功率在电源的作用下，通过系统各元件流入负荷，分布于电力网各处，称为潮流分布。计算出电力系统在正常运行及各种故障运行方式下的潮流分

布，是研究和分析电力系统的基础。它主要包括以下内容：

（1）功率分布计算和功率损耗计算。

（2）电压损耗和各节点电压计算。

功率损耗和电压降落代表能源的浪费和资源的损耗，学生应该意识到节约能源和资源的重要性，并在实际生活中采取相应的措施，推动可持续发展，培养学生节约能源、保护环境的意识。

## 2.3.3　知识学习

### 2.3.3.1　功率损耗

电力网输送电能时，在线路和变压器中产生功率损耗。电力网中的电阻引起有功损耗，电抗引起无功损耗。因此，电力网中应采用措施，尽量降低功率损耗，这对节省能源、降低成本和提高设备利用率等具有重要意义。

1. 线路的功率损耗

如图 2.22 所示的线路 Π 形等效电路，每相导线阻抗为 $Z$，每相的电纳为 $B$。已知末端电压 $\dot{U}_2$ 和末端负荷 $\widetilde{S}_2=P_2+jQ_2$。线路的功率损耗包括以下三部分：

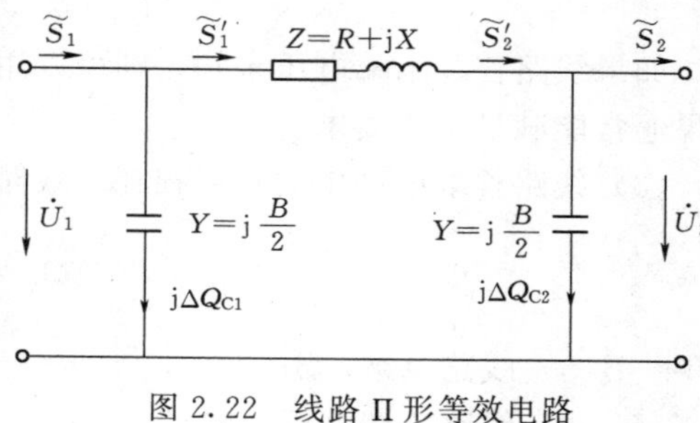


图 2.22　线路 Π 形等效电路

（1）线路末端电纳中的功率损耗。线路末端电纳中的功率损耗也称为线路末端电容的充电功率，其计算公式为

$$\Delta Q_{C2}=-\frac{B}{2}U_2^2 \tag{2.26}$$

式中　$B$——线路的电纳，S；

$U_2$——线路末端电压，kV。

（2）线路阻抗中的功率损耗。线路阻抗中的功率损耗包括有功功率损耗 $\Delta P$ 和无功功率损耗 $\Delta Q$，它们与流过线路阻抗的电流平方成正比，分别表示为

$$\Delta P=3I^2R\times10^{-6}$$

$$\Delta Q=3I^2X\times10^{-6}$$

式中　$R$、$X$——线路每相导线的电阻和电抗，Ω；

$I$——线路每相的电流，A。

流过线路的电流 $I$ 可用线路末端的负荷 $S_2$ 和电压 $U_2$ 表示，将 $I=\frac{\widetilde{S}'_2}{\sqrt{3}U_2}$ 代入后得到

$$\Delta P=3\left(\frac{\widetilde{S}'_2}{\sqrt{3}U_2}\right)^2R\times10^{-3}=\frac{P'^2_2+Q'^2_2}{U_2^2}R \tag{2.27}$$

$$\Delta Q=3\left(\frac{\widetilde{S}'_2}{\sqrt{3}U_2}\right)^2X\times10^{-3}=\frac{P'^2_2+Q'^2_2}{U_2^2}X \tag{2.28}$$

式中　$U_2$——线路末端电压，kV；

$\widetilde{S}'_2$——线路末端三相视在功率，MVA；

$P'_2$——线路末端三相有功功率，MW；

$Q'_2$——线路末端三相无功功率，Mvar。

应该指出，应用式（2.27）和式（2.28）时，必须采用线路同一点的电压和通过同一点的功率。如果采用的功率是线路首端的功率，则电压也必须是线路首端电压，此时功率损耗可表示为

$$\Delta P=\left(\frac{\widetilde{S}'_1}{U_1}\right)^2 R\times 10^{-3}=\frac{P'^2_1+Q'^2_1}{U_1^2}R \tag{2.29}$$

$$\Delta Q=\left(\frac{\widetilde{S}'_1}{U_1}\right)^2 X\times 10^{-3}=\frac{P'^2_1+Q'^2_1}{U_1^2}X \tag{2.30}$$

如果线路首、末端电压未知，则可以用电力网的额定电压 $U_N$ 来计算功率损耗，计算结果通常能满足工程要求。

（3）线路首端电纳中的功率损耗。线路首端电纳中的功率损耗计算公式为

$$\Delta Q_{C1}=-\frac{B}{2}U_1^2 \tag{2.31}$$

式中 $B$——线路电纳，S；

$U_1$——线路首端电压，kV。

2. 变压器的功率损耗

变压器中的有功功率损耗包括短路损耗与空载损耗两部分，前者与变压器的负荷二次方成正比，称为变动有功损耗，后者只与所施电压有关，称为固定有功损耗，计算公式为

$$\Delta P_T=\frac{P^2+Q^2}{U^2}R_T+G_T U^2 \tag{2.32}$$

式中 $P$——通过变压器的有功功率，kW；

$Q$——通过变压器的无功功率，kvar；

$U$——变压器的线电压，kV；

$R_T$——变压器的等值电阻，Ω。

变压器的无功功率损耗也包括漏抗损耗与励磁损耗两部分，前者与变压器的负荷二次方成正比，称为变动无功损耗，后者只与所施电压有关，称为固定无功损耗，计算公式为

$$\Delta Q_T=\frac{P^2+Q^2}{U^2}X_T+B_T U^2 \tag{2.33}$$

式中 $X_T$——变压器的等效电抗，Ω。

#### 2.3.3.2 电力网的电压概念

2-6 ⊙ 线路元件功率损耗与电压降落

如图2.23所示，当线路上通过负荷功率 $\widetilde{S}'_2$ 时，在线路阻抗 $Z$ 上将产生电压降落 $\mathrm{d}\dot{U}$。

$$\mathrm{d}\dot{U}=\dot{U}_1-\dot{U}_2 \tag{2.34}$$

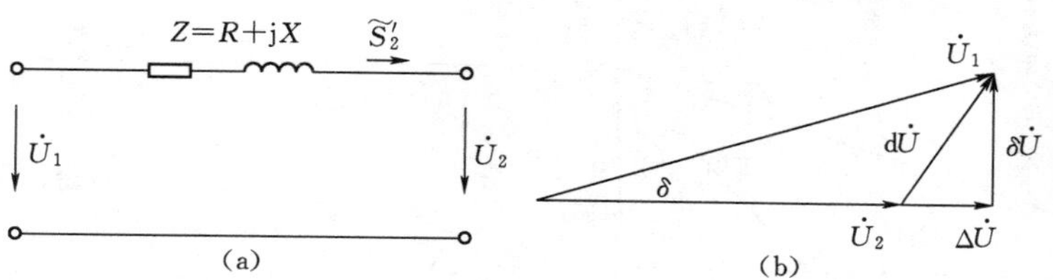


图 2.23　线路的电压降落和电压损耗

$$\dot{U}_1=\dot{U}_2+\left[\frac{\widetilde{S}'_2}{\dot{U}_2}\right]Z \tag{2.35}$$

可得

$$\dot{U}_1=U_2+\frac{P'_2-jQ'_2}{U_2}(R+jX)=\left(U_2+\frac{P'_2R+Q'_2X}{U_2}\right)+j\left(\frac{P'_2X-Q'_2R}{U_2}\right) \tag{2.36}$$

再令

$$\Delta U=\frac{P'_2R+Q'_2X}{U_2},\ \delta U=\frac{P'_2X-Q'_2R}{U_2} \tag{2.37}$$

将上式改写为

$$\dot{U}_1=U_2+\Delta U+j\delta U$$

可得

$$U_1=\sqrt{(U_2+\Delta U)^2+(\delta U)^2} \tag{2.38}$$

则功角为

$$\delta=\arctan\frac{\delta U}{U_2+\Delta U} \tag{2.39}$$

对于一般线路可略去 $\delta U$ 得

$$U_1\approx U_2+\Delta U=U_2+\frac{P'_2R+Q'_2X}{U_2} \tag{2.40}$$

相似于这种推导，还可以获得从始端电压 $\dot{U}_1$ 和始端功率 $\widetilde{S}'_1$ 求取末端电压 $\dot{U}_2$ 的计算公式。

$$\dot{U}_2=U_1-\Delta U'=j\delta U' \tag{2.41}$$

$$\Delta U'=\frac{P'_1R+Q'_1X}{U_1},\ \delta U'=\frac{P'_1X-Q'_1R}{U_1} \tag{2.42}$$

$$U_2=\sqrt{(U_1-\Delta U')^2+(\delta U')^2} \tag{2.43}$$

$$\delta=\arctan\frac{-\delta U'}{U_1-\Delta U'} \tag{2.44}$$

必须注意，由于推导式（2.36）～式（2.40）时是取 $\dot{U}_2$ 与实轴重合，而推导式（2.42）～式（2.44）时是取 $\dot{U}$ 与实轴重合，按前一种方法求得的 $\Delta U$、$\delta U$ 与后一种方法求得的 $\Delta U'$、$\delta U'$不同，但（$\Delta U+j\delta U$）和（$\Delta U'+j\delta U'$）的模数 $dU$ 与功角 $\delta$ 的绝对值是一样的，两种计算结果没有差别。这两种电压计算的不同如图 2.24 所示。

$\Delta U$ 可能为负值，线路末端电压可能会高于首端。若负荷为 0，$\widetilde{S}'_2=0$，即线路空载运行。此时线路末端只有电纳损耗，那么式（2.42）变为

$$\Delta U=\frac{-Q'_2X}{U_2},\ \delta U=\frac{Q'_2R}{U_2} \tag{2.45}$$

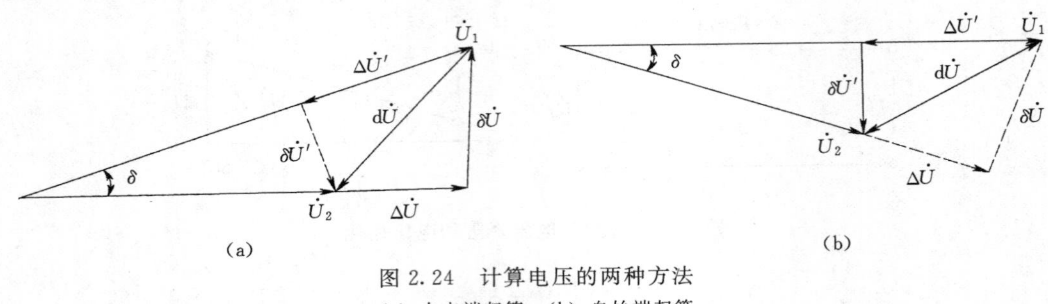


图 2.24 计算电压的两种方法

(a) 自末端起算；(b) 自始端起算

图中 $U_2>U_1$，说明线路空载运行时，末端电压高于首端电压。这种情况电缆线路比架空线路更突出，因为电缆线路的电纳比架空线路大得多。

求得线路两端电压后，就可以计算某些标志电压质量的指标，如电压降落、电压损耗、电压偏移、电压调整等。在电力网中，任意两点电压的相量差（$\dot{U}_1-\dot{U}_2$）称为电压降落。它有两个分量 $\Delta\dot{U}$ 和 $\delta\dot{U}$，分别称为电压降落的纵分量和横分量，它们都是相量。在电力网中，任意两点电压的数值差（$U_1-U_2$）称为电压损耗。电压损耗近似等于电压降落的纵分量。在电力网中，某点实际电压与额定电压的数值差（$U-U_N$），称为电压偏移，用百分数 $m(\%)$ 表示，即

$$m(\%)=\frac{U-U_N}{U_N}\times100 \tag{2.46}$$

式中 $U$——某点的实际电压。

电压偏移 $m(\%)$ 有正和负，正值时表示该点电压高于额定电压，负值时表示该点电压低于额定电压。电压调整是线路末端空载时电压与负载时电压的数值差（$U_{20}-U_2$），也常以百分数表示，即

$$电压调整(\%)=\frac{U_{20}-U_2}{U_{20}}\times100\% \tag{2.47}$$

### 2.3.3.3 电力网络中功率的方向

对于输电网络，由于 $X\gg R$，忽略 $R$，即取 $R=0$，得

$$\dot{U}_1=U_2+\frac{Q_2'X}{U_2}+\mathrm{j}\frac{P_2'X}{U_2} \tag{2.48}$$

上式的相量关系如图 2.23 所示，由图中得到

$$\sin\delta=\frac{P_2'X}{U_1U_2},\quad P_2'=\frac{U_1U_2}{X}\sin\delta \tag{2.49}$$

式（2.49）称为功角特性关系式。分析此式可知，当 $\dot{U}_1$ 超前于 $\dot{U}_2$ 时（$\delta$ 在 $0°\sim180°$ 之间），$\sin\delta>0$，$P_2>0$。这说明：电力网络中有功功率是从电压相位超前的一端输向滞后的一端。

再由

$$\cos\delta=\frac{U_2^2+Q_2'X}{U_1U_2},\quad Q_2'=\frac{U_1U_2\cos\delta-U_2^2}{X} \tag{2.50}$$

若 $\delta \to 0$，则 $\cos\delta \approx 1$，那么

$$Q_2' \approx \frac{U_1 U_2 - U_2^2}{X} \tag{2.51}$$

根据式（2.51），$U_1 > U_2$ 时，$Q_2' > 0$。这说明电力网络中感性无功功率是从电压高的一端输向电压低的一端。

### 2.3.4　练习

1. 电力线路阻抗中的功率损耗表达式是什么？
2. 电力线路阻抗中电压降落的纵分量和横分量的表达式是什么？
3. 什么叫电压降落、电压损耗、电压偏移、电压调整？

## 任务 2.4　简单电力系统的潮流计算

### 2.4.1　学习目标

结合上节学习的功率损耗和电压降落的知识，能够对简单网络中的潮流分布情况进行分析，培养学生合理规划和管理意识。

### 2.4.2　任务提出

计算图 2.25 所示的开式网络中线路 bc 和变压器 T2 中的潮流分布情况。设备参数与图 2.25 中的标注一致。母线 b 的电压保持为 115kV。因研究对象仅在母线 b～d 之间，因此母线 b 之前的网络可等效为一个机端电压恒定为 115kV 的发电机，母线 d 后的网络可等效为一个负荷，线路 bc 和变压器 T2 接线如图 2.25 所示，等效电路如图 2.26 所示，有关的数据标于图中（单位：MVA、MW、Mvar、Ω、S、kV）。

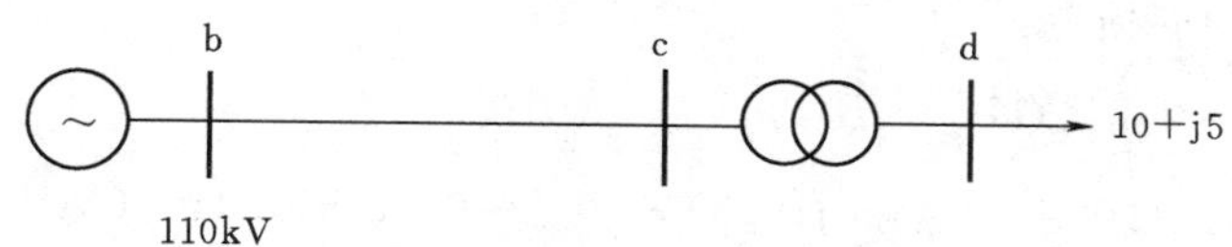


图 2.25　线路 bc 和变压器 T2 接线

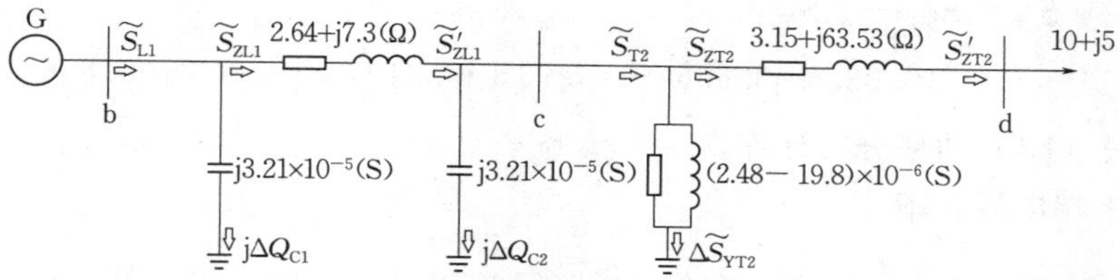


图 2.26　线路 bc 和变压器 T2 等效电路

### 2.4.3　任务分析

无论是进行电力系统的规划设计，还是对各种运行状态进行研究分析，都须进行潮流

分布计算。电力系统日常运行中的潮流分布计算其实是对运行方式的调整，从而制定合理的运行方式。所以，潮流计算的主要目的如下：

(1) 为电力系统规划设计提供接线方式、电气设备选择和导线截面选择的依据。

(2) 提供电力系统运行方式、制订检修计划和确定电压调整措施的依据。

(3) 提供继电保护、自动装置设计和整定的依据。

(4) 为经济运行计算、短路和稳定计算提供必要的数据。

潮流计算是为了保证电力系统的正常运行，需要对电力流向进行合理规划和管理。这反映了规划和管理对于电力系统、社会发展的安全运行和高效能利用的重要性，学生需要培养合理的规划和管理意识，这对个人和社会发展具有积极意义。

### 2.4.4 任务实施

设 $$U'_{d}=U_{N}=110\text{kV}$$

低压母线负荷 $$\widetilde{S}_{d}=10+j5=\widetilde{S}'_{ZT2}$$

(1) cd 段（T2）功率分布计算。

变压器阻抗中功率损耗：

$$\Delta\widetilde{S}_{ZT2}=\frac{P'^{2}_{2}+Q'^{2}_{2}}{U_{2}^{2}}(R_{T2}+X_{T2})$$

$$=\frac{10^{2}+5^{2}}{110^{2}}\times(3.15+j63.53)=0.033+j0.656\ (\text{MVA})$$

进入变压器阻抗 $Z_{ZT2}$ 功率：

$$\widetilde{S}_{ZT2}=\widetilde{S}'_{ZT2}+\Delta\widetilde{S}_{ZT2}$$

$$=(10+j5)+(0.033+j0.656)=10.033+j5.656\ (\text{MVA})$$

变压器导纳中功率损耗：

$$\Delta\widetilde{S}_{YT2}=U_{N}^{2}\times(G_{T2}-jB_{T2})$$

$$=110^{2}\times(2.48+j19.8)\times10^{-6}=0.03+j0.240\ (\text{MVA})$$

进入变压器 T2 绕组首端的功率：

$$\widetilde{S}_{T2}=\widetilde{S}_{ZT2}+\Delta\widetilde{S}_{YT2}$$

$$=(10.033+j5.656)+(0.03+j0.240)=10.063+j5.896\ (\text{MVA})$$

(2) bc 段（L1）功率分布计算。

bc 线路末端电容功率：

$$j\Delta Q_{C2}=-j\ \frac{B}{2}U_{2}^{2}=110^{2}\times(-j3.21\times10^{-5})=-j0.388\ (\text{Mvar})$$

流出 $Z_{L1}$ 末端的功率：

$$\widetilde{S}'_{ZL1}=\widetilde{S}_{T2}+j\Delta Q_{C2}$$

$$=(10.063+j5.896)+(-j0.388)=10.063+j5.508\ (\text{MVA})$$

线路 L1 阻抗 $Z_{ZL1}$ 中功率损耗：

$$\Delta\widetilde{S}_{ZL1}=\frac{P_2'^2+Q_2'^2}{U_2^2}(R_{L1}+jX_{L1})$$

$$=\frac{10.063^2+5.508^2}{110^2}\times(2.64+j7.3)=0.029+j0.079\ (\text{MVA})$$

流入阻抗 $Z_{L1}$ 首端功率：

$$\widetilde{S}_{ZL1}=\widetilde{S}'_{ZL1}+\Delta\widetilde{S}_{ZL1}$$

$$=(10.063+j5.508)+(0.029+j0.079)=10.092+j5.587\ (\text{MVA})$$

线路 L1 首端电容功率：

$$j\Delta Q_{C1}=-j\frac{B}{2}U_1^2=115^2\times(-j3.21\times10^{-5})=-j0.425\ (\text{Mvar})$$

注入线路 L1 首端的功率：

$$\widetilde{S}_{L1}=\widetilde{S}_{ZL1}+j\Delta Q_{C1}=(10.092+j5.587)+(-j0.425)=10.091+j5.162\ (\text{MVA})$$

（3）计算电力网各母线电压（忽略电压降落的横分量）。

已知网络高压母线电压　　　　$U_b=115\text{kV}$

母线 c 的电压：

$$U_c\approx U_b-U=U_b-\frac{P_1'R+Q_1'X}{U_b}=115-\frac{10.091\times2.62+5.162\times7.3}{115}=114.44\ (\text{kV})$$

母线 d 电压归算到高压侧的值：

$$U_d'\approx U_c-U=U_c-\frac{P_1'R+Q_1'X}{U_c}=114.44-\frac{10.033\times3.15+5.656\times63.53}{114.44}=111.024\ (\text{kV})$$

母线 d 的实际电压：

$$U_d=111.024\times\frac{10.5}{110}=10.60(\text{kV})$$

至此，该工程的潮流分布第一循环计算全部结束。

应该说明：在上述计算中，用额定电压代替末端的实际电压，会产生一定的误差，但一般还能满足工程精度的要求。若要精确计算，必须将计算结果代入，从首端向末端推算，重复循环下去，直到求出首端注入功率和末端电压与实际值相等或接近相等为止。

**【知识链接】**

任何一个负荷都只能从一个方向得到电能的电力网称为开式网，或称辐射形网。开式网潮流分布计算，主要是分析网络首端输出的功率、首端供电点的实际电压、网络末端的负荷和末端实际电压四个参数。在实际工程中，一般已知两个参数，求另两个参数。在实际计算中，主要有以下两种类型。

1. 已知网络同一端的功率和电压，求另一端的功率和电压

例如，已知网络末端的负荷和实际运行电压，求首端输出的功率和必须保持的电压。这可根据末端已知条件，应用功率损耗和电压降落公式，由末端向首端逐步推算出各点的功率和各点的电压。若已知网络首端的输入功率和实际运行电压，求末端输出的功率和实

际运行的电压，则可由首端向末端逐步推算。

2. 已知网络不同端的功率和电压

例如，已知网络末端的负荷和首端供电点的实际电压，求首端输出的功率和末端实际电压。这类问题计算略为复杂。因为功率损耗和电压降落公式都要求用同一点功率和电压，所以不能直接用这两个公式进行推算。可用“逐步渐进法”求解。方法是：首先假定网络各点的电压均为额定值，用末端的负荷和额定电压，由末端向首端计算出各段功率损耗，求出各段近似功率分布和首端功率；然后用首端的实际电压和求得的首端功率，由首端向末端逐步推算出各段近似功率分布和包括末端在内的各点电压。依此类推，每次都以新数据代入重复计算，重复计算次数越多，精度就越高。实际工程中一般重复计算一次精度就够了。若已知网络首端输出的功率和末端实际电压，求网络末端的负荷和首端供电点的实际电压，也可用上述方法求解。

开式网潮流分布计算步骤是按照网络首末端功率、电压平衡关系逐段计算，最后求出整个电力网的潮流分布。

### 2.4.5　练习

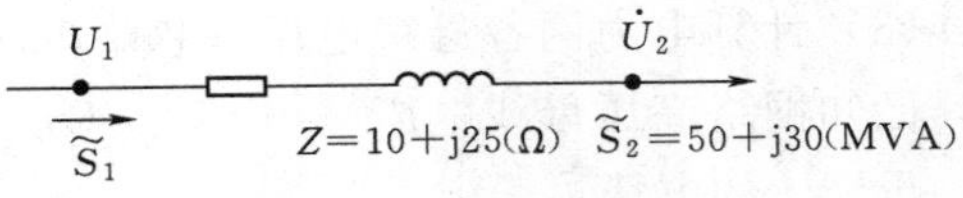

$U_1$　$\dot{U}_2$

$\widetilde{S}_1$　$Z=10+j25(\Omega)$　$\widetilde{S}_2=50+j30(MVA)$

习题图 2.4.1　输电网络

已知某 110kV 输电线路的末端电压 $\dot{U}_2=113kV$，末端负荷功率 $\widetilde{S}_2=50+j30$（MVA），首、末两端之间的阻抗 $Z=10+j25$（Ω），输电网络如习题图 2.4.1 所示。试求线路首端电压的幅值 $U_1$。

## 任务 2.5　利用 PWS 分析电力系统潮流

2-7　电力系统静态安全分析

### 2.5.1　学习目标

1. 掌握 PWS 软件潮流计算的方法。
2. 利用潮流计算的结果进行运行方式分析和静态安全分析。
3. 培养团队合作与互利共赢意识。

### 2.5.2　任务提出

对附录Ⅲ和附录Ⅳ所示的区域电力系统开展如下分析：

（1）对丰大方式进行潮流计算，分析是否存在重载/过载设备，并开展静态安全分析。

（2）对枯大方式进行潮流计算，分析是否存在重载/过载设备，并开展静态安全分析。

### 2.5.3　任务分析

上一任务中，我们已经掌握了关于潮流计算的简单算法。在实际应用中，潮流计算只是一种手段，可以根据潮流计算的结果对电力系统的运行情况进行判断，比如调度岗位上的技术人员经常开展的正常运行方式分析和静态安全分析。

正常运行方式下的分析是在电网正常的运行方式下，分析电网设备是否存在过载、重载的设备和电压越限的母线，由此判断电网是否处于一个合理的运行状态下。

静态安全分析是对运行中的网络或某一研究态下的网络，按 $N-1$ 原则，研究一个个运行元件因故障退出运行后，网络的安全情况及安全裕度。静态安全分析可研究元件有无过负荷及母线电压有无越限。

利用 PWS 进行潮流仿真学习，需要小组多个成员协同工作，彼此之间应当相互沟通、相互支持。这培养了学生的团队合作能力和分享精神，让他们认识到团队合作和共享共赢对于个人和社会的重要性。

## 2.5.4　任务实施

### 2.5.4.1　步骤一：潮流计算

在已建模完成的实例的基础上，即可进行潮流计算分析。具体操作为：单击“运行模式”来切换状态。在运行模式下，选择“工具”标签页下的运行按钮，如图 2.27 所示。以此对该实例用牛拉法（即牛顿-拉夫逊法）进行潮流计算。

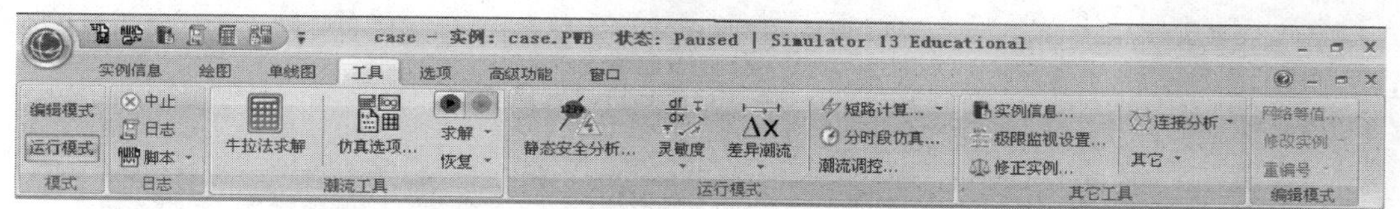


图 2.27　在 PWS 软件中开展潮流计算的方法

计算结果会显示于图形中，而且线路中的箭头会根据潮流流动的方向流动，其中一半采用大箭头表示有功的流向，小箭头表示无功的流向。线路上的饼图则表示了该线路的负载率，如图 2.28 所示。

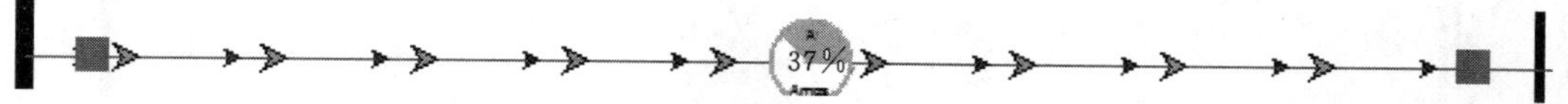


图 2.28　线路上的潮流计算和负载率饼图

该区域电网丰大运行方式的计算结果见附录 V，请对照一下是否与你的计算结果相同，并在此基础上计算枯大运行方式的潮流图。

### 2.5.4.2　步骤二：统计重载/过载设备

根据线路或变压器上的饼图判断系统中是否存在重载（负载率大于 80%）或过载（负载率大于 100%）的设备，如果有，请将元件名称、类型、负载率、实际视在功率和额定容量填入表 2.3 中，并提出解决的建议。

### 2.5.4.3　步骤三：$N-1$ 分析

PWS 静态安全分析计算实际上是进行多个潮流方案计算，本电力系统可视化分析软件中的静态安全分析主要使用全牛顿法或者使用直流负荷潮流算法来分析每一次事故。全牛顿法不如直流负荷潮流算法快速，但是它的计算结果更加准确一些，并且计算考虑了电压/无功功率的影响。

**表 2.3** 丰大重载/过载元件统计表

| 元件名称 | 类型 | 负载率 | 实际视在功率/MVA | 额定容量/MVA | 建议 |
|---|---|---|---|---|---|
| | | | | | |
| | | | | | |
| | | | | | |
| | | | | | |
| | | | | | |

建立静态安全分析计算作业，设定需分析的事故。在运行模式下，在工具栏中用鼠标左键单击“工具”中的“静态安全分析…”选项（图 2.29），进入“静态安全分析”主画面，如图 2.30 所示。

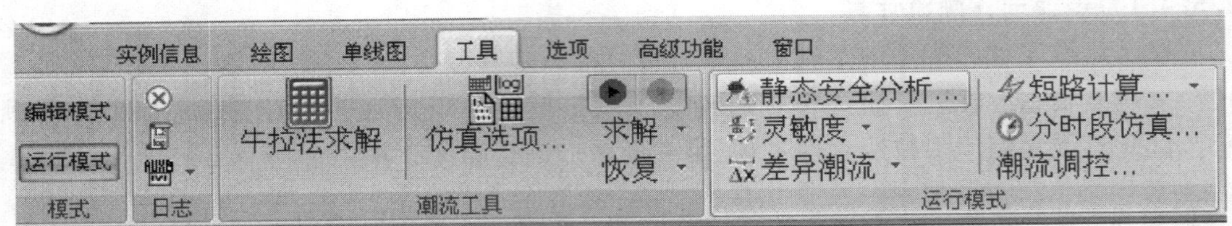


图 2.29 静态安全分析打开路径

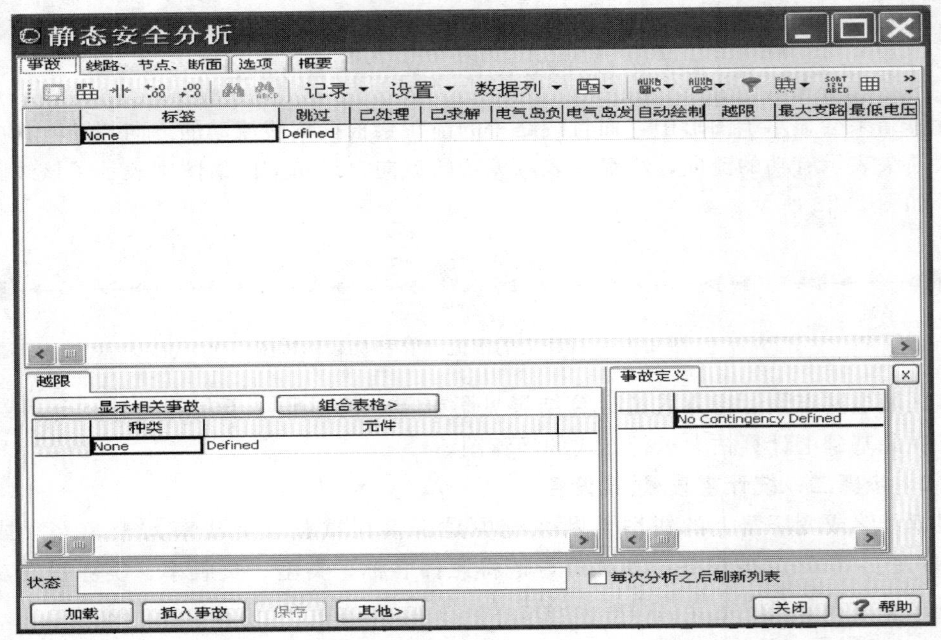


图 2.30 “静态安全分析”对话框

在“静态安全分析”对话框中单击“插入事故”按钮，进入“自动插入事故”页面，如图 2.31 所示。根据需要在该页面做如下设置：

（1）在“事故对象”中选择进行静态安全分析的范围。

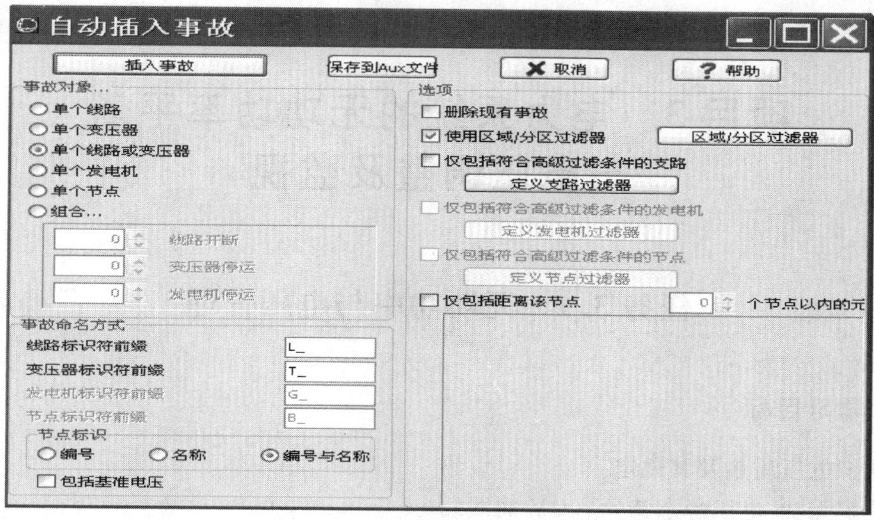


图 2.31　“自动插入事故”页面

1）“单个线路”表示全网所有线路逐一进行静态安全分析。

2）“单个变压器”表示全网所有变压器逐一进行静态安全分析。

3）“单个线路或变压器”表示全网所有线路和变压器逐一进行静态安全分析。

4）“单个发电机”表示全网所有发电机逐一进行静态安全分析。

5）“单个节点”表示全网所有母线逐一进行静态安全分析。

6）“组合…”表示定义一个组合事故，然后说明该组合事故中各类型（线路、变压器和发电机单元）事故分别有多少。当选择“组合…”选项，仿真器会自动将所有可用的事故类型调用出来并创建组合事故。组合事故不允许包括节点事故。

（2）做好上述准备后，单击“静态安全分析”主画面中“开始运行”按钮，即执行静态安全分析计算。静态安全分析的结果页面如图 2.32 所示。

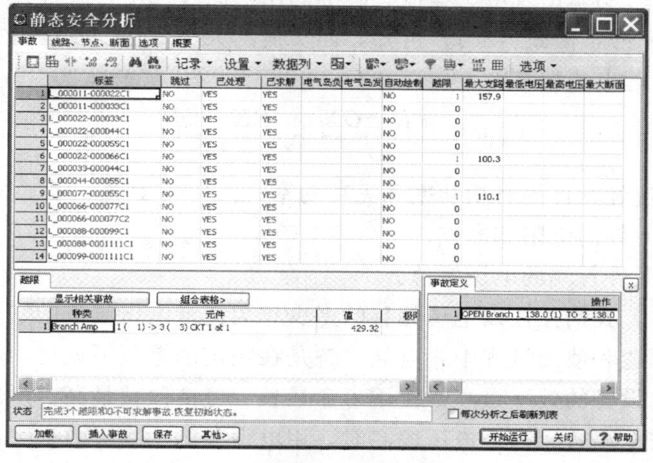


图 2.32　静态安全分析计算结果

# 项目3　电力系统的无功功率平衡与电压调整及监视

## 任务3.1　无功功率与电压管理

### 3.1.1　学习目标

1. 认识电压质量及其规定。
2. 了解无功-电压静态特性（QV曲线）。
3. 学会无功-电压静态特性在PWS下的绘制。
4. 掌握无功功率与电压的关系。
5. 培养安全工作责任意识。

### 3.1.2　任务分析

电压质量与人民的生活息息相关。作为新时代电力工作者，必须做好电力系统电压管理，提高电压质量，维护电网安全，促进经济稳定运行。要做好电压管理就需要熟悉电压质量及其规定，并掌握无功功率与电压之间的影响关系，为电压调节及无功功率管理打下基础。

### 3.1.3　知识学习

#### 3.1.3.1　电压偏移的影响及其规定

在电力系统中，功率由发电、输电、配电到用电的过程中，经过大量的阻感元件（如变压器、输电线路等），由式（3.1）可知，当负荷的大小变化以及运行方式改变时，造成电压的上下波动引起电压偏移。

$$\mathrm{d}\dot{U}=\frac{PR+QX}{U}+\mathrm{j}\,\frac{PX-QR}{U} \tag{3.1}$$

式中　$P$、$Q$——流经元件的有功功率和无功功率；

$R$、$X$——元件的电阻和电抗；

$U$——元件首端的电压幅值。

在电能质量中，我们往往以电压偏移的多少作为衡量电压质量的好坏。这是因为在电气设备的设计、制造和使用过程中，电气设备是在额定的电压下设计、制造和使用，在这个额定电压下电气设备的效率最高、使用寿命最长、经济效益最高。所以电压过高和过低都不利于设备的安全高效运行。电压偏高时，用电设备的功率吸收增大，导致用电设备发热，加速设备绝缘部分的老化，影响设备的使用寿命；若电压持续升高，则有可能击穿设备的绝缘材料导致设备烧毁。电压偏低时，设备出力不足影响效率；若电压持续降低，电

气设备将无法正常工作。

《国家电网公司电力系统电压质量和无功电力管理规定》和《中国南方电网公司电力系统电压质量和无功电力管理标准》中规定，在正常允许状态下，电压允许的电压偏移如下：

35kV 及以上供电网：±5%；

10kV 及以下电压供电网：±7%；

低压照明网：－10%～＋5%；

农村电网：－10%～＋7.5%；

在事故状况下，允许在上述基础上再增加 5%，但正偏移最大不能过＋10%。

(1) 对于城市电网，各级电压的允许电压损耗值见表 3.1。

**表 3.1　各级电压城网电压损耗**

| 电压等级 | 电压损耗/% | | 电压等级 | 电压损耗/% | |
|---|---|---|---|---|---|
| | 变压器 | 线路 | | 变压器 | 线路 |
| 110kV | 2～5 | 4.5～7.5 | 10kV 及以下 | 2～4 | 4～6 |
| 35kV | 2～4.5 | 2.5～5 | | | |

(2) 对于农村电网及区域电力网的允许电压损耗无严格规定。

### 3.1.3.2　负荷的电压静态特性与无功-电压静态特性在 PWS 下的绘制

3－1 ▶
电力系统综合负荷的电压静态特性

1. 负荷的电压静态特性

电力系统功率传输的重要任务是传输有功功率，有功功率的大小主要取决于接入的负荷有功功率的大小，即负荷有功功率需求的大小。负荷有功功率由接入的各种各样的用电设备构成，这些用电设备的功率吸收特性、用电时段及用电特点不同。当这些设备接入电力系统时，在某个时间区间内就会有一个负荷有功功率的最大值（峰值）和一个最小值（谷值）。同样道理，负荷无功功率也会存在一个峰值和谷值。在这个时间区间内，电压会随着负荷的变化而起伏变化。当系统频率一定时，负荷功率（包括有功功率和无功功率）随电压变化的关系称为负荷的电压静态特性。用电设备吸收的有功功率和无功功率是随着系统电压的变化而变化的，其中无功功率受电压影响很大，常用无功功率的电压静态特性来反映负荷的电压静态特性。无功功率-电压静态特性［$f(U_*)$］表示当系统频率恒定时，负荷吸收的无功功率与电压变化的曲线关系（图 3.1）。

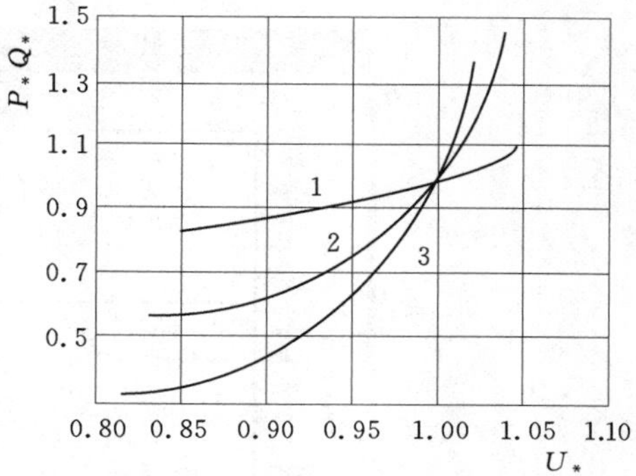


图 3.1　负荷电压静态曲线

1—$P_* = f(U_*)$特性；2—$Q_* = f(U_*)$特性（未补偿）；3—$Q_* = f(U_*)$特性（电容器补偿 51%）

图中未进行无功补偿时，综合负荷的自然功率因数值为 0.6～0.9（滞后运行）。电力系统的负荷以异步电动机所占的权重很大，占总负荷的 50%以上，而且吸收的无功功率较多，所以系统无功负荷的电压特性与异步电动机类似。

2. 无功-电压静态特性在 PWS 下的绘制

首先在 PWS 下建立一个系统网络图，如图 3.2（a）所示，其次在 PWS 的工具栏中

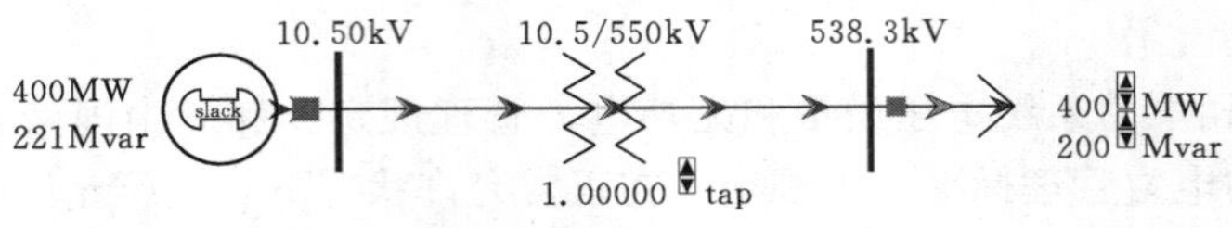


(a)

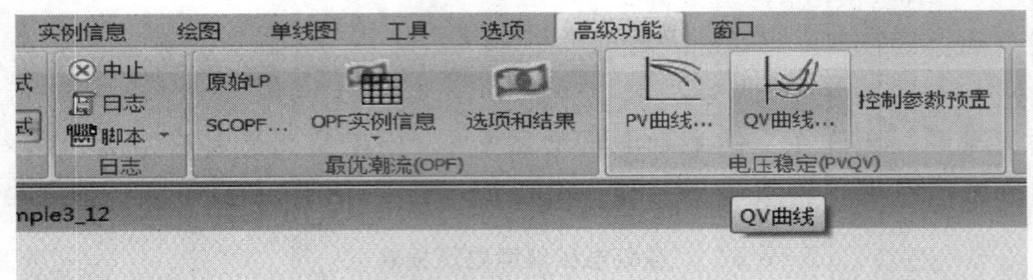


(b)

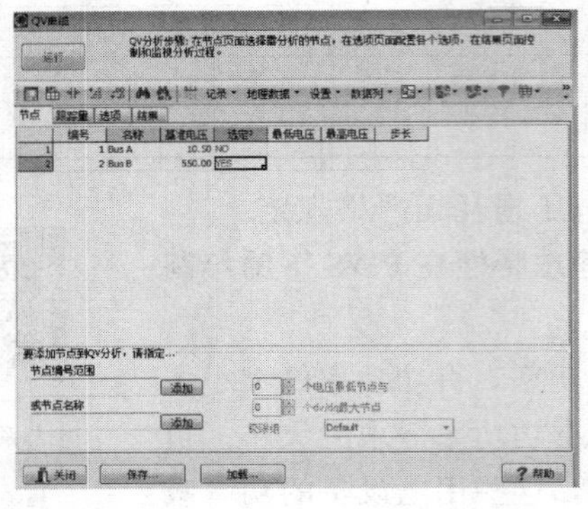

(c)

(d)

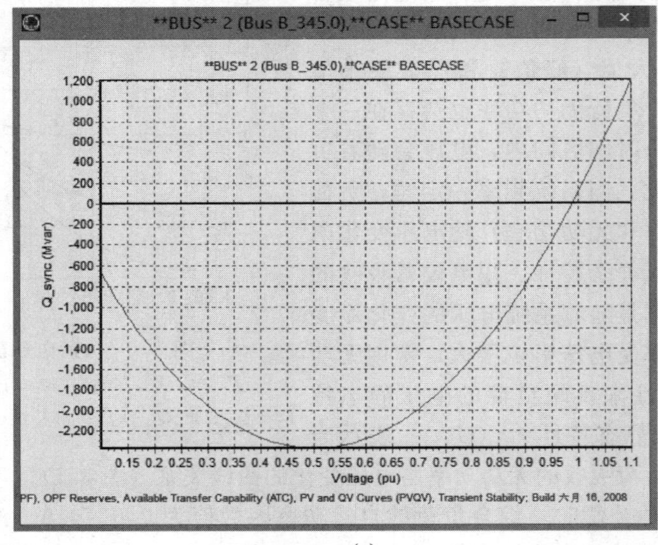


(e)

图 3.2 QV 曲线绘制步骤

(a) 系统网络图；(b) PWS 高级功能 QV 曲线实现过程 1；(c) QV 曲线实现过程 2；(d) QV 曲线实现过程 3；(e) QV 曲线绘制结果

找到“高级选项”并单击“QV 曲线”，如图 3.2（b）所示，然后选择一条负荷节点（节点 2），双击该行的“选定”使其变成“YES”，再点击上方的“运行”按钮，如图 3.2（c）所示，当运行完毕后会在“结果”中的“列表”内出现一行数据，找到这一行，右键出现一个对话框找到“绘制 QV 曲线”并单击，如图 3.2（d）所示，即可得到 QV 曲线图，如图 3.2（e）所示。至此，QV 曲线在 PWS 绘制完毕。

3. 无功功率与电压的关系

若某元件特性如图 3.3 所示，节点 1 电压为 $\dot{U}_1=U_1\angle 0°$，其阻抗为 $Z=R+\mathrm{j}X$，节点 2 电压为 $\dot{U}_2$，那么节点 2 的功率可以表示为

$$\widetilde{S}=\dot{U}\dot{I}_*=U_1\left(\frac{\dot{U}_2}{Z}\right)_* \tag{3.2}$$

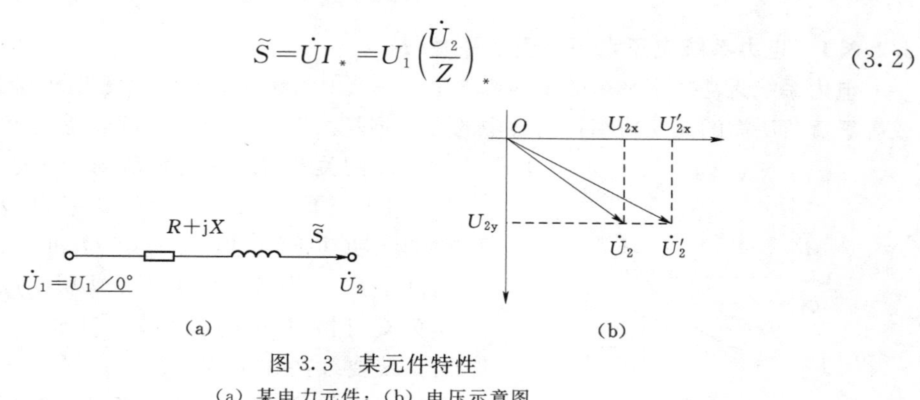


图 3.3　某元件特性

（a）某电力元件；（b）电压示意图

式中认为 $R\ll X$，忽略电阻 $R$，并把节点 2 电压 $\dot{U}_2$ 向实轴和虚轴分解为 $\dot{U}_2=U_{2x}+\mathrm{j}U_{2y}$，将其代入式（3.2）可以得到

$$\widetilde{S}=U_1\left(\frac{U_{2x}+\mathrm{j}U_{2y}}{\mathrm{j}X}\right)_*=\frac{U_1U_{2y}}{X}+\mathrm{j}\,\frac{U_1U_{2x}}{X}=P+\mathrm{j}Q \tag{3.3}$$

由式（3.3）可以看出，当在节点 2 注入无功功率时，节点 2 电压将升高。

### 3.1.4　练习

1. 在正常状态下电压允许的电压偏移标准是什么？
2. 什么是无功功率-电压静态特性？
3. 根据图 3.2 绘制无功功率-电压静态特性图（QV 曲线）。
4. 无功功率如何影响系统（节点）的电压？

## 任务 3.2　电力系统的无功功率平衡

### 3.2.1　学习目标

1. 认识电力系统电压水平与无功平衡。
2. 理解电力系统无功功率电源的种类和特点。

3. 掌握电力系统无功功率无功损耗的计算。

4. 培养学生的科学思维。

## 3.2.2　任务分析

在电力系统中，通过无功负荷改变电压现象，可发现电压水平的高低取决于系统无功功率的充足与否，要维持系统的无功功率充足与平稳，就需要认识电力无功功率电源的种类与特点并加以综合应用，同时认识电力系统在功率传输过程的无功损耗。

## 3.2.3　知识学习

### 3.2.3.1　电力系统电压水平与无功平衡

电力系统无功功率平衡的基本要求是：系统中的无功电源可能发出的无功功率应该大于或等于负荷所需的无功功率和网络中的无功损耗。图 3.4 为综合负荷消耗的无功功率 $Q$ 与电压 $U$ 的关系曲线。当负荷的工作电压处在额定电压 $U_N$ 时，负荷消耗的无功功率为 $Q_{LN}$；当电源提供的无功功率不足，即只有 $Q_b$ 时，负荷的端电压将降至 $U_b$；当电源提供的无功功率过剩，即无功功率为 $Q_a$ 时，负荷的端电压将升至 $U_a$。由上述可见，若系统要维持在额定电压 $U_N$ 下运行，那么系统的无功电源提供的总无功功率必须与负荷在 $U_N$ 下运行消耗的总无功功率和网络总无功功率损耗平衡。

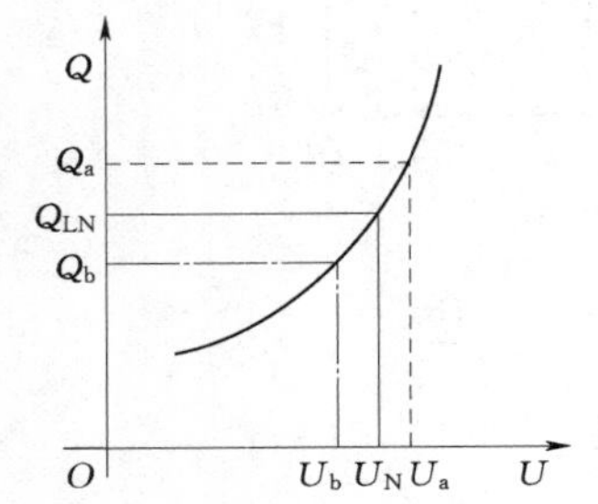


图 3.4　综合负荷消耗的无功功率 $Q$ 与电压 $U$ 的关系曲线

电力系统无功功率平衡方程式可以表示为

$$\sum Q_{GC}=\sum Q_L+\sum \Delta Q \tag{3.4}$$

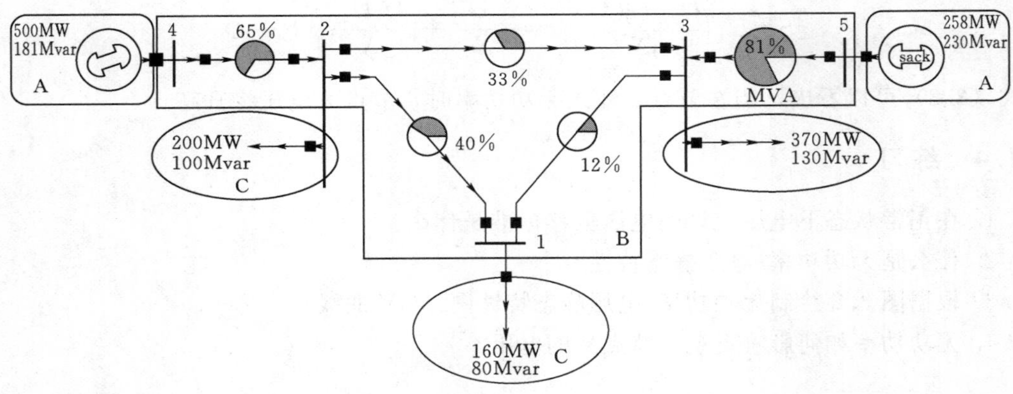


图 3.5　IEEE5 节点 PWS 网络图

A—无功功率电源区域；B—无功网络损耗区域；C—负荷区域

其中 $\sum Q_{GC}$ 为系统无功电源发出的无功功率总和，其包括发电机输出的无功功率和在电网运行中各种无功补偿设备，如调相机、并联电容器以及静止无功补偿器所输出的无功功率总和；$\sum Q_L$ 为负荷在额定电压 $U_N$ 下消耗的无功功率总和；$\sum \Delta Q$ 为网络无功功率损耗总和。图 3.5 为 IEEE5 节点 PWS 网络图，在图中 A、B、C 三个区域分别表示无功功率电源、无功功率

损耗及无功功率负荷所处的位置。在无功功率平衡的基础上，为了保证运行的可靠性，适应无功负荷的增长，还应保留一定比例的无功备用容量，一般为最大无功功率负荷的 7%～8%。

进行无功功率平衡计算的前提应是系统的电压水平正常，如同考虑有功功率平衡的前提是系统的频率正常一样。若不能在正常电压水平下保证无功功率平衡，则系统的电压质量就不能保证。当系统的无功功率电源充足时，系统就有较高的运行电压水平；反之，若无功功率电源不足，就反映为电压水平偏低。因此，应力求实现在额定电压下的系统无功功率平衡。在电力系统运行中，仅靠发电机提供无功功率往往满足不了系统在额定电压水平下的无功功率平衡，还需装设必要的无功补偿装置。从改善电压质量和降低网络功率损耗考虑，应该尽量避免通过电网元件大量地传送无功功率。所以，无功补偿装置应尽可能地装在无功负荷中心，做到无功功率的就地平衡。

**3.2.3.2　电力系统的无功功率电源**

电力系统的无功功率电源，除了发电机以外，还有同步调相机、并联电容器和静止无功补偿器，这三种无功补偿装置又称为无功补偿设备。

1. 发电机

发电机既是唯一的有功功率电源，又是最基本的无功功率电源。发电机在额定状态下运行时，其发出的无功功率可以表示为

3-2
电力系统的无功电源和无功功率平衡

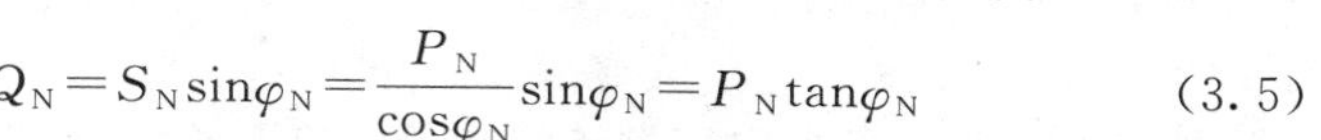

$$Q_N = S_N \sin\varphi_N = \frac{P_N}{\cos\varphi_N}\sin\varphi_N = P_N \tan\varphi_N \tag{3.5}$$

式中　$S_N$——发电机的额定视在功率；

$\varphi_N$——额定功率因数角；

$P_N$——额定有功功率。

图 3.6 为接在电压恒定母线上隐极发电机的运行极限图（$P-Q$ 极限图），图中 $\dot{U}_N$ 为发电机额定端电压，与母线电压相等，$\dot{E}_{qN}$、$\dot{I}_N$、$X_d$ 分别为发电机额定电势、额定定子电流和发电机同步电抗。$C$ 点为发电机额定运行点，向量 $\overline{OC}$ 为 $j\dot{I}_N X_d$，与向量 $\dot{I}_N$ 垂直，其大小正比于定子额定电流 $I_N$，同时也正比于发电机额定视在功率 $S_N$，将发电机额定容量 $\dot{S}_N$ 投影到 $P$、$Q$ 两个坐标轴上，分别得到发电机输出额定有功功率 $P_N$ 和额定无功功率 $Q_N$。发电机电势 $\dot{E}_q$ 与励磁电流 $I_f$ 成正比，当调节励磁电流 $I_f$ 到额定值时，发电机电势 $\dot{E}_q$ 达到额定值。发电机在改变功率因数运行时，发电机输出的有功功率 $P$ 和无功功率 $Q$ 要受定子额定电流（额定视在功率）、转子电流额定值（空载电势）和原动机出力（额定有功功率）的限制。在图中，以 $O$ 为圆心，$OC$ 为半径得到圆弧 $L$，其虚线部分为额定视在功率的限制；以 $A$ 为圆心，$AC$ 为半径得到圆弧 $F$，其实线部分为转子电流额定值的限制；水平线 $CD$ 为原动机出力的限制。综合以上限制得到 $P-Q$ 坐标系实线的区域就是发电机的 $P-Q$ 极限曲线。

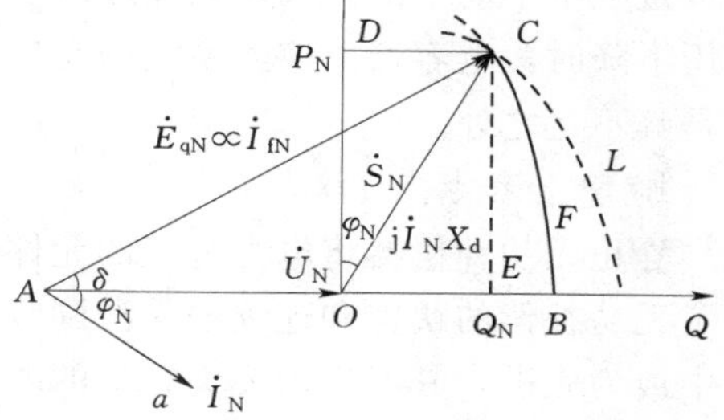


图 3.6　发电机的运行极限图（$P-Q$ 极限图）

2. 同步调相机

同步调相机相当于空载运行的同步电动机，其在过激励运行时，系统提供感性无功功率，提高系统电压；相反，在欠激励运行时，向系统吸收感性无功功率，以降低系统电压。考虑其实际运行和稳定性要求，同步调相机在欠激励运行时的最大容量占其过激励运行时容量的 50%～65%。同步调相机的优点是既能发出也能吸收无功功率，并能通过调节励磁电流，在其容量极限的范围内平滑调节无功功率。然而同步调相机也有不足，如价格相对昂贵，并且作为旋转设备，其运行维护较为复杂，而且在运行过程中有功功率损耗较大，在满载的情况下有功功率损耗占其容量的 1.5%～5%。另外，同步调相机的动态响应速度较慢，难以适应动态无功功率控制的要求。

3. 并联电容器

并联电容器只能向系统供给感性的无功功率，电容器所供出的感性无功功率 $Q_C$ 与其端电压 $U$ 的二次方成正比，其表达式为

$$Q_C=\frac{U^2}{X_C} \tag{3.6}$$

其中

$$X_C=1/\omega C$$

式中　$X_C$——电容器电抗；

　　$\omega$——角频率。

并联电容器可以根据实际需要由多台电容器连接成组。在变电站母线上，电容器可按三角形或星形接法连接。电容器的优点在于其价格低廉；容量可大可小；既可以成组集中安装使用，也能分散安装使用，较为灵活；它没有旋转部件，易于维护；电容器在运行时的功率损耗较小，为额定容量的 0.3%～0.5%。但是，电容器不能吸收无功功率，在其调节过程中不能平滑调节，只能成组投切进行阶梯式调节，且调节范围较小。另外，当端电压下降时，电容器供应给系统的无功功率也将减小，导致系统电压水平进一步下降，这也是其不足之处。

4. 静止无功补偿器

静止无功补偿器将电力电子的元件引入传统的电力电容器和电抗器等静止元件中，实现了无功补偿的快速和连续的平滑调节。目前，静止同步无功补偿器在现有的无功补偿技术中最为先进，其不再需要大容量的电容器和电抗器来产生大容量无功功率，而是通过电力电子元件的高频开关技术实现无功补偿质的飞跃。

静止无功补偿器的优点在于：既可以发出也可以吸收无功功率，平滑调节，反应速度快，维修方便，其有功功率损耗小于 1%。目前已取代调相机被广泛地应用于电压调整、改善电压水平和功率因数、减少电压波动、抑制电压闪变、平衡不对称负荷和谐波治理等方面。但静止无功补偿器由于采用电力电子开关控制，不可避免地产生谐波电流，为降低谐波的影响，静止无功补偿器需要装设滤波器。

### 3.2.3.3　电力系统无功功率损耗

1. 电力元器件无功损耗

无功功率损耗主要产生于电流流过电气设备的电抗和并联在电网中电气设备的电纳上。若电气设备（等效电路如图 3.7 所示）的首端电压为 $\dot{U}$，注入功率为 $\widetilde{S}=P+jQ$，其等效阻

抗为 $R+\mathrm{j}X$，其对地支路导纳为 $G-\mathrm{j}B$，那么该元件在阻抗和导纳上的功率损耗为

$$\begin{cases}\Delta\widetilde{S}_{Z}=\dfrac{P^2+Q^2}{U^2}(R+\mathrm{j}X)=\Delta P+\mathrm{j}\Delta Q_{X}\\ \Delta\widetilde{S}_{Y}=\dot{U}(\dot{U}Y)_{*}=U^2(G-\mathrm{j}B)_{*}=U^2(G+\mathrm{j}B)=\Delta P+\mathrm{j}\Delta Q_{B}\end{cases}\tag{3.7}$$

式中　$\Delta Q_X$、$\Delta Q_B$——在该元件下电抗和电纳的无功损耗。

在工业和生活用电负荷中，阻感负荷占很大比例。异步电动机、变压器、荧光灯等都是典型的阻感元件。阻感负荷必须吸收无功功率才能正常工作，这是由其本身的性质所决定的。

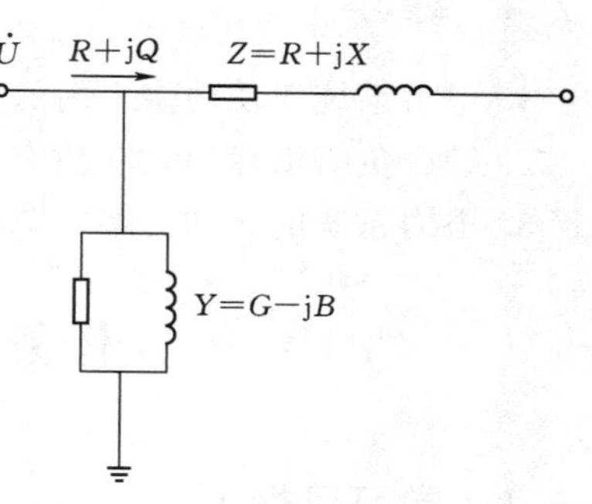


图 3.7　某元件等效电路图

除此之外，无功功率损耗还产生于电力电子设备，随着电力电子设备得到广泛使用，如换流和整流装置等设备，这些电力电子设备通过高频电子开关按照不同的控制方式导通和关闭，这个过程使得交流电网电压、电流波形严重失真，在工作时基波电流滞后于电网电压，造成功率因数偏低。从电源侧看，电力电子设备消耗大量的无功功率。电子设备的无功功率损耗与常规设备的无功功率损耗的机理不同，在此不再深入叙述。

2. 变压器的无功功率损耗

变压器中的无功功率损耗 $Q_{LT}$ 由励磁支路损耗 $\Delta Q_0$ 和绕组漏抗中损耗 $\Delta Q_T$ 组成，即

$$Q_{LT}=\Delta Q_0+\Delta Q_T=U^2B_T+\left(\frac{S}{U}\right)^2X_T\approx\frac{I_0\%}{100}S_N+\frac{U_k\%S^2}{100S_N}\left(\frac{U_N}{U}\right)^2\tag{3.8}$$

式中　$U$、$S$——变压器的实际运行电压和注入容量。

励磁支路损耗 $\Delta Q_0$ 称为固定损耗，其大小取决于空载电流百分数 $I_0\%$。一般来说，普通电力变压器的 $I_0\%$ 为 1～2。绕组漏抗中损耗 $\Delta Q_T$ 称为可变损耗，其大小与实际运行电压和注入容量有关。

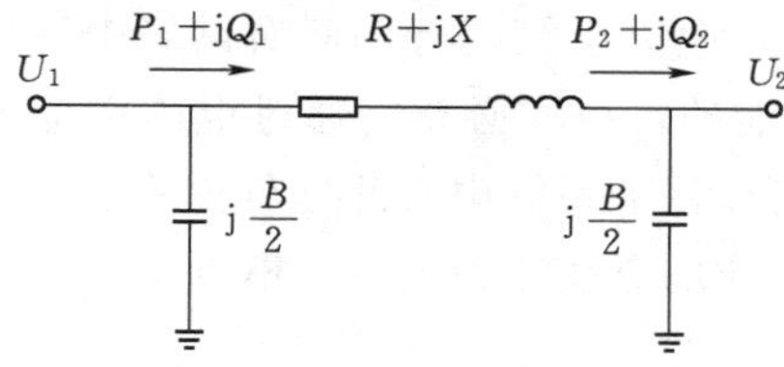


图 3.8　输电线路的Ⅱ形等效电路

3. 电力线路上的无功功率损耗

电力线路的无功功率损耗也可分为两部分，即并联电纳和串联电抗中的无功功率损耗。输电线路的Ⅱ形等效电路如图 3.8 所示。

由图 3.8 可知，串联电抗中的无功功率损耗与电流的二次方成正比，呈感性，用 $\Delta Q_L$ 表示，根据式（3.7）得

$$\Delta Q_L=\frac{P_1^2+Q_1^2}{U_1^2}X=\frac{P_2^2+Q_2^2}{U_2^2}X\tag{3.9}$$

并联电纳中的无功功率损耗又称充电功率，与电压二次方成正比，用 $\Delta Q_B$ 表示，即

$$\begin{cases}\Delta\widetilde{S}=U_1^2\left(\mathrm{j}\dfrac{B}{2}\right)_{*}+U_2^2\left(\mathrm{j}\dfrac{B}{2}\right)_{*}=-\mathrm{j}\dfrac{B}{2}(U_1^2+U_2^2)=\mathrm{j}\Delta Q_B\\ \Delta Q_B=-\dfrac{B}{2}(U_1^2+U_2^2)\end{cases}\tag{3.10}$$

其中 $B/2$ 为Ⅱ形等效电路中的等效电纳。值得指出的是，35kV 及以下的架空线路由于线路较短，电压较低，对地电容的充电功率不大，这些线路损耗感性无功功率主要在线路阻抗上。对于 110kV 及以上的架空线路，当传输的功率较大时，电抗中损耗的无功功率将大于电纳的充电功率；当传输的功率较小时，电抗中损耗的无功功率将小于电纳的充电功率。

### 3.2.4　练习

1. 电力系统无功功率平衡的基本要求是什么？
2. 综合负荷消耗的无功功率 $Q$ 与电压 $U$ 关系是什么？
3. 电力系统的无功功率电源有哪些？它们各自有什么优缺点？

3－3　电力系统电压调整综述

## 任务 3.3　电　压　调　整

### 3.3.1　学习目标

1. 理解电力系统的电压管理。
2. 掌握电力系统的电压调整措施。
3. 学会用联系的、全面的方法解决工程实际问题。

### 3.3.2　任务分析

掌握电力系统电压调整目的及措施，学会利用不同的调压措施解决电力系统电压不合格问题。

### 3.3.3　知识学习

#### 3.3.3.1　电力系统的电压管理

电压管理的目的就是采取各种措施，使用户处的电压偏移保持在规定的范围内（即在额定电压附近）。电力系统的结构复杂，用电设备数量庞大，电力系统运行部门对网络中各母线电压及各用电设备的端电压都进行控制和调整是不可能的，也不必要。通过电力潮流分析，发现通过调节一些关键性母线使电压符合要求，就可以保证系统中大部分负荷的电压质量。通常把这些在电力系统中起监视、控制和调整电压作用的母线称为电压中枢点。

一般可选择下列母线作为电压中枢点：

（1）区域性水、火电厂的高压母线。

（2）枢纽变电站的二次母线（6～10kV 母线）。

（3）有大量地方性负荷的发电厂 6～10kV 母线。

电压中枢点的调压方式，可以按需要确定，一般分为三类：逆调压、顺调压和常调压。

1. 逆调压

在最大负荷时，线路的电压损耗也大，如果提高中枢点电压，就可以抵消掉部分电压损耗，使负荷点的电压不致过低。反之，在最小负荷时，线路电压损耗也小，适当降低中枢点电压，就可以使负荷点的电压不致过高。所以，在最大负荷时，使中枢点的电压较该

点所连线路的额定电压提高 5%；在最小负荷时，使中枢点的电压等于线路的额定电压，称为逆调压。例如，电压中枢点所连线路的额定电压为 10kV，采用逆调压方式，在最大负荷时应使中枢点电压为 10.5kV，在最小负荷时应使中枢点电压为 10kV。

3-4 中枢点调压方式

为满足这种调压方式的要求，一般需要在电压中枢点装设较为贵重的调压设备（如同步调相机、并联电容器和静止无功补偿器等）。由于发电机能够通过改变励磁电流的大小来提高或降低电压，所以发电机电压母线能够采用逆调压方式。这种调压方式适用于大型网络，即中枢点到负荷点的线路长、负荷变动较大的电力网。

2. 顺调压

若发电机电压一定，则在大负荷时，线路的电压损耗也大，中枢点电压自然要低些；反之，在小负荷时，线路电压损耗也小，中枢点电压自然要高些。所以，在最大负荷时，使中枢点电压不低于线路额定电压的 102.5%；在最小负荷时，使中枢点电压不高于线路额定电压的 107.5%，即要求中枢点电压偏移在 2.5%～7.5%的范围内，这称为顺调压。例如，电压中枢点所连接线路额定电压为 10kV，采用顺调压方式，最大负荷时，应使中枢点电压不低于 10.25kV；在最小负荷时，应使中枢点电压不高于 10.75kV。

这种调压方式适用于小型网络，即中枢点到负荷点的线路不长、负荷变动很小的电力网或用电单位容许电压偏移较大的电力网。

3. 常调压（恒调压）

在任何负荷下，中枢点电压保持为大约恒定的数值，一般较线路额定电压高 2%～5%，即 $(1.02\sim1.05)U_N$。这种调压方式适用于负荷变动较小、线路上电压损耗较小的中型网络。

这三种调压方式中，逆调压方式要求最高，实现较难，常调压次之，顺调压较容易实现。以上都是指系统正常运行时的调压方式，当系统发生事故时，电压损耗比正常情况下的要大，因此对电压质量的要求允许降低一些，通常允许事故时的电压偏移较正常情况下大 5%。

### 3.3.3.2 电力系统的电压调整措施

电力系统中的电压调整是一个综合复杂的问题，不仅要考虑电力系统潮流分布，还要考虑系统中现有补偿设备的特点来综合调整电压。电力系统中电压的调整，必须根据电力系统现有的条件以及具体的调压要求采用不同的调压方法。现以图 3.9 所示的简单电力系统为例，说明常用的各种调压措施所依据的基本原理。

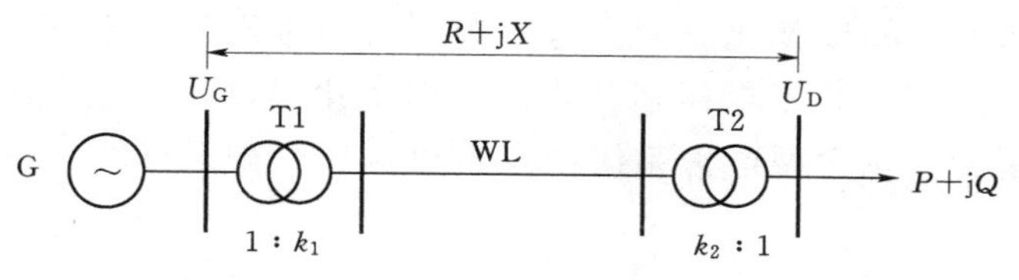


图 3.9 电压调整原理解释图

3-5 电力系统电压调整综述

发电机通过升压变压器、线路和降压变压器向用户供电，要求调整负荷节点上的电压，为了简单起见，略去线路的电容功率、变压器的励磁功率和网络的功率损耗。变压器

的参数已归算到高压侧，则负荷处的母线电压为

$$U_D=(U_Gk_1-\Delta U)/k_2=\left(U_Gk_1-\frac{PR+QX}{U_N}\right)/k_2 \tag{3.11}$$

式中　$U_G$——发电机机端电压；

$k_1$ 和 $k_2$——升压和降压变压器的电压比；

$P$——负荷的有功功率；

$Q$——负荷的无功功率；

$R$、$X$——变压器和线路的总电阻和电抗；

$\Delta U$——网络的电压损耗；

$U_N$——网络高压侧的额定电压。

从式（3.11）可知，为了调整用户端电压 $U_D$，可以采取以下措施：

（1）改变发电机端电压 $U_G$，通过调节励磁电流实现。

（2）适当选择变压器的电压比 $k_1$、$k_2$，通过改变变压器的分接头实现。

（3）改变无功功率的分布，通过增加并联无功补偿设备实现。

（4）改变网络参数 $R+jX$，通过追加并联输电线路、变压器和串联电容器等方式实现。

下面将具体介绍几种常用的调压措施。

1. 改变发电机端电压调压

改变发电机转子中的励磁电流，提高发电机的电势进而改变发电机的机端电压。当用户侧负荷增大时，流经电网的电流增大，用户侧电压随之降低，此时增大发电机的励磁电流，提高发电机端电压，用户侧电压得以提高；反之，当负荷减小时，应降低发电机励磁电流，降低发电机端电压，保证用户侧电压不至于太高。在正常运行时，发电机的运行电压变化范围为其额定值的±5%。这样的调节方式即为逆调压，这样的调压方式适用于孤立运行的发电厂和孤立运行的小型电力系统。

在大规模联合电力系统中，调节单台发电机的励磁电流只能间接调节系统的电压。这是由于单台发电机容量与系统的容量相比所占的份额较低，大型发电机励磁电流改变时，可以使无功功率重新分配，从而影响整个系统无功功率的经济分配，提高电网电压水平。发电机的有功功率和无功功率的输出是有极限的，无功功率增加将会影响有功功率的输出。

对于线路较长、供电范围较大、有多级变压的供电系统，从发电厂到最远处的负荷点之间，电压损耗的数值和变化幅度都比较大。这时调压的困难不仅在于电压损耗的绝对值过大，而且在于不同运行方式下电压损耗之差（即变化幅度）太大。因而单靠发电机调压是不能解决问题的，在大型电力系统中发电机调压一般只作为一种辅助性的调压措施。

2. 改变变压器电压比调压

改变变压器电压比调压实际上是通过调整变压器的分接头实现的。电力变压器都留有一定数量的分接头，调整这些分接头的位置可以改变变压器的电压比。一般来说，变压器分接头设置在双绕组变压器的高压绕组，三绕组变压器的高压、中压绕组上，对应高压、

中压绕组额定电压 $U_N$ 的分接头称为主抽头。普通电力变压器又分为无载调压和有载调压变压器。无载调压变压器由于不具有带负荷切换装置，需要停电才能调节分接头。有载调压变压器可以不用停电就能很方便地调节分接头，这种变压器分接头较多，而且调整范围较大。我国国家标准对于三相油浸式电力变压器的技术参数要求如下：我国生产的容量为 8000kVA 及以上的变压器有 5 个分接头，即在主接头的左右各有 2 个分接头，表示为 $U_N \pm 2\times2.5\%$，分接头电压分别为 $1.05U_N$、$1.025U_N$，$U_N$、$0.975U_N$、$0.95U_N$，调压范围为 $\pm2\times2.5\%$；容量为 6300kVA 及以下的变压器，高压侧有 3 个分接头，其分接头电压表示为 $U_N\pm5\%$，调压范围为 $\pm5\%$。

(1) 降压变压器分接头的选择。图 3.10 所示为一降压变压器，若变压器节点 1 注入的功率为 $P+jQ$，高压侧实际电压为 $U_1$，归算到变压器高压侧的阻抗为 $R_T+jX_T$，在变压器阻抗上的电压损耗为 $\Delta U_T$，节点 2 此时的电压为 $U_1-\Delta U_T$（节点 2 等值到高压侧的实际电压），低压侧电压为 $U_2$，则有

$$\Delta U_T=(PR_T+QX_T)/U_1 \tag{3.12}$$

$$U_2=(U_1-\Delta U_T)/k \tag{3.13}$$

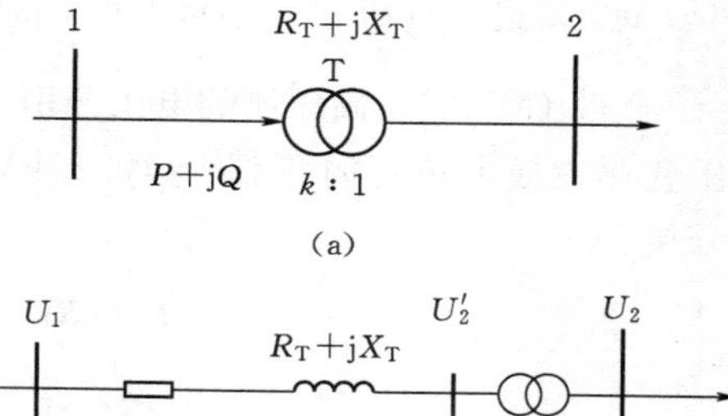


图 3.10　降压变压器接线图与等值电路图
(a) 接线图；(b) 等值电路图

若低压侧电压 $U_2$ 为要求的电压，则需要通过改变变压器的电压比得到。式 (3.13) 中，变压器的电压比为 $k=U_{1T}/U_{2N}$（即所选的变压绕组分接头电压 $U_{1T}$ 和低压绕组额定电压 $U_{2N}$ 之比）。将变压器的电压比 $k=U_{1T}/U_{2N}$ 代入式 (3.13) 中，那么高压侧分接头电压 $U_{1T}$ 为

$$U_{1T}=\frac{U_1-\Delta U_T}{U_2}U_{2N} \tag{3.14}$$

当变压器通过不同的功率时，高压侧电压 $U_1$、电压损耗 $\Delta U_T$，以及低压侧所要求的电压 $U_2$ 都要发生变化。为了不频繁地调节变压器分接头，需要同时满足变压器通过最大负荷 $\widetilde{S}_{max}=P_{max}+jQ_{max}$ 和最小负荷 $\widetilde{S}_{min}=P_{min}+jQ_{min}$ 时低压侧调压要求所应选择的高压侧分接头电压。变压器分接头调节的具体步骤如下。

最大负荷时：

$$U_{1Tmax}=(U_{1max}-\Delta U_{Tmax})\frac{U_{2N}}{U_{2max}} \tag{3.15}$$

其中

$$\Delta U_{Tmax}=\frac{P_{max}R+Q_{max}X}{U_{1max}}$$

式中　$U_{1max}$——最大负荷时高压侧电压；

$U_{2max}$——最大负荷时低压侧要求的电压。

最小负荷时：

$$U_{1Tmin}=(U_{1min}-\Delta U_{Tmin})\frac{U_{2N}}{U_{2min}} \tag{3.16}$$

其中

$$\Delta U_{Tmin}=\frac{P_{min}R+Q_{min}X}{U_{1min}}$$

式中　$U_{1min}$——最小负荷时高压侧电压；

$U_{2min}$——最小负荷时低压侧要求的电压。

将式（3.15）、式（3.16）取算术平均值，即

$$U_{1Tav}=(U_{1Tmax}+U_{1Tmin})/2 \tag{3.17}$$

根据 $U_{1Tav}$ 选择一个与它最接近的分接头。然后根据所选取的分接头，校验最大负荷和最小负荷时低压母线上的实际电压是否满足要求。

【例 3.1】　降压变压器及其等效电路图如图 3.11 所示，归算至变压器高压侧的阻抗为 2.4+j40（Ω），最大负荷和最小负荷时，通过变压器的功率分别为 $\widetilde{S}_{max}=25+j12$（MVA），$\widetilde{S}_{min}=12+j8$（MVA），高压侧的电压分别为 $U_{1max}=113$kV，$U_{1min}=115$kV。要求低压母线的电压变化在最大负荷时不低于 10.25kV，在最小负荷时不超过 10.75kV，试选择变压器的分接头。

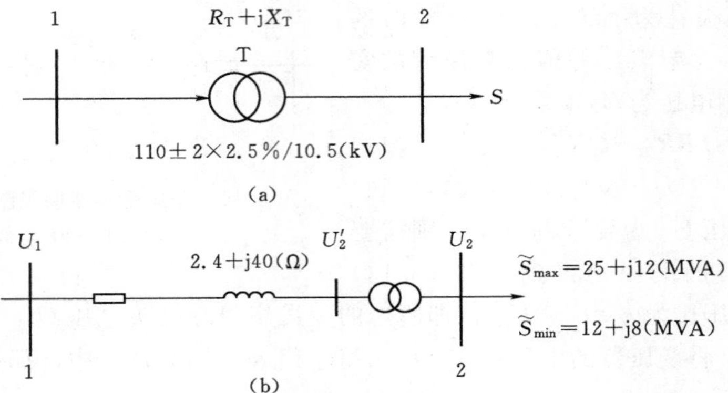


图 3.11　［例 3.1］的降压变压器及其等效电路图

**解：** 分别计算最大负荷和最小负荷时变压器的电压损耗：

$$\Delta U_{Tmax}=\frac{P_{max}R+Q_{max}X}{U_{1max}}=\frac{25\times 2.4+12\times 40}{113}=4.78(\text{kV})$$

$$\Delta U_{Tmin}=\frac{P_{min}R+Q_{min}X}{U_{1min}}=\frac{12\times 2.4+8\times 40}{115}=3.09(\text{kV})$$

变压器在最大负荷和最小负荷运行时低压侧的电压分别取为 $U_{2max}=10.25$kV 和 $U_{2min}=10.75$kV，则由式（3.15）、式（3.16）可得

$$U_{1Tmax}=(U_{1max}-\Delta U_{Tmax})\frac{U_{2N}}{U_{2max}}=(113-4.78)\times\frac{10.5}{10.25}=110.85(\text{kV})$$

$$U_{1Tmin}=(U_{1min}-\Delta U_{Tmin})\frac{U_{2N}}{U_{2min}}=(115-3.09)\times\frac{10.5}{10.75}=109.36(\text{kV})$$

取算术平均值：$U_{1T.av}=(U_{1Tmax}+U_{1Tmin})/2=(110.85+109.36)/2=110.105(\text{kV})$

选最接近的分接头：　　　　　$U_{1T}=110\text{kV}$

然后再按所选分接头校验低压母线的实际电压：

$$U_{2max}=(U_{1max}-\Delta U_{Tmax})\frac{U_{2N}}{U_{1T}}=(113-4.78)\times\frac{10.5}{110}=10.33(\text{kV})>10.25\text{kV}$$

$$U_{2min}=(U_{1min}-\Delta U_{Tmin})\frac{U_{2N}}{U_{1T}}=(115-3.09)\times\frac{10.5}{110}=10.69(kV)<10.75kV$$

通过校验，所选分接头 $U_{1T}=110kV$ 满足调压要求。

(2) 升压变压器分接头的选择。

选择升压变压器分接头的方法与降压变压器的基本相同。在电力系统潮流计算中，将发电机电压以及电网元件折算到高压侧。图 3.12 升压变压器节点 2 的实际电压 $U_2'$(折算)高于节点 1 的电压，通过项目 2 的例子可以得出，无功功率从电压幅值高的点流向电压幅值低的点，变压器节点 2 的电压（低压侧电压归算到高压侧电压）应为变压器的电压损耗与高压侧节点 1 的实际电压之和，为 $U_1+\Delta U_T$。

因而有

$$U_{1T}=\frac{U_1+\Delta U_T}{U_2}U_{2N} \tag{3.18}$$

式中 $U_2$——变压器低压侧的实际电压或给定电压；

$U_1$——高压侧所要求的电压。

在最大负荷和最小负荷时变压器分接头电压分别为

$$U_{1Tmax}=(U_{1max}+\Delta U_{Tmax})\frac{U_{2N}}{U_{2max}} \tag{3.19}$$

$$U_{1Tmin}=(U_{1min}+\Delta U_{Tmin})\frac{U_{2N}}{U_{2min}} \tag{3.20}$$

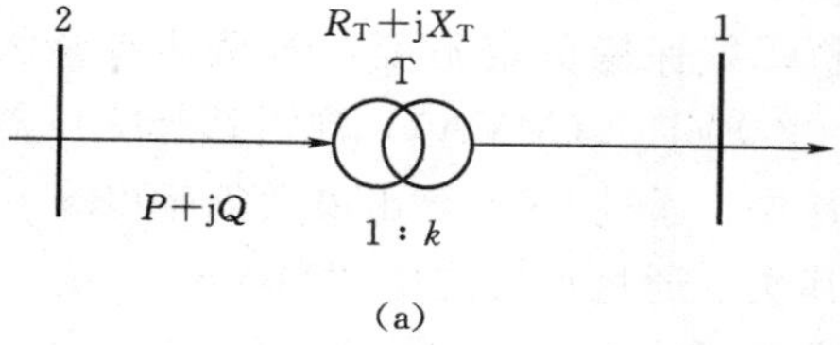


(a)

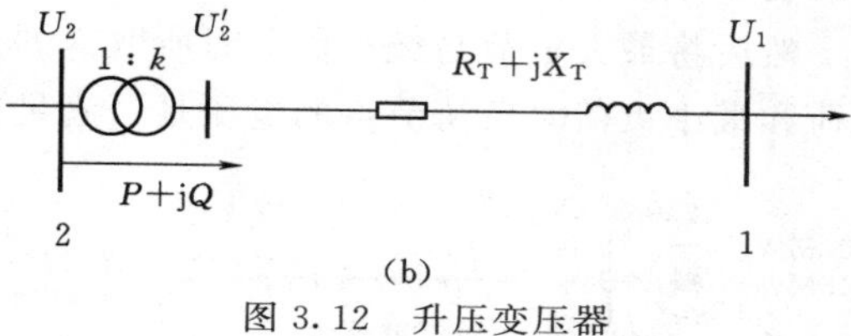


(b)

图 3.12 升压变压器

**【例 3.2】** 某升压变压器的容量为 31.5MVA，电压比为 121±2×2.5%/10.5(kV)，归算至高压侧的阻抗为 3+j50(Ω)，最大负荷和最小负荷时，通过变压器的功率分别为 $S_{max}=26+j18(MVA)$，$S_{min}=15+j10(MVA)$，高压侧要求的电压分别为 $U_{1max}=120kV$，$U_{1min}=115kV$，低压母线的可能调节范围是 $U_{2max}=11kV$，$U_{2min}=10kV$，试选择变压器的分接头。

**解**：先计算最大负荷和最小负荷时，变压器的电压损耗：

$$\Delta U_{Tmax}=\frac{P_{max}R+Q_{max}X}{U_{1max}}=\frac{26\times3+18\times50}{120}=8.15(kV)$$

$$\Delta U_{Tmin}=\frac{P_{min}R+Q_{min}X}{U_{1min}}=\frac{15\times3+10\times50}{115}=4.74(kV)$$

根据低压侧母线电压的调节范围，利用式（3.19）、式（3.20）可得

$$U_{1Tmax}=(U_{1max}+\Delta U_{Tmax})\frac{U_{2N}}{U_{2max}}=(120+8.15)\times\frac{10.5}{11}=122.325(kV)$$

$$U_{1Tmin}=(U_{1min}+\Delta U_{Tmin})\frac{U_{2N}}{U_{2min}}=(115+4.74)\times\frac{10.5}{10}=125.727(kV)$$

取算术平均值：$U_{1Tav}=(U_{1Tmax}+U_{1Tmin})/2=(122.33+125.73)/2=124.03(kV)$

选最接近的分接头： $U_{1T}=124.025kV$

然后再按所选分接头校验低压母线的实际电压：

$$U_{2max}=(U_{1max}+\Delta U_{Tmax})\frac{U_{2N}}{U_{1T}}=(120+8.15)\times\frac{10.5}{124.025}=10.849(\text{kV})<11(\text{kV})$$

$$U_{2min}=(U_{1min}+\Delta U_{Tmin})\frac{U_{2N}}{U_{1T}}=(115+4.74)\times\frac{10.5}{124.025}=10.137(\text{kV})>10(\text{kV})$$

计算结果表明所选分接头能够满足调压要求。

上述选择双绕组变压器分接头的计算公式同样适用于三绕组变压器分接头的选择，但需根据变压器的运行方式分别地或依次地逐个进行。

(3) 变压器分接头选择理论在PWS下的验证。

在PWS平台下建立一个单机变压器负荷网络图，变压器电压比为10.5kV/550kV，发电机母线保持恒定不变，若负荷端最大负荷为$S_{max}=600+j300$(MVA)，最小负荷为$S_{min}=300+j150$(MVA)，现需选择变压器分接头，使得负荷端电压偏移最小。

首先，通过PWS算出最大负荷和最小负荷时负荷端电压，如图3.13 (a)、(b) 所示。

其次，通过点击图中“Manual”使其转为“Auto”，自动算出在最大负荷和最小负荷下的变压器的变比，如图3.13 (c)、(d) 所示。

然后将最大负荷与最小负荷时所取得的变压器变比取平均，在这个变比下验证在最大负荷和最小负荷时负荷节点的电压是否满足要求，如图3.13 (e)、(f) 所示。

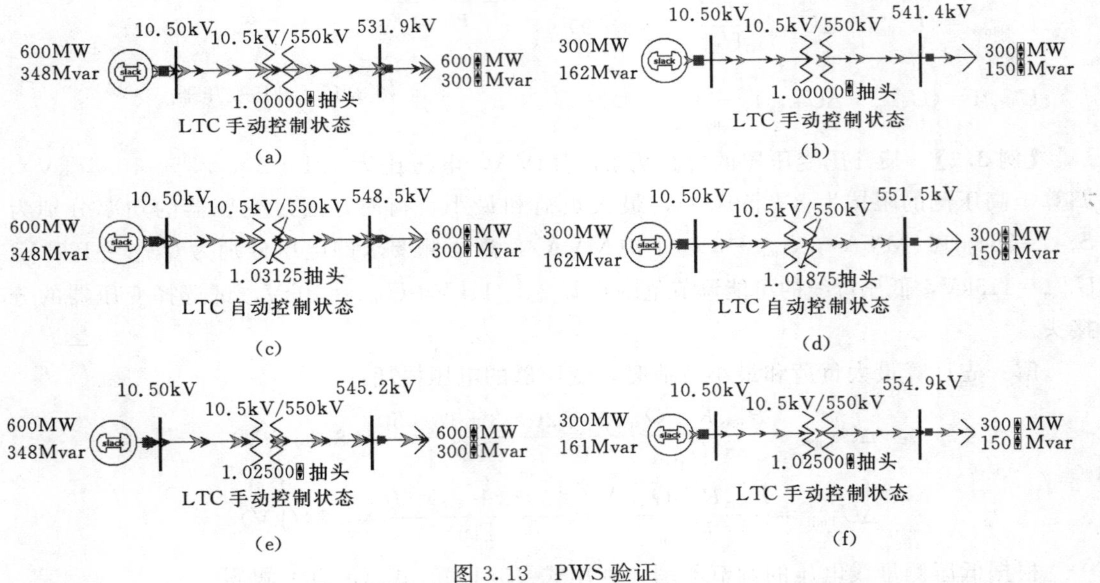


图3.13 PWS验证

(a) 最大负荷时电压计算；(b) 最小负荷时电压计算；(c) 最大负荷时变压器变比计算；(d) 最小负荷时变压器变比计算；(e) 平均变比最大负荷下电压验证；(f) 平均变比最小负荷下电压验证

由此看出，当电压比选好后，在最大负荷和最小负荷时得到一个电压上限和下限，当负荷处于常规负荷时，电压介于电压上限与下限之间。

3. 改变电力网的无功功率分布调压

如果系统无功功率不足，单靠改变变压器分接头调压，只能使局部地区电压得到改善，将使其他地区电压更为降低。在此情况下，必须增加新的无功功率电源，进行并

联补偿，改变电力网的无功功率分布，以达到调压的目的。此外，合理地配置无功功率补偿容量，还可以减少网络中的有功功率损耗和电能损耗，提高系统运行的经济性。

电网中的电压损耗主要是电能在传输过程中变压器和线路上的电压损耗。在电力系统中，一旦某条线路的参数确定，那么电压损耗就与有功功率和无功功率大小有关。有功功率的大小由负荷大小决定，由发电机发出并经过几级变压传输到电力用户处。无功功率既可以由发电机发出，也能由电网其他无功电源发出。为了避免无功功率远距离大容量的输送造成的电压损耗和有功功率损耗，应就近采用无功功率补偿设备提供无功功率。并联电力电容器补偿就是一种有效而经济的调压措施。

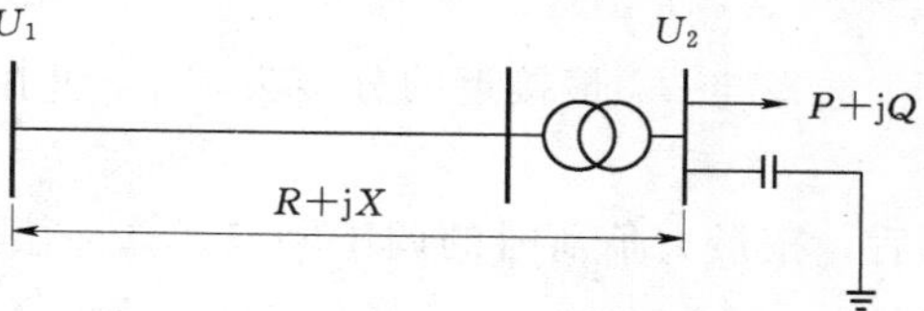

图 3.14　简单电力网的无功功率补偿

图 3.14 所示为一简单电力网，已知线路首端电压 $U_1$，线路和变压器阻抗归算到高压侧的总阻抗 $Z=R+jX$，$P+jQ$ 为末端负荷功率。若不计线路的电容充电功率及变压器的励磁支路的空载损耗，在变电所末端并联补偿设备前线路首端电压为（不计电压降落的横分量）

$$U_1=U_2'+\frac{PR+QX}{U_2'} \tag{3.21}$$

式中　$U_2'$——设置无功补偿设备前归算到高压侧的变电站低压母线电压。

若在变电站低压母线并联容量为 $Q_C$ 的电容补偿装置，线路首端电压为

$$U_1=U_{2C}'+\frac{PR+(Q-Q_C)X}{U_{2C}'} \tag{3.22}$$

式中　$U_{2C}'$——加装并联电容无功补偿设备后归算到高压侧的变电站低压母线电压。

如果补偿前后 $U_1$ 保持不变，则有

$$U_2'+\frac{PR+QX}{U_2'}=U_{2C}'+\frac{PR+(Q-Q_C)X}{U_{2C}'} \tag{3.23}$$

由此可得到无功功率补偿容量为

$$Q_C=\frac{U_{2C}'}{X}\left[(U_{2C}'-U_2')+\left(\frac{PR+QX}{U_{2C}'}-\frac{PR+QX}{U_2'}\right)\right] \tag{3.24}$$

式（3.24）右边第二个小括号的数值一般很小，可以略去，则补偿容量为

$$Q_C=\frac{U_{2C}'}{X}(U_{2C}'-U_2') \tag{3.25}$$

可见，无功补偿容量 $Q_C$ 与补偿前后变电所低压母线电压 $U_2'$ 和 $U_{2C}'$ 均有关。若变压器的电压比为 $k$，经过补偿后变电所低压侧要求保持的实际电压为 $U_{2C}$，则 $U_{2C}'=kU_{2C}$，所以式（3.25）又可表示为

$$Q_C=\frac{k^2U_{2C}}{X}\left(U_{2C}-\frac{U_2'}{k}\right) \tag{3.26}$$

由此可见，补偿容量与调压要求及变压器的电压比均有关。选择电压比 $k$ 的原则是：在满足调压的要求下，使无功补偿容量最小。

通常来说，在大负荷时降压变电所电压偏低，小负荷时电压偏高。电容器只能发出感性无功功率以提高电压，但电压过高时却不能吸收感性无功功率来降低电压。若选择电容器作为无功补偿设备时，应考虑最小负荷时将电容器全部退出，而在最大负荷时全部投入。

设最小负荷时电容器全部退出后低压母线要求的电压为 $U_{2\min}$，折算到高压侧的低压母线电压为 $U'_{2\min}$，则 $\dfrac{U'_{2\min}}{U_{2\min}}=\dfrac{U_T}{U_{2N}}$，由此可算出变压器的分接头电压为

$$U_T=U'_{2\min}\frac{U_{2N}}{U_{2\min}} \tag{3.27}$$

选择与 $U_T$ 最接近的分接头 $U_{1T}$，并由此确定电压比为

$$k=U_{1T}/U_{2N} \tag{3.28}$$

然后，按最大负荷时的调压要求计算补偿容量，则有

$$Q_C=\frac{k^2U'_{2C\max}}{X}\left(U'_{2C\max}-\frac{U_{2\max}}{k}\right) \tag{3.29}$$

式（3.29）中，$U_{2\max}$ 和 $U'_{2C\max}$ 分别为补偿前变电所低压母线归算到高压侧的电压和补偿后要求保持的实际电压。按式（3.29）算得补偿容量 $Q_C$ 后，从产品目录中选择合适的设备。

最后，还要根据确定的电压比和选定的电容器的容量，检验实际的电压变化是否满足要求。

**【例 3.3】** 某简单电力系统接线图和等效电路图如图 3.15 所示，线路和变压器归算至高压侧的总阻抗为 24＋j125(Ω)（不计对地支路），降压变电站变压器的电压比为 110±(2×2.5％)/11(kV)，低压母线电压要求恒调压，电压保持 10.5kV 不变，首端电压和最大运行方式、最小运行方式的负荷如图 3.15 所示。无功补偿设备采用电容器，试计算其补偿容量。

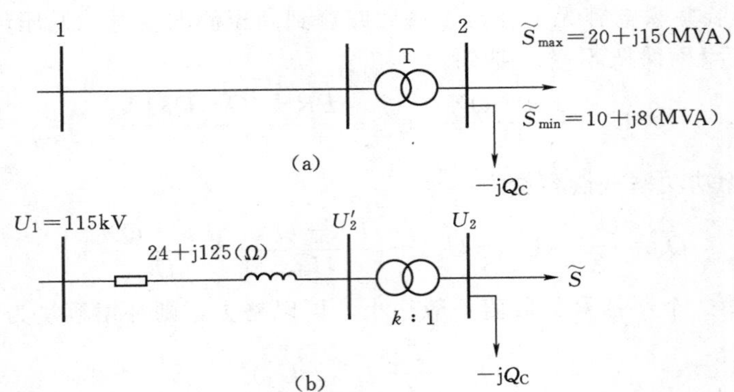


图 3.15　某简单电力系统接线图和等效电路图

**解：** 补偿前变电站在最大运行方式下低压母线折算至高压侧的电压为

$$\begin{aligned}U'_{2\max}&=U_1-\frac{P_{\max}R+Q_{\max}X}{U_1}\\&=115-\frac{20\times24+15\times125}{115}=94.52(\text{kV})\end{aligned}$$

在最小运行方式下低压母线折算至高压侧的电压为

$$U'_{2\min}=U_1-\frac{P_{\min}R+Q_{\min}X}{U_1}$$
$$=115-\frac{10\times24+8\times125}{115}=104.22(\text{kV})$$

最小负荷时全部退出的条件选择变压器分接头电压为

$$U_{\text{T}}=U'_{2\min}\frac{U_{\text{N2}}}{U_{2\min}}=104.22\times\frac{11}{10.5}=109.18(\text{kV})$$

选用 110kV 分接头，再按最大负荷时的调压要求确定补偿容量为

$$Q_{\text{C}}=\frac{U_{2\text{Cmax}}}{X}\left(U_{2\text{Cmax}}-\frac{U'_{2\max}}{k}\right)k^2$$
$$=\frac{10.5}{125}\times\left(10.5-94.52\times\frac{11}{110}\right)\times\left(\frac{110}{11}\right)^2=8.80(\text{Mvar})$$

验算电压偏移：最大负荷时全部投入，即按实际选择组电容器容量 9Mvar 计算。

$$U'_{2\text{Cmax}}=115-\frac{20\times24+(15-9)\times125}{115}=104.30(\text{kV})$$

低压母线实际电压为

$$U_{2\text{Cmax}}=104.30\times\frac{11}{110}=10.43(\text{kV})$$

最小负荷时补偿设备全部退出工作，已知 $U'_{2\min}=104.22\text{kV}$，可得低压母线实际电压为

$$U'_{2\min}=104.22\times\frac{11}{110}=10.42(\text{kV})$$

最大负荷时电压偏移为

$$\frac{10.5-10.43}{10.5}\times100\%=0.67\%$$

最小负荷时电压偏移为

$$\frac{10.5-10.42}{10.5}\times100\%=0.76\%$$

可见，选择的电容器容量能够满足调压要求。

4. 改变电力网的参数调压

在长距离大容量的输电系统中，由于线路上的感抗较大，在输电的过程中产生较大的电压损耗和无功功率损耗。在线路上接入串联电容器用于减小电抗，缩短电气距离，以降低电压损耗和无功功率损耗，同时还可达到改善系统稳定性和提高线路的输送容量的目的。

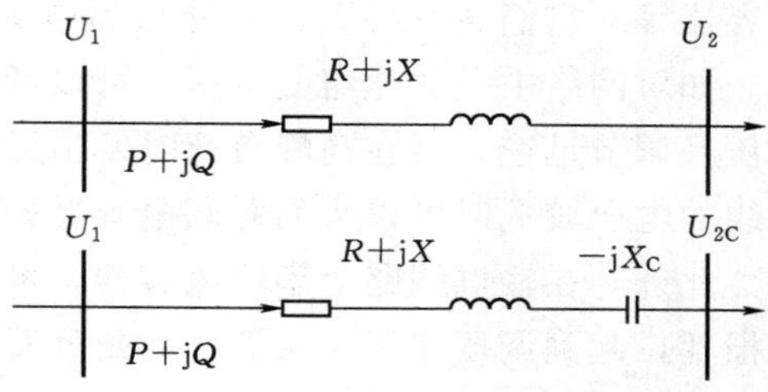

图 3.16 串联电容补偿

如图 3.16 所示的架空输电线路，在未接入串联电容补偿时，线路中电压损耗 $\Delta U$ 为

$$\Delta U=\frac{PR+QX}{U_1} \tag{3.30}$$

接入串联电容器 $X_C$ 后，线路电抗降至 $X-X_C$，电压损耗 $\Delta U_C$ 为

$$\Delta U_C=\frac{PR+Q(X-X_C)}{U_1} \tag{3.31}$$

电压损耗之差为 $\Delta U-\Delta U_C=\frac{QX_C}{U_1}$，则有

$$X_C=\frac{U_1(\Delta U-\Delta U_C)}{Q} \tag{3.32}$$

根据线路末端电压需要提高的数值（$\Delta U-\Delta U_C$），就可求得需要补偿的电容器的容抗值 $X_C$。

串联电容补偿的性能可以用补偿度 $K$ 来表示，补偿度的定义为串联电容器的容抗 $X_C$ 与线路感抗 $X$ 的比值，其表达式为

$$K=\frac{X_C}{X}\times 100\% \tag{3.33}$$

补偿度一般不宜大于50%，且应防止次同步谐振，并装设过电压保护和防止短路电流对电容器的冲击保护装置。

5. 几种调压措施的比较

在前面分析的几种调压措施中，应优先考虑利用发电机调压，因为这种措施不需要附加设备，从而不需要附加投资。在多机系统中，调节发电机的励磁电流要引起发电机间无功功率的重新分配，应根据发电机与系统的连接方式和承担有功负荷的情况，合理地规定各发电机调压装置的整定值。发电机调压时，一般采用逆调压方式，而且其无功功率的输出不应超过允许的限值。

当系统的无功功率供应比较充足时，可以通过选择变压器的分接头来实现调压。对于普通的变压器，只能在变压器退出运行的条件下才能改变分接头。因此，所谓改变变压器电压比调压，通常是指采用有载调压变压器或带有附加调压器的加压调压变压器。

在无功功率不足的情况下，不能靠改变变压器的电压比调压，常采用无功补偿设备来增加无功电源，改变电力网的无功功率分布。无功功率补偿设备有静止无功补偿器、并联电容器等。它们各有特点，只能根据电力系统的具体情况，在不同的地点采用不同的方法。如对网络中一些枢纽变电所，可以考虑采用性能优越的静止无功补偿器，其能够平滑调压且调节迅速，可在高峰负荷时发出无功，又可在低谷负荷时吸收无功。当网络中个别母线的电压较低时可以采用并联电容器，也可考虑采用静止补偿器。

此外，在输电线路上串联电容器，可以补偿线路的电抗，通过改变线路参数，降低无功损耗，起到调压作用。从调压的角度看，并联电容补偿和串联电容补偿的作用都在于减少电压损耗的 $QX/U$ 分量，并联补偿能减少 $Q$，串联补偿能减少 $X$。只有在电压损耗中 $QX/U$ 分量占有较大比例时，其调压效果才明显。对于35kV或10kV的较长线路，导线截面较大在 $70mm^2$ 以上，负荷波动大而频繁，功率因数又偏低时，采用串联补偿调压可能比较合适。这两种调压措施都需要增加设备费用，采用并联补偿时可以从网损节约中得到抵偿。

在处理电压调整问题时，保证系统在正常运行方式下有合乎标准的电压质量是最基本

的要求。如果正常状态下的调压措施不能满足这一要求，还应考虑采取特殊运行方式下的补充调压手段。

最后还要指出，当电力系统由于有功和无功不足而引起频率和电压都偏低时，应该首先解决有功功率的平衡问题。因为频率的提高可以减少无功功率的缺额，这对于电压调整是有利的，如果先调整电压，就会扩大有功缺额，导致频率的进一步下降。

### 3.3.4　练习

1. 什么是电压的中枢点？哪些母线可以看作是电压的中枢点？
2. 什么是逆调压、顺调压以及恒调压？它们适用于哪些场合？
3. 电压调整的措施有哪些？
4. 降压变压器及其等效电路图如习题图 3.3.1 所示，归算至变压器高压侧的阻抗为 2.44＋j40（Ω），最大负荷和最小负荷时，通过变压器的功率分别为 $\widetilde{S}_{max}=28+j14$（MVA），$\widetilde{S}_{min}=10+j6$（MVA），高压侧的电压分别为 $U_{1max}=110$kV，$U_{1min}=113$kV。要求低压母线的电压变化不超过 6.0～6.6kV 的范围，试选择变压器的分接头。

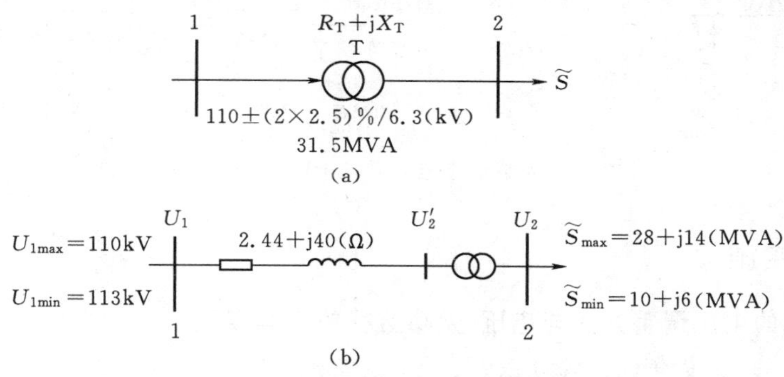


习题图 3.3.1　降压变压器及其等效电路图

（a）降压变压器接线示意图；（b）等效电路图

5. 根据图 3.2（a），验证电压变化并选择变压器分接头。

## 任务 3.4　PWS 综合调压措施与电压-无功监视

3－6 ▶
综合调压
算例

### 3.4.1　学习目标

1. 掌握 PWS 综合调压措施的实现。
2. 认识电压-无功监视的操作方法。
3. 理解电压-无功九区图的控制策略。
4. 学会利用 PWS 软件解决工程实际问题。

### 3.4.2　任务提出

根据给定的某地方电力系统 PWS 网络运行图，进行综合调压并进行电压-无功监视。

### 3.4.3 任务分析

某地方电力系统 PWS 网络运行图如图 3.17 所示。判断各个场站节点的电压情况，根据已知的调压手段综合进行电压调节，得出合理优质的电压分布。

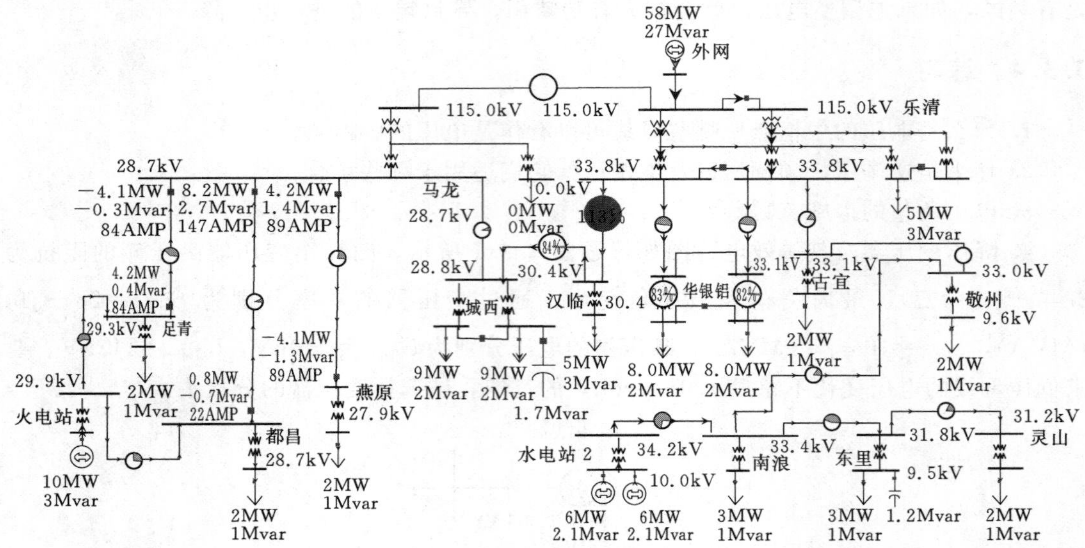


图 3.17 为某地方电力系统 PWS 网络运行图

### 3.4.4 任务实施

3-7
改变发电机励磁电流调压

#### 3.4.4.1 PWS 的电压调整方法与电压-无功监视的工程实现

1. 步骤一：改变发电机机端电压 $U_G$

PWS 软件中主要通过正确填写发电机的参数来改变发电机机端电压。常规发电机一般处理为 PV 节点，因此在“功率控制”选项中（图 3.18），“启用 AGC”一项不勾选，发电机会根据填入的“有功出力 MW”值发出有功，而在“电压控制”选项中，“启用 AVR”一项需勾选，用户需填写机端节点的电压设定值（标幺值），图 3.18 中 A 框部分表达的意思为：发电机无功输出在最大无功值和最小无功值之间可调，无功改变的目标是维持机端节点（45 节点）电压标幺值为 1.0。以一台额定功率为 5MW 的水力发电机为例，为了保证系统具有足够的事故备用无功容量和调压能力，并入电网的发电机组应具备满负荷时功率因数在 0.85～0.97（进相）运行的能力，由此可确定该发电机满负荷发电时的最大无功和最小无功分别为 3.10Mvar 和 −1.25Mvar；

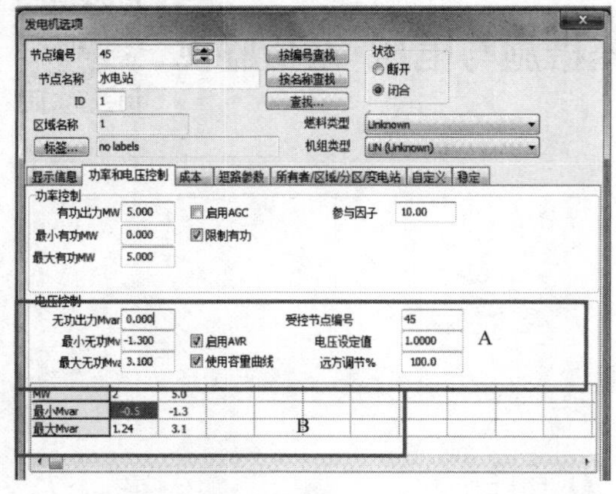


图 3.18 发电机“功率和电压控制”对话框

而当枯水期发电机出力减少为 2MW 时，该发电机最大无功和最小无功分别为 1.24Mvar 和－0.5Mvar。对于这种无功上、下限随着有功出力变化的情况，需要勾选“使用容量曲线”选项，并在图 3.18B 框所示的容量曲线表格中填写不同有功出力所对应的最大、最小无功出力。这样软件将会根据当前的有功出力，自动选择对应的无功限值。

2. 步骤二：适当选择变压器的电压比

3－8

变比调压

在 PWS 中主要通过正确填写变压器标幺电压比 $k_*$ 来实现变压器分接头的选择。以一台 35±3×2.5%/10.5(kV) 的变压器为例，现场对应 7 个挡位开关，每个挡位开关对应的高压侧实际额定电压见表 3.2，低压侧无分接头，因此额定电压维持在 10.5kV。在 PWS 中，基准电压 $U_B=U_{av}=1.05U_N$，因此，高压侧和低压侧的基准电压分别为 37kV 和 10.5kV，由此可计算出各挡位对应的标幺电压比 $k_*$。例如，当开关置于 4 挡时，$k_*=\dfrac{\text{实际电压比}}{\text{基准电压比}}=\dfrac{U_{高N}/U_{低N}}{U_{高B}/U_{低B}}=\dfrac{35/10.5}{37/10.5}=0.946$。

**表 3.2　挡位开关对应的高压侧实际额定电压**

| 挡位开关 | 高压侧实际额定电压/kV | 高压侧基准电压/kV | 低压侧额定电压/kV | 低压侧基准电压/kV | 标幺电压比 $k_*$ |
|---|---|---|---|---|---|
| 1 | 37.625 | 37 | 10.5 | 10.5 | 1.017 |
| 2 | 36.75 | 37 | 10.5 | 10.5 | 0.993 |
| 3 | 35.875 | 37 | 10.5 | 10.5 | 0.967 |
| 4 | 35 | 37 | 10.5 | 10.5 | 0.946 |
| 5 | 34.125 | 37 | 10.5 | 10.5 | 0.922 |
| 6 | 33.25 | 37 | 10.5 | 10.5 | 0.899 |
| 7 | 32.375 | 37 | 10.5 | 10.5 | 0.875 |

3. 步骤三：改变无功功率的分布

3－9

无功补偿调压

在 PWS 中，通过在变电站低压侧母线并联电容器组可实现对网络无功功率的改变。对并联电容器需将当下投入的电容器组的总容量填入“基准容量”一项中。但需注意的是，35～100kV 变电站的容性无功补偿装置的容量按主变压器容量的 10%～30%配置。110kV 变电站无功补偿单组容量不宜大于 6Mvar，35kV 变电站无功补偿单组容量不宜大于 3Mvar。

### 3.4.4.2　电压越限监视在 PWS 软件中的实现

通常 PWS 用户最熟悉的电压监视手段是通过电压幅值的等高线渲染实现对电压的全局掌控，但对于需要进行电压调控的运行人员来说，仅掌握电压的分布信息是不够的。例如，变电站电压无功综合控制需利用有载调压变压器和并联补偿电容器进行局部的电压及无功补偿的自动调节时，需要同时监视负荷侧母线电压及变压器高压侧的进线功率因数。因此，快速掌握电压和功率因数（无功）的越限情况对运行人员进行电压监控帮助很大。

在 PWS 软件中，要实现电压-无功的综合监视，首先需要计算各电压等级的电压上下限。根据《电力系统电压和无功电力技术导则》（GB/T 40427—2021，以下简称《导则》），发电厂和变电站 500kV 及以上母线以及发电厂和 500kV 变电站的 220kV 母线正常运行方式下，电压允许偏差为系统额定电压的0～10%；220kV变电站的220kV母线以及发电厂和变电站的35～100kV母线正常运行方式下，电压允许偏差为系统额定电压的−3%～7%；带地区供电负荷的变电站和发电厂（直属）的10kV母线正常运行方式下的电压允许偏差为系统额定电压的0～7%。由于在PWS中一般采用标幺值来表示电压的上下限，因此首先需要根据《导则》要求，计算出各电压等级母线的电压上下限值的标幺值。

其次，利用过滤器的功能将电网中电压越限的节点和功率因数越限的变压器单独过滤出来显示。在过滤器的功能中，可以使用“与”“或”“与非”和“或非”四种逻辑关系表达过滤条件，过滤器之间还可以相互嵌套来进行复杂的过滤条件表示。比如，要将电压越限的10kV母线过滤显示，可先定义一个“10kV电压限值”的过滤器实现将额定电压小于0.9524和大于1.019的节点过滤出来的功能（图3.19），过滤器的表达式为$(U_*>0.9524)\cap(U_*<1.019)$，再定义一个“10kV电压越限母线”过滤器，设置过滤条件：①$U_B=10.5$；②满足过滤器“10kV电压限值”，也就是将电压标幺值小于0.9524和大于1.019的10kV母线过滤出来（图3.20）。

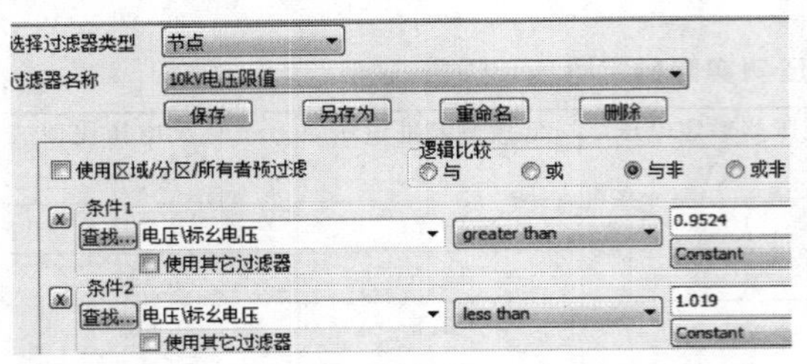


图3.19　“10kV电压限值”过滤器的设置

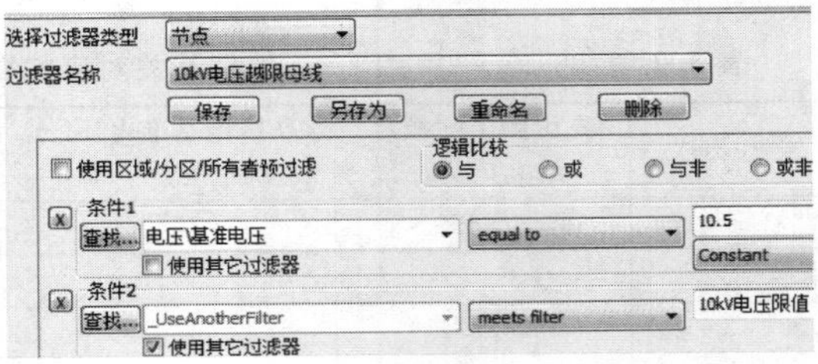

图3.20　“10kV电压越限母线”过滤器设置

当需要对全网各电压等级的母线均实现监视，可依照上述步骤分别再设置“35kV电压越限母线”“110kV电压越限母线”等，最后设置一个“全网电压越限母线”过滤器，用“或”的关系将各电压等级的电压过滤器嵌套起来（图3.21）。

同样的，也可以用过滤器对功率因数越限的变压器进行过滤。由于PWS软件中没有线路/变压器的功率因数字段，因此，需为线路/变压器定义一个名称为“功率因数”的字段，其表达式为$\cos\varphi=\dfrac{P}{S}$，然后设置过滤条件：同时满足元件性质为变压器；功率因数小于0.95（图3.22）。

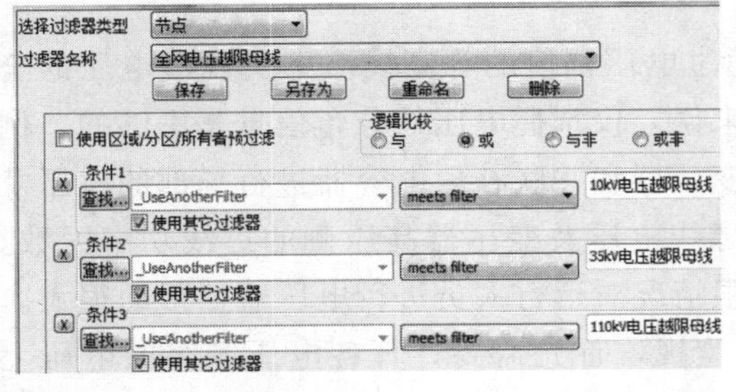


图3.21　“全网电压越限母线”过滤器设置

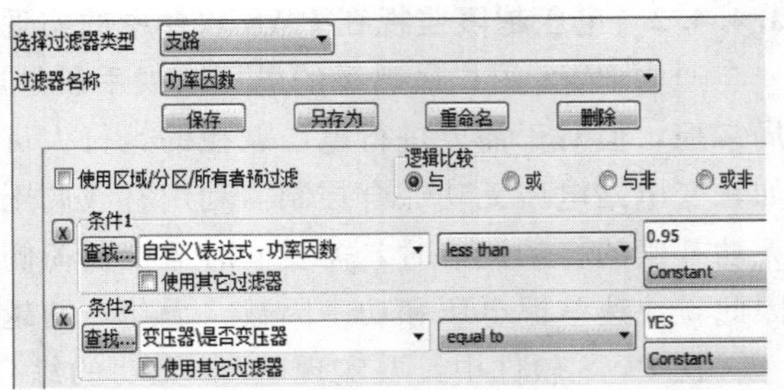


图3.22　“功率因数”过滤器的设置

### 3.4.4.3　电压调整九区图的应用

电压-无功九区图的控制策略、控制装置根据电压、无功、负荷率、开关信息、有载调压变压器分接头挡位和电容器投切等多因素进行综合判断，根据实时数据判断当前的运行区域，再按照一定的控制方案，闭环地控制站内并联补偿电容器的投切及有载调压变压器分接头的调节。传统的变电站电压无功控制依靠运行值班人员手动调节（就地/远方），难以做到判断正确和操作及时，很难保证调节效果，并会增加调节操作次数，甚至有操作失误的危险，已不适应电力系统的发展。为保证电压质量、无功平衡和电网安全可靠经济运行，对变电站实行电压无功自动控制，电压-无功九区图的控制策略已成为变电站运行值班人员需掌握的一项重要的控制措施。

九区图法控制策略是按照固定的电压和无功（或变电站进线端功率因数）上下限将电压-无功平面划分为9个区域。$U$是变压器低压侧母线电压，$Q$是变压器高压侧无功功率[图3.23（a）]。$Q$越下限（功率因数超前）表示变电站向电网倒送无功，$Q$越上限（功率因数滞后）表示电网无功不足，$Q$上、下限之差应至少大于1组电容器容量。有载调压变压器和并联补偿电容器的基本调节规律为：变压器分接头上调（或下调）后，$U$变大（或变小），$Q$变大（或变小），进线功率因数$\cos\varphi$变小（或变大），一般调节分接头对无功的影响不大；投入（或切除）电容器后，$Q$变小（或变大），$U$变大（或变小），$\cos\varphi$变大（或变小）。电压-无功九区如图3.23（b）所示，其对应的操作措施见表3.3。

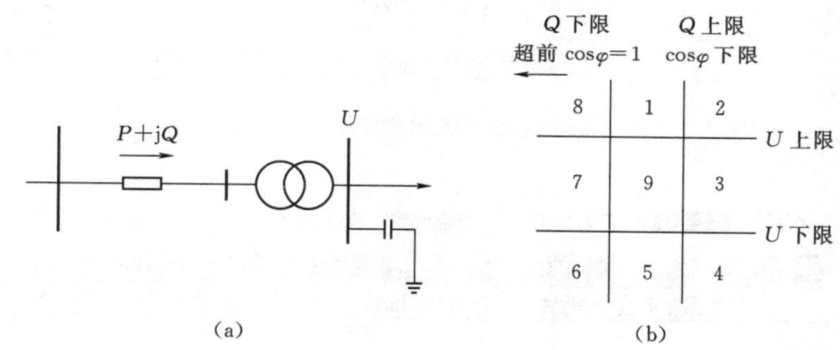


图3.23　电压-无功九区图

（a）变电站变压器支路元件；（b）电压-无功九区示意图

表3.3　**电压-无功九区图对应的操作措施**

| 区　域 | 采取的措施 |
|---|---|
| 9 | 不调节 |
| 1 | 降压，如分接头调到底，强切电容 |
| 2 | 如有电容可投，则先降压后再投电容，否则维持 |
| 3 | 投电容，当可投电容全部投入时，则维持 |
| 4 | 投电容，如可投电容全部投入后电压仍低于下限，强行升压 |
| 5 | 升压，如分接头调到顶，则强投电容 |
| 6 | 如有电容可切，则先升压后再切电容，否则维持 |
| 7 | 切电容，如无电容可切，则维持 |
| 8 | 切电容，如电容全部切除后电压仍高于上限，强行降压 |

#### 3.4.4.4　综合调压算例

某区域电网含110kV变电站1个，35kV变电站6个，水电站（5MW）1个。电压调整前，设定水轮发电机的端电压目标为标幺值1.0p.u.，各变电站无功补偿均未投入，各35kV变压器未调压前均置于额定电压挡位上（4挡）。在该条件下潮流计算结果如图3.24所示。通过单线图上的数据展示较难直观判断电压、无功越限的情况，因此可在该实例中设置上文提到的过滤器，过滤后查看实例信息（图3.25）可知，该电网存在无功越上限（无功不足，$\cos\varphi$滞后）问题的变电站有A、B、C、D、E、F 6个，存在电压偏低问题的变电站有A、B、C 3个，低压侧电压偏高的变电站有F。

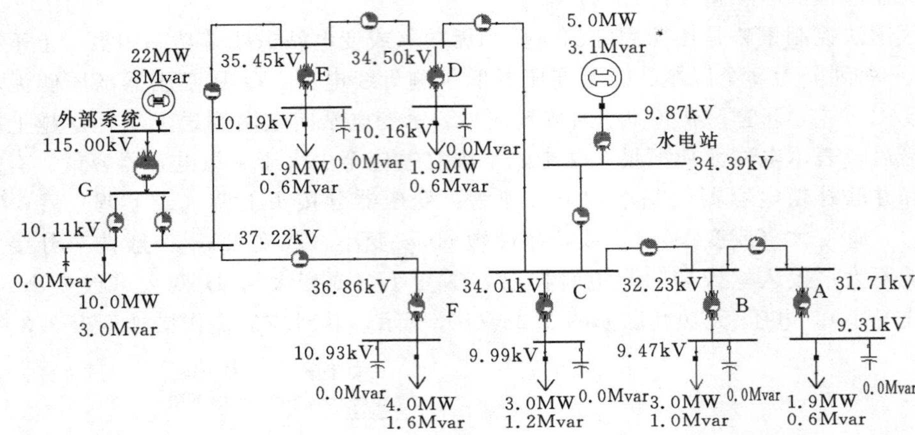


图3.24　某区域电网潮流图（未调压）

× 线路和变压器(过滤:功率因数)　× 高级过滤　× 节点

记录 ▾　地理数据 ▾　设置 ▾　数据列 ▾

|  | 功率因数-自定义表达式 | 首端节点编号 | 首端节点名▲ | 末端节点编号 | 末端 |
|---|---|---|---|---|---|
| 1 | 0.940 | 37 | A | 38 | A |
| 2 | 0.940 | 35 | B | 36 | B |
| 3 | 0.919 | 32 | C | 33 | C |
| 4 | 0.944 | 30 | D | 31 | D |
| 5 | 0.945 | 28 | E | 29 | E |
| 6 | 0.924 | 41 | F | 42 | F |

× 节点(过滤:节点电压过滤器)　× 高级过滤　× 支路参数

记录 ▾　地理数据 ▾　设置 ▾　数据列 ▾

|  | 编号 | 名称 ▲ | 标幺电压 | 实际电压 | 基准电压 |
|---|---|---|---|---|---|
| 1 | 38 | A | 0.88562 | 9.299 | 10.50 |
| 2 | 37 | A | 0.85641 | 31.687 | 37.00 |
| 3 | 36 | B | 0.90157 | 9.466 | 10.50 |
| 4 | 35 | B | 0.87051 | 32.209 | 37.00 |
| 5 | 33 | C | 0.95093 | 9.985 | 10.50 |
| 6 | 42 | F | 1.04072 | 10.928 | 10.50 |

图3.25　电压-无功越限监视图

结合无功电压九区图策略，在 PWS 中进行仿真调压。对 F 站，电压越上限、无功越上限，先降主变分接头再投电容器组；对 A、B、C 站，电压越下限、无功越上限，先投电容器组，当电容器投完后，电压仍低于电压下限时，调整主变分接头升压；对 D、E 站，电压正常、无功越上限，先投电容器组再降主变分接头。

由上分析，具体的调压步骤为：首先，F 站的主变挡位开关由 4 挡下调至 2 挡，由此消除 F 站低压侧电压偏低的问题（图 3.26）。其次，由于各站均存在主变无功稍微越上限的问题，因此 A～F 各站视情况投入无功补偿，具体补偿量如图 3.27 所示。采取此调压措施后，再观察电压和功率因数两个过滤器，可以发现该电网电压-无功越限的情况已被消除，调压结束。

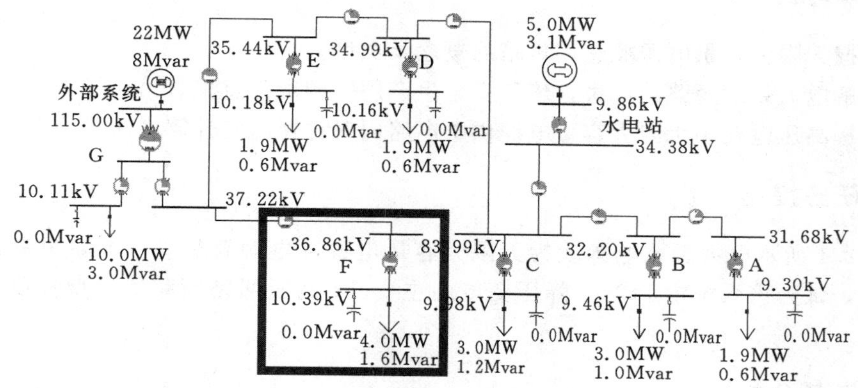


图 3.26　F 站电压器分接头调整结果

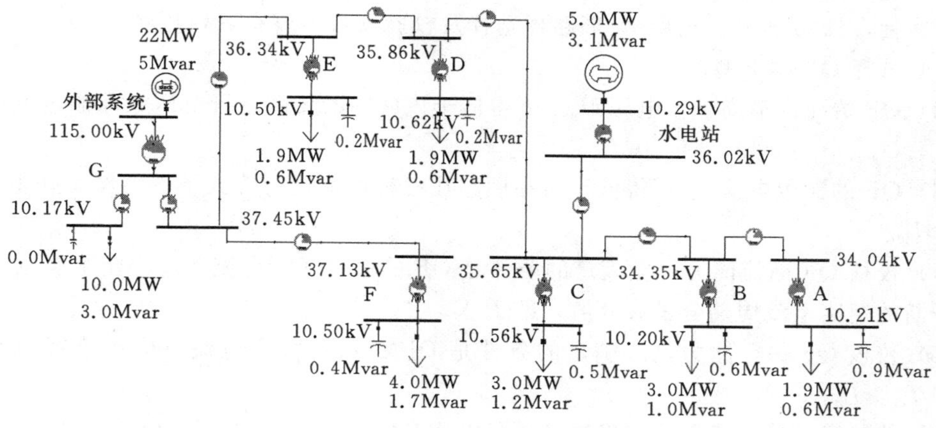


图 3.27　电压-无功综合调压结果

### 3.4.5　练习

1. 电压-无功九区图的控制区域如何分布？各个控制区域对应的操作措施是什么？

2. 如附录Ⅴ所示电网丰大潮流图，请充分合理利用各种调压措施对其进行综合调压，并做电压监视。

# 项目4 电力系统对称短路计算及应用

## 任务4.1 为无限大容量电源供电系统的设备选型提供校验数据

4-1 ⊙
短路综述

### 4.1.1 学习目标

1. 掌握无限大容量电源概念，短路的概念及类型。
2. 了解电力系统短路的危害，培养安全生产用电的责任意识。
3. 掌握高压电路中无限大容量电源供电电路内对称短路的计算方法。

### 4.1.2 任务提出

将图2.1所示电力系统电源改为无限大容量电源（电源容量 $S=\infty$，电源的内阻抗 $Z=0$）时，试为该系统中110kV降压变电站主变T2高压回路断路器选型提供短路校验数据依据。

### 4.1.3 任务分析

据《电力工程电气设计手册：电气一次部分》（水利电力部西北电力设计院编，中国电力出版社，1996年6月出版），断路器选择及校验项目主要有下列几项：

（1）选择QF的类型。

（2）QF的允许最高工作电压 $U_{max}$ 不得低于该回路的最高运行电压，即额定电压 $U_g$，即 $U_{max} \geqslant U_g$。

（3）QF的额定电流 $I_e$ 不得低于所在回路在各种可能运行方式下的持续工作电流 $I_g$，即 $I_e \geqslant I_g$。

（4）校核QF断流能力，应满足的条件是QF的额定开断电流不应小于触头刚分开时实际开断的短路电流周期分量有效值，即 $I_{edk} \geqslant I_{zk}$。

（5）校核QF关合能力，应满足的条件是QF的额定关合电流不应小于短路冲击电流，即 $I_{eg} \geqslant i_{imp}$。

（6）热稳定校验，应满足的条件是短路电流热效应 $Q_k$ 不应大于QF在 $t_s$ 时间内允许的热效应，即 $I_r^2 t > Q_k$。

（7）动稳定校验，应满足的条件是短路冲击电流 $i_{imp}$ 不应大于QF的极限通过电流峰值 $i_{df}$，即 $i_{df} \geqslant i_{imp}$。

据此，如主保护时间为0.05s，QF触头固有分闸时间为0.01s，则QF触头刚刚分开时，实际开断时间 $t_k=0.06s$；如后备保护为3.9s，QF全分闸时间为0.1s，则热稳定校验短路持续时间 $t_k=4s$，那么应为变电站主变高压回路QF选型提供下列短路数据：QF

后发生三相短路时：①通过断路器的次暂态短路电流 $I''^{(3)}$、0.06s 时的短路电流 $I_{0.06}^{(3)}$、2s 时的短路电流 $I_2^{(3)}$、4s 时的短路电流 $I_4^{(3)}$；②短路冲击电流 $i_{imp}^{(3)}$。

## 4.1.4　任务实施

### 4.1.4.1　步骤一：画出计算电路图

$f_1^{(3)}$ 点的计算电路图如图 4.1 所示。

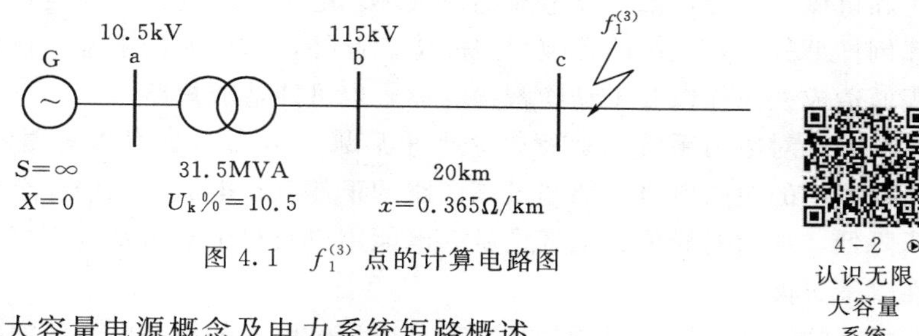


图 4.1　$f_1^{(3)}$ 点的计算电路图

**【知识链接】** 无限大容量电源概念及电力系统短路概述

1. 短路的概念

所谓短路，是指一切不正常的相与相或中性点接地系统中相与地之间的短接。在中性点非直接接地系统中，短路是指相与相之间的短接；在中性点直接接地系统中，除了相与相之间的短路外，还有相与地之间的短路。

2. 短路的类型

电力系统中发生的短路有三相短路、两相短路、两相接地短路和单相接地短路四种基本类型。其中，三相短路时三相系统仍然保持对称，称为对称短路，其他各种类型短路发生时，三相系统不再对称，称为不对称短路。其示意图及符号见表 4.1。

**表 4.1**　　**各种短路故障的示意图和符号**

| 短路类型 | 示意图 | 表示符号 | 网络特点 |
|---|---|---|---|
| 三相短路 | | $f^{(3)}$ | 三相在同一处发生短接，网络三相对称 |
| 两相短路 | | $f^{(2)}$ | 任意两相在同一处发生短接，短路点三相不对称 |
| 两相接地短路 | | $f^{(1.1)}$ | 在中性点接地系统中，任意两相接地，短路点三相不对称 |
| 单相接地短路 | | $f^{(1)}$ | 在中性点接地系统中，任一相与地短接，短路点三相不对称 |

运行经验表明，在中性点直接接地系统中，最常见的是单相接地短路，占短路故障总数的 65%～70%，两相短路占 10%～15%，两相接地短路占 10%～20%，三相短路只占

5%。可见，单相接地短路发生的概率最大，三相短路发生的概率最小。

3. 短路发生的原因和造成的严重后果

不同类型的短路，其短路电流的数值也不相同，但通常以三相短路电流为最大，后果最为严重，因此是选择设备的依据。本项目主要讨论三相短路。

发生短路的主要原因是电气设备载流部分的绝缘被破坏。绝缘损坏大多是由于未及时发现和消除设备的缺陷，以及设计、安装和运行不当所致。如大气过电压、操作过电压、绝缘老化和机械损伤等，都可能造成绝缘损坏。电力系统的一些其他意外事件，如输电线路断线和倒杆事故等，也可能导致短路故障。此外，运行人员不遵守技术操作规程和安全工作规程而造成误操作以及小动物跨接导体，也可能造成短路。

短路故障会对电力系统的运行带来严重后果。电力系统发生短路时，网络总阻抗减小，短路回路中的短路电流可能超过该回路的正常工作电流十几倍甚至几十倍，而且系统网络电压降低，从而对导体、电气设备、电能用户及整个电力系统都将产生严重后果，主要表现在以下方面：

(1) 短路故障使短路点附近的某些支流中流过巨大的短路电流，使导体严重发热、绝缘损坏，甚至使导体发红、熔化，致使设备损坏。

(2) 短路电流通过导体，相互间会产生强大的电动力，使导体弯曲变形，甚至使设备或其支架受到损坏。

(3) 短路故障发生后，短路点的电压为零，电源到短路点之间的网络电压降低，使部分用户的供电受到破坏，网络中的用电设备不能正常工作。如异步电动机，其电磁转矩与电压的平方成正比，当电压下降时，转速将降低，导致产生废品和次品，若电压下降的幅度较大，电动机将停止转动，其绕组将流过较大的电流，如果短路持续的时间较长，电动机必然过热，使绝缘迅速老化，缩短电动机的寿命，甚至烧毁电动机。

(4) 影响电力系统运行的稳定性。由多个发电机组成的电力系统发生短路时，由于电压大幅度下降，发电机输出的电磁功率急剧减少，由原动机供给的机械功率来不及调整，发电机就会加速而失去同步，使系统瓦解而造成大面积停电，破坏了各发电厂并联运行的稳定性，整个系统被解列为几个异步运行的部分。这是短路造成的最严重、最危险的后果。

(5) 干扰通信。接地短路的零序电流将产生零序磁通，在临近的平行线路（如通信线、电话线、铁路信号系统等）上感应电动势，造成对临近平行架设的通信线路的危险和干扰，这不仅会降低通信质量，还会威胁设备和人身安全。

短路所引起的危害程度，与短路故障的地点、种类及持续时间等因素有关。

为了保证电气设备安全可靠地运行，减轻短路的影响，除应努力设法消除可能引起短路的一切原因外，一旦发生短路，应尽快切除故障部分，使系统的电压在较短的时间内恢复到正常值。为此，可采用快速动作的继电保护和断路器，发电厂安装自动电压调整器。另外，还可以采用限制短路电流的措施，如在出线上加装限流电抗器、将并联的变压器解列运行等。

4. 计算短路电流的目的

短路故障对电力系统的正常运行影响很大，所造成的后果也十分严重，因此在系统的

设计、设备的选择以及系统运行中，都应该着眼于防止短路故障的发生，以及在短路故障发生后要尽量限制所影响的范围。短路的问题一直是电力技术的基本问题之一，无论从设计、制造、安装、运行和维护检修等各方面来说，都必须了解短路电流的产生和变化规律，掌握分析计算短路电流的方法。

短路电流计算的具体目的包括：

（1）选择电气设备。电气设备，如开关电器、母线、绝缘子、电缆等，必须具有充分的电动力稳定性和热稳定性，而电气设备的电动力稳定性和热稳定性的校验是以短路电流计算结果为依据的。

（2）继电保护的配置和整定。系统中应配置的继电保护以及继电保护装置的参数整定，都必须对电力系统各种短路故障进行计算和分析，而且不仅要计算短路点的短路电流，还要计算短路电流在网络各支路中的分布，并要作多种运行方式的短路计算。

（3）电气主接线方案的比较和选择。在发电厂和变电站的主接线设计中，往往遇到这样的情况：有的接线方案由于短路电流太大以致要选用贵重的电气设备，使该方案的投资太高而不合理，但如果适当改变结线或采取限制短路电流的措施，就可能得到既可靠又经济的方案，因此，在比较和评价方案时，短路电流计算是必不可少的内容。

（4）通信干扰。在设计 110kV 及以上电压等级的架空输电线路时，要计算短路电流，以确定电力线对临近架设的通信线是否存在危险及干扰影响。

（5）确定分裂导线间隔棒的间距。在 500kV 配电装置中，普遍采用分裂导线作软导线。当发生短路故障时，分裂导线在巨大的短路电流作用下，同相次导线间的电磁吸引力很大，使导线产生很大的张力和偏移，在严重情况下，该张力值可达到故障前初始张力的几倍甚至十几倍，对导线、绝缘子、构架等的受力影响很大。因此，为了合理地限制构架受力，工程上要按最大可能出现的短路电流确定分裂导线间隔棒的安装距离。

短路电流计算还有很多其他目的，如确定中性点的接地方式，验算接地装置的接触电压和跨步电压，计算软导线的短路摇摆以及输电线路分裂导线间隔棒所承受的向心压力等。

5. 无限大容量电源的概念

所谓无限大容量电源（或称无限大容量系统），是指在这种电源供电的电路内发生短路时，电源端电压的幅值和频率在短路时恒定不变，即认定该电源的容量为无限大，记作 $S=\infty$，电源的内阻抗 $Z=0(X=0, R=0)$。

当然，实际上并不存在真正的无限大容量电源，它只是个相对的概念。因为无论电力系统多大，其容量总有一个确定值，并且总有一定阻抗，在短路时电压和频率总会变化。但是，当短路发生在距离电源较远的支路上，而支路中元件的容量远小于系统电源的容量，阻抗远远大于系统的阻抗时，电源端电压和频率变动甚微，在实用计算中，往往不考虑此种情况下电压和频率的变动，认为电源电压恒定不变，这个支路所接的电源便可认为是无限大容量电源。

在短路电流计算中，若电源内阻抗远小于短路回路总阻抗时，便可以不考虑此系统的阻抗，即将此系统当作无限大容量电源系统来进行处理。当许多有限容量的发电机并联运行时，或者电源距离短路点的电气距离很远时，就可以将其等值电源近似看作无限大容量电源。

用无限大容量电源代替实际的等值电源，计算出的短路电流偏于安全。

6. 短路电流计算方法

在高压电路的短路计算中，一般采用标幺值，这样可使计算简便，尤其在有多级电压网络的计算中，具有更大的方便性。

4－3　无限大容量系统短路计算

7. 短路电流计算步骤

实际工程中，高压电路短路电流计算的大体步骤如下：

（1）根据已知条件和计算目的画出计算电路图。

（2）画出等效电路图。

（3）简化等效电路。

（4）最后计算各短路电流。

8. 计算电路图

计算电路图是供短路电流计算时专用的单线电路图，如图4.1所示。图4.1中仅包括以下内容：

（1）画出与短路计算有关的元件。

（2）各元件按顺序标注编号。

（3）在图中注明各元件的有关技术数据（在复杂的计算电路图中，为了清晰，各元件的技术参数也可另列表说明）。

（4）各级电压母线旁标注线路的平均额定电压 $U_{av}$。在短路实用计算中，认为凡接在同一电压级线路的所有设备的额定电压都等于该电压等级的平均额定电压 $U_{av}$（除电抗器以外）。

#### 4.1.4.2　步骤二：画出等值电路图

选 $S_B=100\text{MVA}$，$U_B=U_{av}$。$f_1^{(3)}$ 点的等效电路图如图4.2所示。图中各元件电抗标幺值：

发电机G　　$X_1=X_{G*B}=X''_{G*N}\dfrac{S_B}{S_{GN}}=0\times\dfrac{S_B}{S_{GN}}=0$

变压器T1　　$X_{2*}=\dfrac{U_k\%S_B}{100S_{TN}}=\dfrac{10.5\times100}{100\times31.5}=0.333$

架空线L1　　$X_{3*}=X\dfrac{S_B}{U_{av}^2}=0.365\times20\times\dfrac{100}{115^2}=0.055$

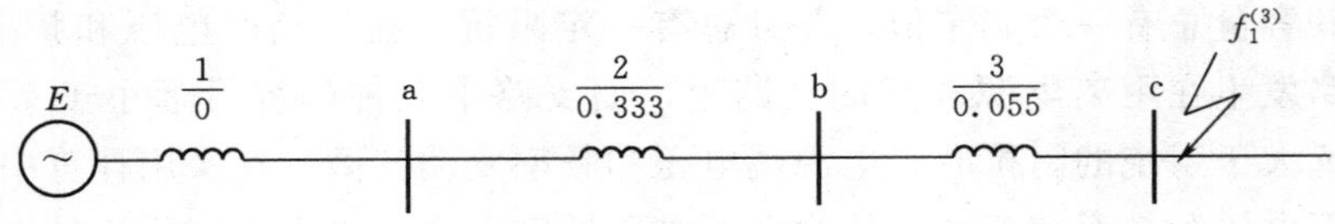


图4.2　$f_1^{(3)}$ 点的等效电路图

【知识链接】　短路电流实用计算的基本假设及等效电路图拟制思路

1. 短路电流实用计算的基本假设

考虑到现代电力系统的实际情况，要进行准确的短路计算是相当复杂的，同时对解决

大部分实际问题，并不要求十分精确的计算结果。例如，选择校验电气设备时，一般只需近似计算通过该设备的最大可能的三相短路电流值。为简化计算，实际中多采用近似计算方法。这种近似计算法在电力工程中被称为短路电流实用计算法。它是建立在一系列假设基础之上的工程计算，其计算结果稍偏大。短路电流实用计算的基本假设如下：

（1）短路发生前，电力系统是对称的三相系统。

（2）电力系统中所有发电机电势的相角在短路过程中都相同，频率与正常工作时相同。

（3）变压器的励磁电流和电阻、架空线的电阻和对地电容均略去，都用纯电抗表示。此假设可将复数运算简化为代数运算。

（4）电力系统中各元件的磁路不饱和，即各元件的参数不随电流而变化，计算中可以应用叠加原理。

（5）对负荷只作近似估计，由于负荷电流一般比短路电流小得多，近似计算中，对离短路点较远的负荷忽略不计，只考虑接在短路点附近的大容量电动机对短路电流的影响。

（6）短路故障是金属性短路，即短路点的阻抗为零。

2. 等效电路图及其拟制思路

短路电流是对各短路点分别进行计算的，所以等效电路图应根据各短路点分别拟出。图 4.3 为 $f_1^{(3)}$ 点短路的等效电路。但为方便，实际工作中根据需要又可将几个短路点的等效电路绘在一起，图 4.3 所示为 A 电力系统中，110kV 降压变电站主变压器 T2 高压回路 $f_1^{(3)}$ 点及低压回路 $f_2^{(3)}$ 点短路时的等效电路。

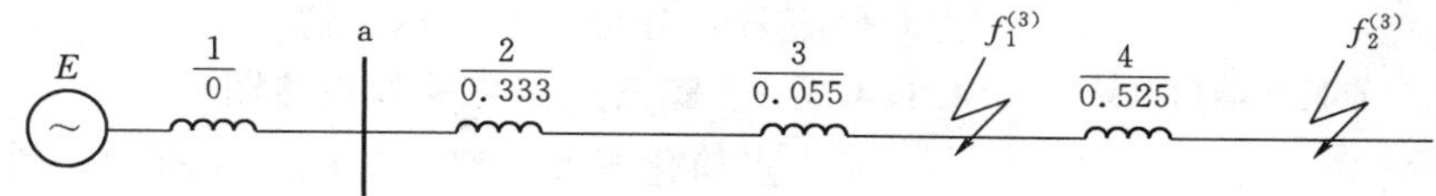


图 4.3　$f_1^{(3)}$、$f_2^{(3)}$ 点的等效电路图

等效电路图的拟制一般可按下列思路进行：

（1）从电源开始，画出某点短路时短路电流所经过的电抗及其连接。

（2）在图中注明各电抗标幺值编号。

（3）求各元件电抗标幺值 $X_{*B}$。短路电流实用计算中，一般选取基准容量 $S_B=100$MVA 或等于电源的总容量，选取各段电压等级电路的基准电压 $U_B$＝对应该电压等级的平均额定电压 $U_{av}$。各段电压等级电路的基准电流，则由基准容量和基准电压决定。

按上述原则选取基准值时，各元件电抗标幺值可按下列公式计算：

1）发电机　$X_{G*B}=X''_{G*N}\dfrac{U_{GN}^2}{S_{GN}}\Big/\dfrac{U_B^2}{S_B}=X''_{G*N}\dfrac{U_{av}^2}{S_{GN}}\Big/\dfrac{U_{av}^2}{S_B}=X''_{G*N}\dfrac{S_B}{S_{GN}}$

即
$$X_{G*B}=X''_{G*N}\frac{S_B}{S_{GN}} \tag{4.1}$$

同理，据标幺值定义可推导出其余元件电抗标幺值。

2）变压器电抗标幺值 $X_{T*B}=\dfrac{U_k\%S_B}{100S_{TN}}$，则

双绕组变压器：
$$X_{T*B}=\frac{U_k\%S_B}{100S_{TN}} \tag{4.2}$$

三绕组变压器、自耦变压器的高压、中压和低压绕组电抗标幺值分别为

$$\begin{cases} X_{\text{I}*B}=\dfrac{U_{k1}\%S_B}{100S_{TN}}=\dfrac{1}{200}(U_{k12}\%+U_{k31}\%-U_{k23}\%)\dfrac{S_B}{S_{TN}} \\ X_{\text{II}*B}=\dfrac{U_{k2}\%S_B}{100S_{TN}}=\dfrac{1}{200}(U_{k12}\%+U_{k23}\%-U_{k31}\%)\dfrac{S_B}{S_{TN}} \\ X_{\text{III}*B}=\dfrac{U_{k3}\%S_B}{100S_{TN}}=\dfrac{1}{200}(U_{k31}\%+U_{k23}\%-U_{k12}\%)\dfrac{S_B}{S_{TN}} \end{cases} \tag{4.3}$$

3）电抗器
$$X_{L*B}=\frac{X_L\%}{100}\times\frac{U_{LN}}{\sqrt{3}I_{LN}}\times\frac{S_B}{U_{av}^2} \tag{4.4}$$

式中　$U_{av}$——电抗器所在电压等级的平均额定电压。

4）架空线和电缆线。一般架空线和电缆线给出的数据为电抗的欧姆值，根据标幺值的定义，则

$$X_{*B}=X\frac{S_B}{U_{av}^2} \tag{4.5}$$

式中　$U_{av}$——线路或电缆所在电压等级的平均额定电压。

（4）注明各元件电抗标幺值。实际工程中，一般以分数形式标注元件的顺序编号和电抗标幺值，其中分子为元件编号，分母为电抗标幺值。

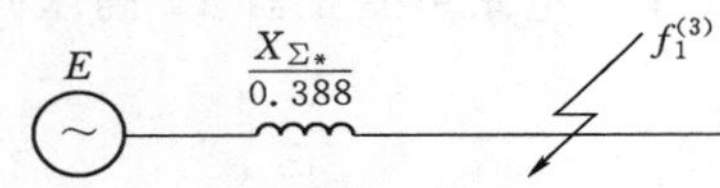


图4.4　$f_1^{(3)}$点简化等效电路图

### 4.1.4.3　步骤三：简化等效电路图

$f_1^{(3)}$点简化等效电路图如图4.4所示，图中

$$X_{\Sigma*}=X_{1*}+X_{2*}+X_{3*}=0+0.333+0.055=0.388$$

**【知识链接】**

1. 等效电路图简化目标

为了计算短路电流，必须按短路点分别进行等效电路图的简化，并求出电源至短路点之间的短路回路总电抗标幺值$X_{\Sigma*}$。简化目标最终图形如图4.5所示。

2. 常用的网络简化方法

网络简化是短路电流计算的中间环节。网络简化的方法很多，其中常用的网络简化方法在《电路与磁路》一书中已有所介绍，主要有下面几种：

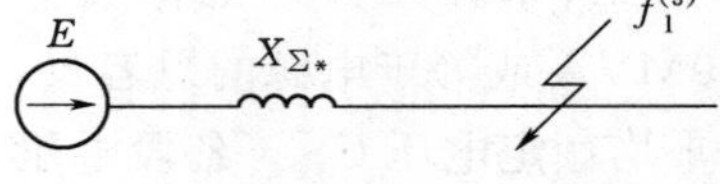


图4.5　$f_1^{(3)}$等效电路简化目标图

（1）串并联公式。

（2）等电位连接或断开（在网络简化中常会遇到对短路点局部对称或全部对称的等效电路，此时可将网络中等电位点直接连接起来，等电位之间的电抗可以出去，这样可使计算大为简化）。

（3）Y-△电路的等效变换。

Y-△电路的等效变换可按式（4.6）、式（4.7）进行，Y-△变换的等值电路如图4.6所示。

将△形变成等效 Y 形时，Y 形各支路电抗为

$$\begin{cases} X_1 = \dfrac{X_{12}X_{31}}{X_{12}+X_{23}+X_{31}} \\ X_2 = \dfrac{X_{12}X_{32}}{X_{12}+X_{23}+X_{31}} \\ X_3 = \dfrac{X_{31}X_{23}}{X_{12}+X_{23}+X_{31}} \end{cases} \tag{4.6}$$

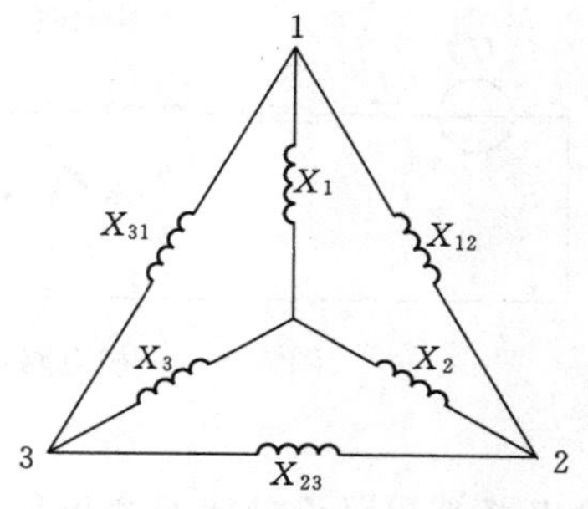


图 4.6　Y-△变换的等值电路

将 Y 形变成等效△形时，△形中各支路电抗为

$$\begin{cases} X_{12} = X_1 + X_2 + \dfrac{X_1X_2}{X_3} \\ X_{23} = X_2 + X_3 + \dfrac{X_2X_3}{X_1} \\ X_{31} = X_3 + X_1 + \dfrac{X_3X_1}{X_2} \end{cases} \tag{4.7}$$

#### 4.1.4.4　步骤四：计算所需的各短路电流

$$I''_* = I_{0.06*} = I_{2*} = I_{4*} = I_{pt*} = \frac{1}{X_{\Sigma *}} = \frac{1}{0.388} = 2.576$$

则流过 QF 的短路电流周期分量有名值 $I_{pt}$ 为

$$I_{pt} = I_{pt*}I_B = I_{pt*}\frac{S_B}{\sqrt{3}U_B} = 2.576 \times \frac{100}{\sqrt{3}\times 115} = 1.293(\text{kA})$$

短路冲击电流为

$$i_{imp} = \sqrt{2}K_{imp}I'' = \sqrt{2}\times 1.8 \times 1.293 = 2.55 \times 1.293 = 3.298(\text{kA})$$

**【知识链接】**

1. 无限大容量电源供电系统发生三相短路时短路电流的变化过程

本项目以图 4.7 所示三相电路突然发生短路为例，讨论由无限大容量电源供电系统发生三相短路的暂态过程。

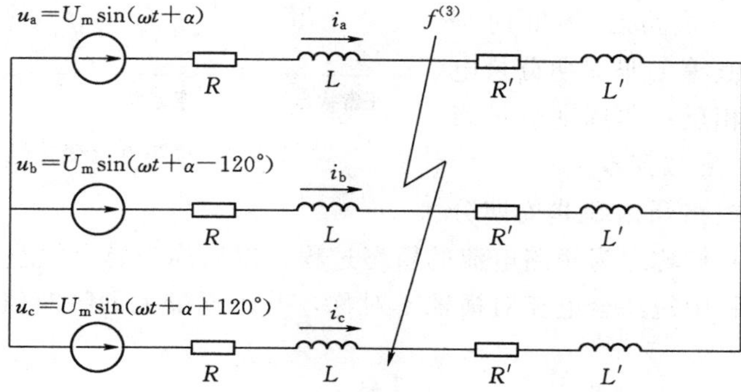


图 4.7　无限大容量电源供电的电路三相短路

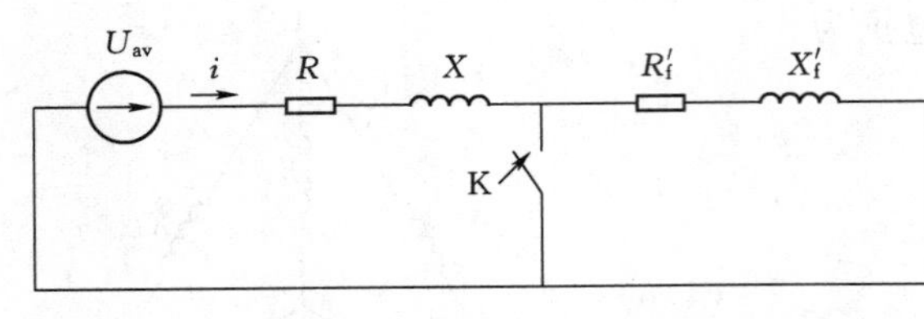


图 4.8　一相电路示意图

短路前电路处于稳态，由于三相短路是对称的，所以可以仅讨论一相的情况。三相短路时，一相电路如图 4.8 所示。

正常运行时，电路中的电流 $i$ 决定于电源端电压 $U_{av}$、阻抗 $Z+Z'$。

当 $f_1^{(3)}$ 点突然发生三相短路时，整个电路被短路点分成两个单独的回路：

右边一个回路没有电源，相当于 RL 串联电路换路时的零输入响应，此回路中的电流将逐渐衰减到零；

左边一个回路与电源构成短路回路，相当于 RL 换路时的全响应，电源向 $f_1^{(3)}$ 短路点提供短路电流 $i_f^{(3)}$。因短路回路中存在电感，则短路回路中将由正常运行时的工作电流，经过一个暂态过程，逐渐过渡到短路电流的稳态值 $i_{f\infty}^{(3)}$。由于短路回路总阻抗 $Z$ 远小于 $(Z+Z')$，而电源端电压 $U_{av}$ 不变，所以 $i_{f\infty}^{(3)}$ 会很大。

取最严重一相（如 a 相，短路前空载，电压过 0 瞬间短路）讨论：设 $t=0$ 时发生短路，据《电路与磁路》，在正弦交流激励下的 RL 串联电路换路时，全响应可分解为下面两个分量：

（1）稳态分量（也称周期分量 $i_{pt}^{(3)}$），为正弦交流电流。

（2）暂态分量（也称非周期分量 $i_{at}^{(3)}$），为衰减电流，此电流将逐渐衰减到零。

短路全电流为 $i_f^{(3)}=i_{pt}^{(3)}+i_{at}^{(3)}$。短路电流变化过程如图 4.9 所示。

由此可见，无限大容量电源供电的三相系统发生三相短路时的暂态过程中，短路电流包括两个分量：一是振幅不变的正弦周期分量，由于是无限大容量电源供电，电压稳定，系统参数不变，周期分量的幅值不会衰减；二是按指数规律衰减的非周期分量，因为短路前处于空载，电流为零，由于电感电路电流不能突变，所以短路后 $t=0$ 时刻周期分量电流瞬时值等于非周期分量电流瞬时值，但方向相反；非周期分量将逐渐以时间常数 $T_a$ 衰减到零。

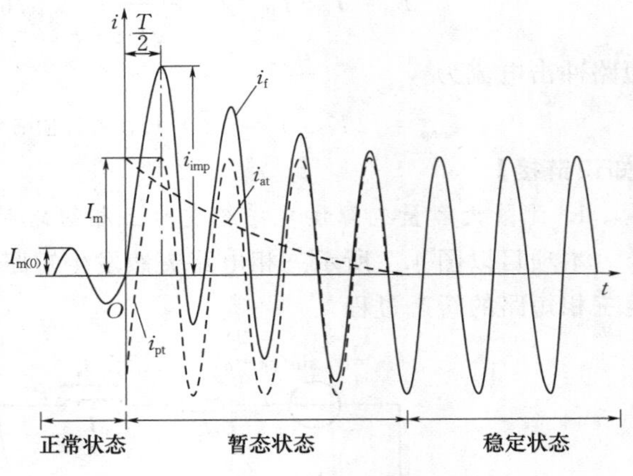


图 4.9　短路电流变化过程示意图

应该指出，自短路开始到非周期分量衰减到零为止，我们称之为短路电流的暂态过程，以后称为稳定状态。由于非周期分量的存在，在暂态过程中短路全电流对横轴不对称，并出现最大的瞬时值 $i_{imp}^{(3)}$，此电流称为短路冲击电流。

2. 短路电流各量的计算

为简便计算，下面将所有公式中表示三相短路的短路电流上标符号 $^{(3)}$ 省去。

（1）周期分量有效值 $I_{pt}$。

标幺值：

$$I_{p*}=\frac{1}{X_{\Sigma *}} \tag{4.8}$$

式中　$X_{\Sigma *}$——短路回路总电抗标幺值。

有名值：

$$I_{p}=I_{p*}I_{B}=I_{p*}\frac{S_{B}}{\sqrt{3}U_{B}} \tag{4.9}$$

因为电源端电压不变，所以在以任一时刻为中心的一个周期内，周期分量有效值均相等，即

$$I_{p}=I_{pt}=I''=I_{\infty} \tag{4.10}$$

式中　$I_{pt}$——时间 $t$ 秒瞬间周期分量有效值；

$I''$——时间为 0 秒瞬间周期分量有效值，即周期分量的起始有效值，又称次暂态短路电流；

$I_{\infty}$——时间为∞，即稳态时周期分量有效值，称稳态短路电流。

（2）短路冲击电流为

$$i_{imp}^{(3)}=\sqrt{2}K_{imp}I_{p} \tag{4.11}$$

式中　$K_{imp}$——短路冲击系数，在由无限大容量电源供电的一般高压电路中，推荐取 $K_{imp}=1.8$，则短路冲击电流为

$$i_{imp}^{(3)}=\sqrt{2}K_{imp}I_{p}=2.55I_{p} \tag{4.12}$$

（3）母线剩余电压。

在继电保护整定计算中，有时需要计算出短路点前某一母线的剩余电压。三相短路时短路点的电压为零，网络中距离短路点电抗为 $X$ 的某点剩余电压，在数值上等于短路电流通过该电抗 $X$ 时的电压降。

短路达到稳态时，如某一母线至短路点的电抗为 $X$，则该母线的剩余电压为

标幺值
$$U_{SY_*}=I_{\infty *}X_{*} \tag{4.13}$$

有名值
$$U_{SY}=U_{SY_*}U_{B}=I_{\infty *}X_{*}U_{B} \tag{4.14}$$

**【例 4.1】**　试求图 4.1 所示计算电路中 $f_1^{(3)}$ 点发生三相短路，稳态时母线 b 的剩余电压。

**解：**标幺值　　$U_{SY_*}=I_{\infty *}X_{3*}=2.576\times 0.055=0.142$

有名值　　$U_{SY}=U_{SY_*}U_{B}=0.142\times 115=16.33(\text{kV})$

（4）短路容量。

系统短路时，$t$ 时刻的短路容量可用下式计算：

$$S_{f}=\sqrt{3}U_{av}I_{t}=\sqrt{3}U_{av}I'' \tag{4.15}$$

实用计算中取 $U_{B}=U_{av}$。短路容量的标幺值表示为

$$S_{f*}=\frac{S_{f}}{S_{B}}=\frac{\sqrt{3}U_{av}I''}{\sqrt{3}U_{B}I_{B}}=\frac{I''}{I_{B}}=\frac{1}{X_{\Sigma *}}$$

即

$$S_{f*}=I_{p*}=\frac{1}{X_{\Sigma *}} \tag{4.16}$$

上式说明，短路容量反映了网络中某点与无限大容量电源间的电气距离，即已知某点的短路容量时，该点与电源间的等效电抗便为已知，那么有名值为

$$S_{ft}=S_{ft*}S_B=I_{p*}S_B \tag{4.17}$$

### 4.1.5　练习

1. 习题图 4.1.1 所示 BW 电力系统，试为该系统中 220kV 降压变电站主变压器 T2 高、低压回路断路器选型提供下述短路校验数据：

该断路器发生三相短路时：①通过断路器的次暂态短路电流 $I''^{(3)\prime}$、0.1s 时的短路电流 $I_{0.1}^{(3)}$、1s 时的短路电流 $I_1^{(3)}$、2s 时的短路电流 $I_2^{(3)}$；②通过断路器的短路冲击电流 $i_{imp}^{(3)}$。

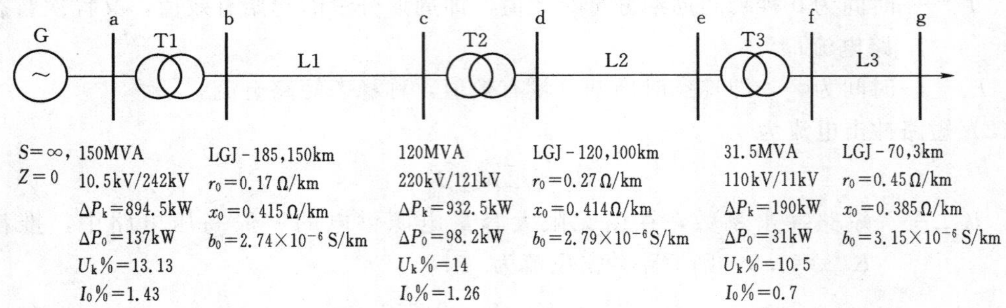


习题图 4.1.1　BW 电力系统接线示意图

2.【基础知识测试】

(1) 何谓无限大容量电源?

(2) 何谓短路?

(3)【填空】电力系统中发生的短路有________、________、________和两相接地短路等四种基本类型。其中，________相短路时三相系统仍然保持对称，称为对称短路，其他各种类型短路发生时，三相系统不再对称，称为不对称短路。

(4)【填空】三相短路的文字表示符号为________，两相短路为________，两相接地短路为________，单相接地短路为________。

(5) 在图 2.1 所示电力系统中，110kV 线路的平均额定电压为 115kV，则短路实用计算中，发电厂升压变压器 T1 的二次侧额定电压应取________kV，T2 一次侧额定电压也应取________kV。

(6) 在习题图 4.1.1 所示 BW 电力系统中，220kV 线路的平均额定电压为 230kV，则短路实用计算中，接在该系统的变压器 T1 二次侧额定电压=________kV，变压器 T2 一次侧额定电压=________kV。

(7) 完善下列各元件电抗标幺值公式：

1) 发电机：$X_{G*B}=X''_{G*N}$—________；

2) 双绕组变压器：$X_{T*B}=\dfrac{U_k\%}{\_\_\_\_\_\_\_\_}$；

3）架空线和电缆线：$X_{*B}=X\frac{S_B}{\_\_\_\_\_\_}$。

3. 如习题图 4.1.2 所示某孤立运行的电力系统接线图。

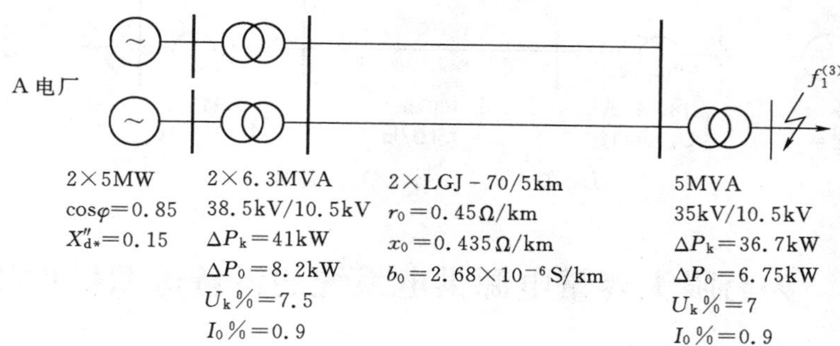


习题图 4.1.2　某孤立运行的电力系统接线图

（1）试画出 $f_1^{(3)}$ 点发生三相短路时的计算电路图。

（2）试画出降压变电所低压母线 $f_1^{(3)}$ 点发生三相短路时的等效电路图（取 $S_B$＝100MVA，$U_B=U_{av}$）。

（3）简化 $f_1^{(3)}$ 点的等效电路，求出 $f_1^{(3)}$ 点发生三相短路时短路回路总电抗 $X_{\Sigma *}$。

4.【基础知识测试】

（1）【选择题】无限大容量电源供电的电路内发生短路时，电源的端电压______。

A. 升高　　　　B. 降低　　　　C. 不变

（2）【填空】短路电流包括周期分量 $i_{pt}$ 和________分量。

（3）【填空】从短路开始至非周期分量衰减完毕之前，这个阶段称为________过程；非周期分量衰减完毕之后进入稳态过程。

（4）【填空】短路冲击电流是指____________值。

（5）【判断题】无限大容量电源供电的电路内发生短路时，任何时刻，短路电流周期分量有效值不变。（　　）

（6）无限大容量电源供电的电路内发生短路时：

短路电流周期分量有效值 $I_{pt*}$ 与短路回路总电抗 $X_{\Sigma *}$ 关系式为：$I_{pt*}$＝______；

短路冲击电流 $i_{imp}$ 与次暂态电流 $I''$ 关系式为：$i_{imp}$＝______。

（7）次暂态电流 $I''$ 是指______时刻的周期分量有效值。

（8）【填空】某计算电路如习题图 4.1.3 所示。$f_1^{(3)}$ 点发生三相短路时（取 $S_B$＝100MVA，$U_B=U_{av}$），绘制等效电路图，最终简化图，并求：

1）电源到短路点之间的短路回路总电抗 $X_{\Sigma *}$＝________。

2）短路点次暂态短路电流标幺值 $I''_*$＝____________。

3）短路点次暂态短路电流有名值 $I''$＝____________kA。

4）短路点冲击电流 $i_{imp}$＝____________kA。

5）通过 220kV 架空线的电流 $I_{pt}=I_{pt*}I_B=I_{pt*}\frac{S_B}{\sqrt{3}U_{av}}$＝______kA。

6）降压变电站主变高压母线的剩余电压 $U_{SY}=U_{SY*}U_B=$ ________ kV。

7）稳态时系统的短路容量 $S_f=$ ________ MVA。

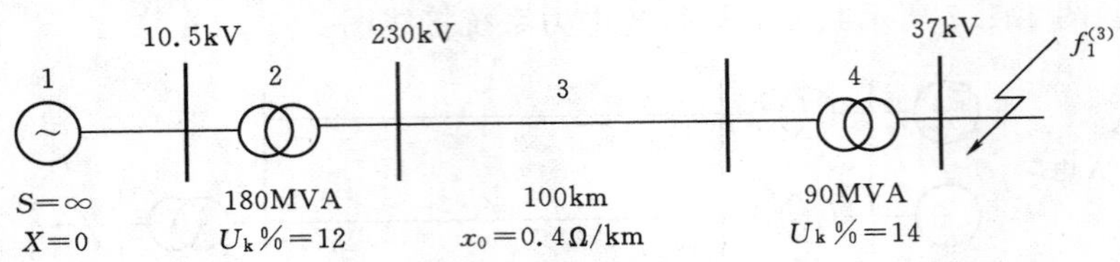


习题图 4.1.3　第（8）题计算图

# 任务 4.2　为有限大容量电源供电系统的设备选型提供校验数据

## 4.2.1　学习目标

掌握有限大容量电源的概念及其供电电路内对称短路的特点、运算曲线概念及应用运算曲线计算有限大容量电源供电电路内对称短路电流的方法，学会用科学的思维方法和扎实的技术功底去解决技术难题。

## 4.2.2　任务提出

在图 2.1 所示 A 电力系统中，为 110kV 降压变电站主变压器 T2 高压回路断路器选型提供短路数据依据。

## 4.2.3　任务分析

与 4.1.3 任务分析相同，此处略。

## 4.2.4　任务实施

1. 步骤一：画出计算电路图

在图 2.1 所示电力系统中，110kV 降压变电站主变压器 T2 高压回路 QF 之后 $f_1^{(3)}$ 点发生三相短路时的计算电路图如图 4.10 所示。

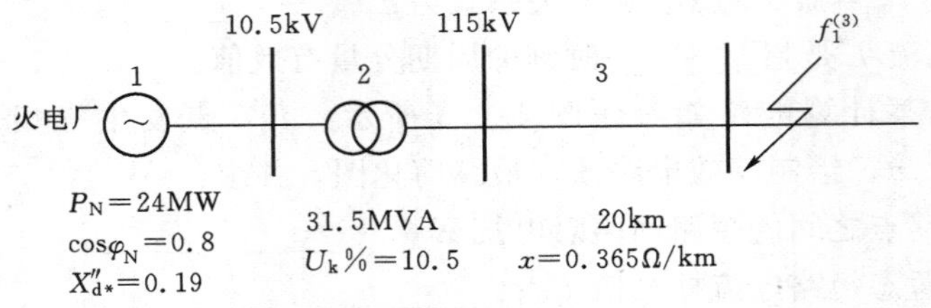


图 4.10　$f_1^{(3)}$ 点的计算电路图

**【知识链接】** 有限大容量电源概念

所谓有限大容量电源，是指短路时，端电压有效值（或幅值）是一个随时间变化的电源。有限大容量电源的容量是一个确定值，并且有一定阻抗。

2. 步骤二：画出等效电路图

选 $S_B=100\text{MVA}$，$U_B=U_{av}$，$f_1^{(3)}$ 点发生三相短路时的等效电路图如图 4.11 所示。

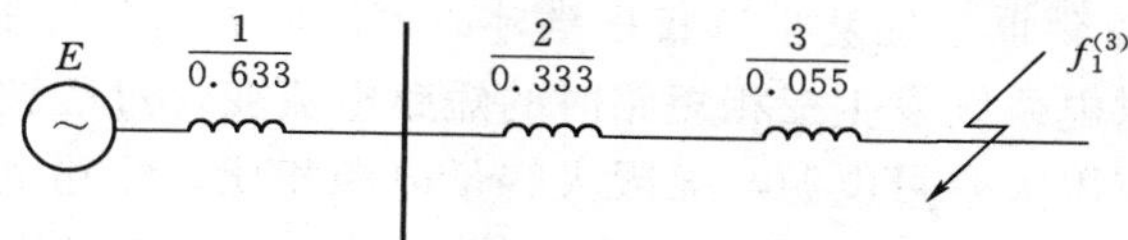


图 4.11　$f_1^{(3)}$ 点的等效电路图

图中各元件电抗标幺值：

发电机 G　　$X_{1*}=X''_{d*}\dfrac{S_B}{S_{GN}}=0.19\times\dfrac{100}{24/0.8}=0.633$

变压器 T1　　$X_{2*}=\dfrac{U_k\%S_B}{100S_{TN}}=\dfrac{10.5\times100}{100\times31.5}=0.333$

架空线 L1　　$X_{3*}=X\dfrac{S_B}{U_{av}^2}=0.365\times20\times\dfrac{100}{115^2}=0.055$

3. 步骤三：简化等效电路图

$f_1^{(3)}$ 点简化等效电路图如图 4.12 所示。图中，

$X_{\Sigma*}=X_{1*}+X_{2*}+X_{3*}=0.633+0.333+0.055=1.021$

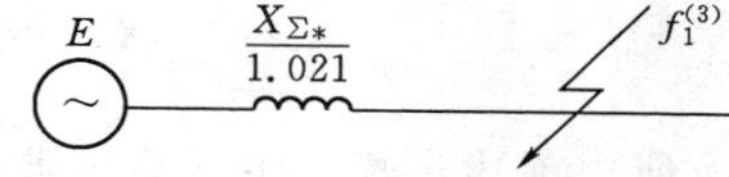


图 4.12　$f_1^{(3)}$ 点简化等效电路图

4. 步骤四：计算各短路电流

(1) 计算通过断路器的次暂态短路电流 $I''$、0.06s 时的短路电流 $I_{0.06}$、2s 时的短路电流 $I_2$、4s 时的短路电流 $I_4$。

1) 将 $X_{\Sigma*}$ 换算为计算电抗 $X_{js*}=X_{\Sigma*}\dfrac{S_{e\Sigma}}{S_B}=1.021\times\dfrac{24/0.8}{100}=0.306$。

2) 由计算电抗 $X_{js*}=0.306$，查运算曲线得

$$I''_*=3.42$$

$$I_{0.06*}=3.23$$

$$I_{2*}=2.35$$

$$I_{4*}=2.35$$

3) 将查出的 $I_{pt*}$ 换算为有名值：

$$I''=I''_*I_{e\Sigma}=I''_*\frac{S_{e\Sigma}}{\sqrt{3}U_{av}}=3.42\times\frac{24/0.8}{\sqrt{3}\times115}=3.42\times0.151=0.516(\text{kA})$$

$$I_{0.06}=I_{0.06*}I_{e\Sigma}=I_{0.06*}\frac{S_{e\Sigma}}{\sqrt{3}U_{av}}=3.23\times0.151=0.488(\text{kA})$$

$$I_2=I_{2*}I_{e\Sigma}=I_{2*}\frac{S_{e\Sigma}}{\sqrt{3}U_{av}}=2.35\times0.151=0.355(\text{kA})$$

$$I_4=I_{4*}I_{e\Sigma}=I_{4*}\frac{S_{e\Sigma}}{\sqrt{3}U_{av}}=2.35\times0.151=0.355(\text{kA})$$

(2) 计算通过断路器的短路冲击电流。

$$i_{imp}=\sqrt{2}K_{imp}I''=\sqrt{2}\times1.8\times0.516=1.313(kA)$$

**【知识链接】**

1. 有限大容量电源供电系统发生三相短路时的短路电流变化过程

有限大容量电源供电系统发生三相短路时的短路电流变化过程波形与无限大容量电源相似，此处主要说明有限大容量电源与无限大容量电源相比，短路电流变化过程的异同。

(1) 相同点：短路全电流仍为 $i_f^{(3)}=i_{pt}^{(3)}+i_{at}^{(3)}$，其中，非周期分量 $i_{at}$ 变化过程不变，仍为衰减分量，此电流也将逐渐衰减到零。

(2) 不同点：有限大容量电源供电时周期分量有效值 $I_{pt}$ 是一个变化值（因电源端电压有效值在整个短路暂态过程中是一个变化值，则由它所决定的短路电流周期分量有效值 $I_{pt}$ 也随之变化，这是与无限大容量电源供电电路内短路的主要区别）。

应该说明：

1) 理论分析与运行实践证明，$I_{pt}$ 的大小与时间 $t$ 和电源类型及电源到短路点之间的电气距离（用计算电抗 $X_{js*}$ 表示）有关。

2) 计算电抗 $X_{js*}$ 的概念。计算电抗 $X_{js*}$ 是短路回路总电抗 $X_{\Sigma}$ 以电源总容量 $S_{e\Sigma}$ 为基准值的电抗标幺值，即

$$X_{js*}=\frac{X_{\Sigma}}{U_{av}^2/S_{e\Sigma}}=\frac{X_{\Sigma*}\dfrac{U_{av}^2}{S_B}}{U_{av}^2/S_{e\Sigma}}=X_{\Sigma*}\frac{S_{e\Sigma}}{S_B} \tag{4.18}$$

所以前述步骤三中，简化求出的以 $S_B$ 为基准容量的短路回路总电抗标幺值 $X_{\Sigma*}$ 与计算电抗 $X_{js*}$ 的换算关系式为

$$X_{js*}=X_{\Sigma*}\frac{S_{e\Sigma}}{S_B} \tag{4.19}$$

2. 周期分量有效值 $I_{pt}$ 的实用计算法——运算曲线法

(1) 运算曲线的概念。有限大容量电源供电系统发生三相短路时的短路电流 $I_{pt}$ 的大小与时间 $t$ 和电源到短路点之间的电气距离（用计算电抗 $X_{js*}$ 表示）有关，即 $I_{pt*}=f(X_{js*}, t)$。表明这种函数关系的曲线就称为运算曲线。

附表Ⅱ为汽轮发电机和水轮发电机的运算曲线查询表。

(2) 运算曲线法的计算思路。用运算曲线法求周期分量有效值 $I_{pt}$，一般可按下述思路进行：

1) 将 $X_{\Sigma*}$ 换算为计算电抗：$X_{js*}=X_{\Sigma*}\dfrac{S_{e\Sigma}}{S_B}$。

2) 由计算电抗 $X_{js*}$，查运算曲线，查出 $t''$ 的 $I_{pt*}$。

3) 将查出的 $I_{pt*}$ 换算为有名值：

$$I_{pt}=I_{pt*}I_{e\Sigma}=I_{pt*}\frac{S_{e\Sigma}}{\sqrt{3}U_{av}}$$

应指出：a. 次暂态短路电流可用公式 $I''_*=\dfrac{1}{X_{\Sigma*}}$ 求取。

b. 当 $X_{js*}\geqslant 3$ 时，可将电源当作 $S_\infty$ 计算，即任何时刻的 $I_{pt*}$ 也可按公式 $I_{pt*}=\dfrac{1}{X_{\Sigma *}}$ 计算。

3. 短路冲击电流的计算

$$i_{imp}=\sqrt{2}K_{imp}I''_{p}$$

冲击系数 $K_{imp}$ 的大小与短路点有关：

（1）短路点在机端时，$K_{imp}=1.9$。

（2）短路点在升高电压母线或发电机出线电抗器后时，$K_{imp}=1.85$。

（3）短路点远离发电厂时，$K_{imp}=1.8$。

### 4.2.5　练习

1. 习题图 4.2.1 所示 BY 电力系统，试为该系统中 220kV 降压变电站主变压器 T2 高、低压回路断路器选型提供下述短路校验数据。

该断路器后发生三相短路时：

（1）通过断路器的次暂态短路电流 $I''^{(3)}{}'$、0.1s 时的短路电流 $I_{0.1}^{(3)}$、1s 时的短路电流 $I_1^{(3)}$、2s 时的短路电流 $I_2^{(3)}$。

（2）短路冲击电流 $i_{imp}^{(3)}$。

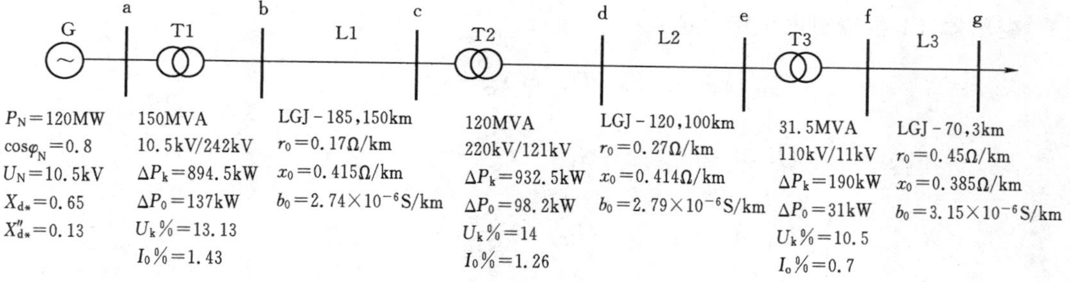


习题图 4.2.1　BY 电力系统接线示意图

2.【基础知识测试】

（1）何谓有限大容量电源？

（2）【选择题】有限大容量电源供电的电路内发生短路时，电源的端电压有效值________。

A. 升高　　B. 降低　　C. 不变　　D. 变化

（3）【选择题】有限大容量电源供电的电路内发生短路时，电源的端电压________。

A. 升高　　B. 降低　　C. 不变　　D. 变化

（4）计算电抗 $X_{js*}$ 是短路回路总电抗 $X_\Sigma$ 以________容量________为基准容量的电抗标幺值。计算电抗 $X_{js*}$ 与短路回路总电抗标幺值 $X_{\Sigma *}$ 的换算关系式为：$X_{js*}=$________。

（5）【判断】有限大容量电源供电的电路内发生短路时，任何时刻，短路电流周期分量有效值不变。（　　）

（6）【填空】某计算电路如习题图 4.2.2 所示，如发电机机端 $f_1^{(3)}$ 点发生三相短路，

取 $S_B=100\text{MVA}$，$U_B=U_{av}$，则

短路回路总电抗标幺值 $X_{\Sigma *}=$__________；

计算电抗 $X_{js*}=$__________；

短路点次暂态电流 $I''=$__________kA，冲击电流 $i_{imp}=$__________kA。

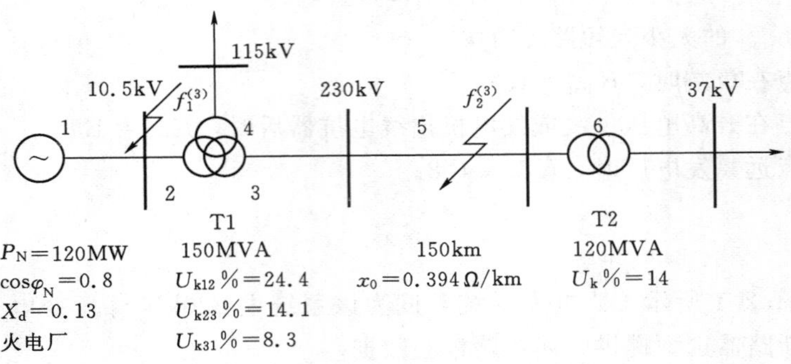


习题图 4.2.2 第（6）、（7）题图

（7）【填空】习题图 4.2.2 中，230kV 线路 50%长度处 $f_2^{(3)}$ 点发生三相短路，取$S_B=100\text{MVA}$，$U_B=U_{av}$，则

发电机电抗标幺值 $X_{1*}=$__________。

变压器 T1 各绕组电抗标幺值：

$$X_{2*}=X_{\text{Ⅲ}*}=\frac{1}{200}(U_{k13}\%+U_{k23}\%-U_{k12}\%)\frac{S_B}{S_{TN}}=\_\_\_\_\_\_\_\_\_\_。$$

$$X_{3*}=X_{\text{Ⅱ}*}=\frac{1}{200}(U_{12}\%+U_{k23}\%-U_{k31}\%)\frac{S_B}{S_{TN}}=\_\_\_\_\_\_\_\_\_\_。$$

$$X_{4*}=X_{\text{Ⅰ}*}=\frac{1}{200}(U_{12}\%+U_{k31}\%-U_{k23}\%)\frac{S_B}{S_{TN}}=\_\_\_\_\_\_\_\_\_\_。$$

230kV 线路 50%长度标幺值 $X_{5*}=$__________。

短路回路总电抗标幺值 $X_{\Sigma *}=$__________。

计算电抗 $X_{js*}=$__________。

短路点次暂态电流 $I''=$__________kA，冲击电流 $i_{imp}^{(3)}=$__________kA。

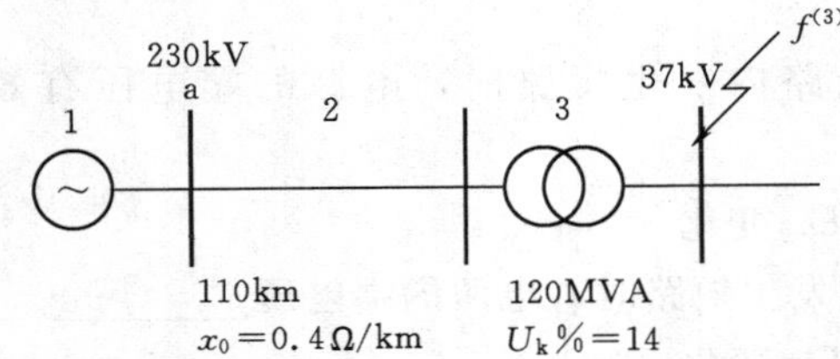


习题图 4.2.3 第（8）题电力系统图

（8）【填空】在习题图 4.2.3 电力系统中，系统电源容量 $S_{e\Sigma}=1000\text{MVA}$，如已知系统 230kV 母线 a 发生三相短路时，流到母线 a 的短路电流 $I''^{(3)}_a=1256.3\text{A}$，取 $S_B=100\text{MVA}$，$U_B=U_{av}$，则

1）系统内电抗标幺值 $X_{1*}=$__________。

2）降压变电站低压母线 $f^{(3)}$ 点发生三相短路时，则流到短路点的短路电流 $I''^{(3)}=$__________。

# 任务 4.3　为多电源供电系统的设备选型提供校验数据

## 4.3.1　学习目标

掌握多电源供电电路内对称短路计算方法，学会用个别变化法计算实际电网中多电源供电系统的短路电流。

## 4.3.2　任务提出

图 2.1 所示 A 简单电力系统中，随着负荷的增长及负荷对可靠性要求的提高，今拟新建一水电厂，新建的水电厂经过一回 110kV 线路与 110kV 降压变电站高压母线相连而接入原 A 系统，形成了图 4.13 所示 AD 多电源系统。请重新为该多电源电力系统 110kV 降压变电站主变压器 T2 高压回路断路器选型提供短路数据依据。

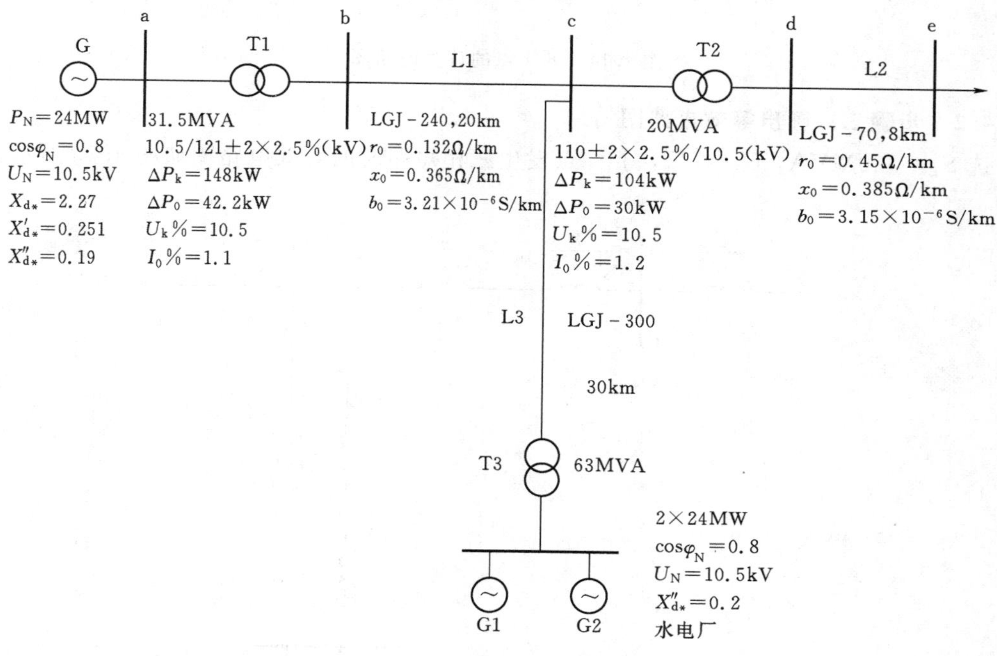

图 4.13　AD 多电源系统图

## 4.3.3　任务分析

与 4.1.3 任务分析同，此处省略。

## 4.3.4　任务实施

### 4.3.4.1　步骤一：画出计算电路图

主变压器 T2 高压回路断路器之后 $f_1^{(3)}$ 点发生三相短路时的计算电路图如图 4.14 所示。

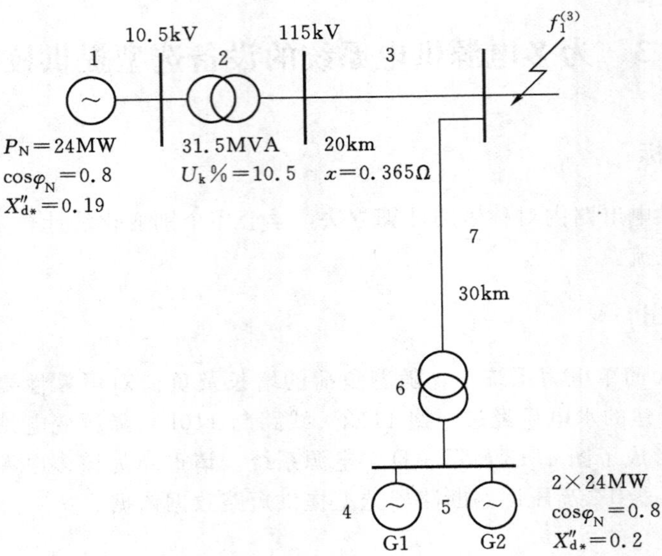

图 4.14　$f_1^{(3)}$ 点的计算电路图

#### 4.3.4.2　步骤二：画出等效电路图

选 $S_B=100$MVA，$U_B=U_{av}$，$f_1^{(3)}$ 点发生三相短路时的等效电路图如图 4.15 所示。

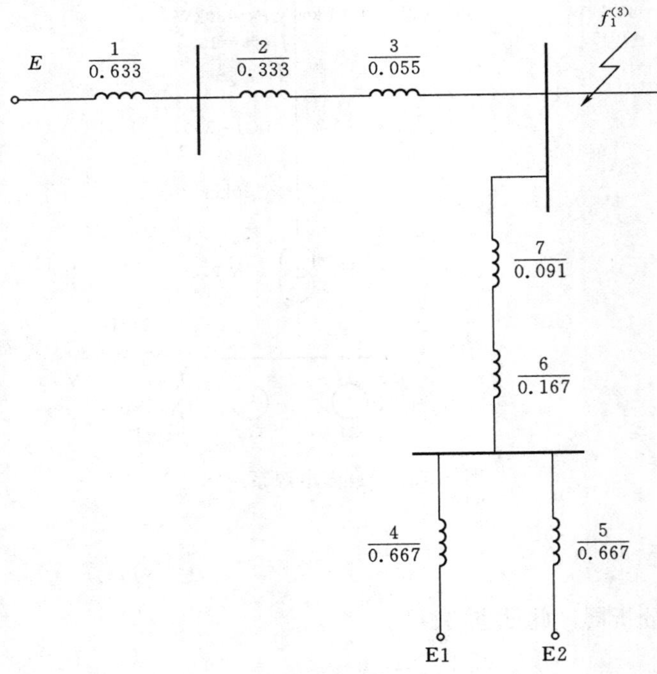

图 4.15　$f_1^{(3)}$ 点的等效电路图

图 4.15 中各元件电抗标幺值：

发电机 G　　$X_{1*}=X''_{d*}\dfrac{S_B}{S_{GN}}=0.19\times\dfrac{100}{24/0.8}=0.633$

变压器 T1　　$X_{2*}=\dfrac{U_k\%S_B}{100S_{TN}}=\dfrac{10.5\times100}{100\times31.5}=0.333$

架空线 L1　　$X_{3*}=X\dfrac{S_B}{U_{av}^2}=0.365\times20\times\dfrac{100}{115^2}=0.055$

发电机 G1、G2　$X_{4*}=X_{5*}=X''_{d*}\times\dfrac{S_B}{S_{GN}}=0.2\times\dfrac{100}{24/0.8}=0.667$

变压器 T3　　$X_{6*}=\dfrac{U_k\%S_B}{100S_{TN}}=\dfrac{10.5\times100}{100\times63}=0.167$

架空线 L3　　$X_{7*}=X\dfrac{S_B}{U_{av}^2}=0.4\times30\times\dfrac{100}{115^2}=0.091$

#### 4.3.4.3　步骤三：简化等效电路图

$f_1^{(3)}$ 点的简化等效电路图如图 4.16 所示。图中，

$$X_8=X_1+X_2+X_3=1.021$$

$$X_9=\frac{X_4X_5}{X_4+X_5}+(X_6+X_7)=\frac{0.667}{2}+(0.167+0.091)$$
$$=0.592$$

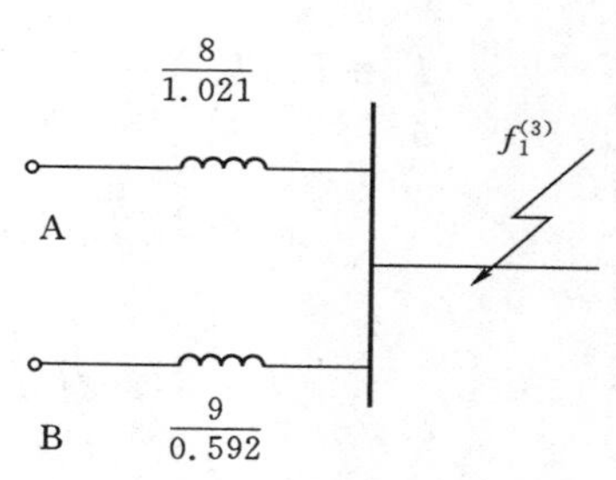


图 4.16　$f_1^{(3)}$ 点的简化等效电路图

**【知识链接】**

多电源系统短路电流的计算方法有同一变化法和个别变化法有两种。同一变化法是忽略发电机类型、参数及到短路点的电气距离对周期分量的影响，认为各发电机所供的短路电流周期分量的变化规律完全相同，而将所有发电机合并为一个等效发电机，查同一运算曲线，决定短路电流周期分量 $I_{pt*}$ 的方法，其计算结果误差较大。下面仅学习工程上常用的个别变化法。

1. 个别变化法概念

个别变化法是考虑了发电机类型、参数及到短路点的电气距离对周期分量影响的区别的一种计算方法。个别变化法将全网电源分为几组，每组用一个等值发电机代替（该等值发电机的容量为各有限容量电源的总容量 $S_{e\Sigma}$，电抗为各有限容量电源的总电抗），然后对每一等效发电机用同一运算曲线，分别求出所供的短路电流周期分量有效值 $I_{pt}$，则短路点总的短路电流等于各等效发电机所供的短路电流之和。

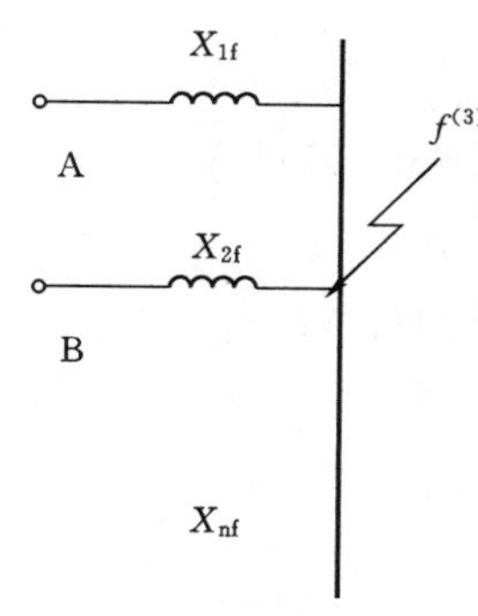


图 4.17　个别变化法简化目标图

2. 个别变化法简化目标

个别变化法简化目标图如图 4.17 所示。

3. 个别变化法简化方法及思路

(1) 将发电机分组：①直接接于短路点的为一组；②与短路点距离相近的同类型发电机为一组；③无限大容量电源单独为一组；④距离短路点较远的同类型或不同类型的发电机为

一组。

（2）逐步简化电路，最终形成一个以短路点为中心的辐射形电路，即各电源仅经一个电抗（称为转移电抗）与短路点相连（图 4.17）。

#### 4.3.4.4　步骤四：计算各短路电流

1. 先分别计算各组电源提供的短路电流

（1）A 组电源（火电厂 G）提供的短路电流计算。

1）计算电抗　$X_{jsG}=X_8\dfrac{S_{e\Sigma A}}{S_B}=1.021\times\dfrac{24/0.8}{100}=0.306$

2）由计算电抗　$X_{jsG}=0.306$，查运算曲线得

$$I''_*=3.42,\ I_{0.06*}=3.23,\ I_{2*}=2.35,\ I_{4*}=2.35$$

3）将查出的 $I_{pt*}$ 换算为有名值：

$$I''_A=I''_{*A}I_{e\Sigma A}=I''_*\frac{S_{e\Sigma A}}{\sqrt{3}U_{av}}=3.42\times\frac{24/0.8}{\sqrt{3}\times115}=3.42\times0.151=0.516(\text{kA})$$

$$I_{0.06A}=I_{0.06*A}I_{e\Sigma A}=I_{0.06*A}\frac{S_{e\Sigma A}}{\sqrt{3}U_{av}}=3.23\times0.151=0.488(\text{kA})$$

$$I_{2A}=I_{2*A}I_{e\Sigma A}=I_{2*A}\frac{S_{e\Sigma A}}{\sqrt{3}U_{av}}=2.35\times0.151=0.355(\text{kA})$$

$$I_{4A}=I_{4*A}I_{e\Sigma A}=I_{4*A}\frac{S_{e\Sigma A}}{\sqrt{3}U_{av}}=2.35\times0.151=0.355(\text{kA})$$

4）短路冲击电流为

$$i_{impA}=\sqrt{2}\times K_{imp}\times I''_A=\sqrt{2}\times1.8\times0.516=1.313(\text{kA})$$

（2）B 组电源（水电厂 G1、G2）提供的短路电流计算。

1）计算电抗　$X_{jsB}=X_9\dfrac{S_{e\Sigma B}}{S_B}=0.592\times\dfrac{2\times24/0.8}{100}=0.355$

2）由计算电抗 $X_{jsB}=0.355$，查运算曲线，得

$$I''_{*B}=3.15,\ I_{0.06*B}=2.75,\ I_{2*}=2.68,\ I_{4*}=2.86$$

3）将查出的 $I_{pt*}$ 换算为有名值：

$$I''_B=I''_{*B}I_{e\Sigma}=I''_{*B}\frac{S_{e\Sigma}}{\sqrt{3}U_{av}}=3.15\times\frac{2\times24/0.8}{\sqrt{3}\times115}=3.15\times0.302=0.951(\text{kA})$$

$$I_{0.06B}=I_{0.06*B}I_{e\Sigma B}=I_{0.06*B}\frac{S_{e\Sigma B}}{\sqrt{3}U_{av}}=2.75\times0.302=0.831(\text{kA})$$

$$I_{2B}=I_{2*B}I_{e\Sigma B}=I_{2*B}\frac{S_{e\Sigma B}}{\sqrt{3}U_{av}}=2.68\times0.302=0.810(\text{kA})$$

$$I_{4B}=I_{4*B}I_{e\Sigma B}=I_{4*B}\frac{S_{e\Sigma B}}{\sqrt{3}U_{av}}=2.86\times0.302=0.864(\text{kA})$$

4）短路冲击电流为

$$i_{impB}=\sqrt{2}K_{imp}I''_B=\sqrt{2}\times1.8\times0.951=2.425(kA)$$

2. 求出短路点（通过待选断路器）各短路电流有名值（叠加各电源提供的短路电流即可）

$$I''=I''_A+I''_B=0.516+0.951=1.467(kA)$$

$$I_{0.06}=I_{0.06A}+I_{0.06B}=0.488+0.831=1.319(kA)$$

$$I_2=I_{2A}+I_{2B}=0.355+0.810=1.165(kA)$$

$$I_4=I_{4A}+I_{4B}=0.355+0.864=1.219(kA)$$

$$i_{imp}=i_{impA}+i_{impB}=1.313+2.425=3.738(kA)$$

短路电流计算结果见表 4.2。

**表 4.2　　110kV 降压变电所短路电流计算结果表**

| 短路点编号 | 支路名称 | 0s 短路电流周期分量有名值 $I''$/kA | 0.06s 短路电流周期分量有名值 $I_{0.06}$/kA | 2s 短路电流有名值 $I_2$/kA | 4s 稳态短路电流有名值 $I_4$/kA | 短路冲击电流 $i_{imp}$/kA |
|---|---|---|---|---|---|---|
| 主变 T2 高压回路 QF 后 $f_1^{(3)}$ 点 | 火电厂 | 0.516 | 0.488 | 0.355 | 0.355 | 1.313 |
| | 水电厂 | 0.951 | 0.831 | 0.81 | 0.864 | 2.425 |
| | 合计 | 1.467 | 1.319 | 1.165 | 1.219 | 3.738 |

**【知识链接】**

在简化形成一个以短路点为中心的辐射形电路之后，其计算可按下述思路进行：

（1）按单一电源方法，分别求出各组等值电源支路提供的短路电流。

（2）叠加各组等值电源提供的短路电流，求出短路点总短路电流，其中：

1）周期分量有效值——$t$ 时刻短路点的短路电流周期分量为

$$I_{pt}=I_{pt1}+I_{pt2}+\cdots$$

2）冲击电流为

$$i_{imp}=i_{imp1}+i_{imp2}+\cdots$$

## 4.3.5　练习

1. 习题图 4.3.1 所示 BD 电力系统，试为该系统中 220kV 降压变电站主变压器 T2 高、低压回路断路器选型提供下述短路校验数据。

该断路器后发生三相短路时：

（1）通过断路器的次暂态短路电流 $I''^{(3)\prime}$、0.1s 时的短路电流 $I_{0.1}^{(3)}$、1s 时的短路电流 $I_1^{(3)}$、2s 时的短路电流 $I_2^{(3)}$。

（2）短路冲击电流 $i_{imp}^{(3)}$。

2. 习题图 4.3.1 所示 BD 多电源电力系统，试分别求出主变压器 T2 高、低压回路断

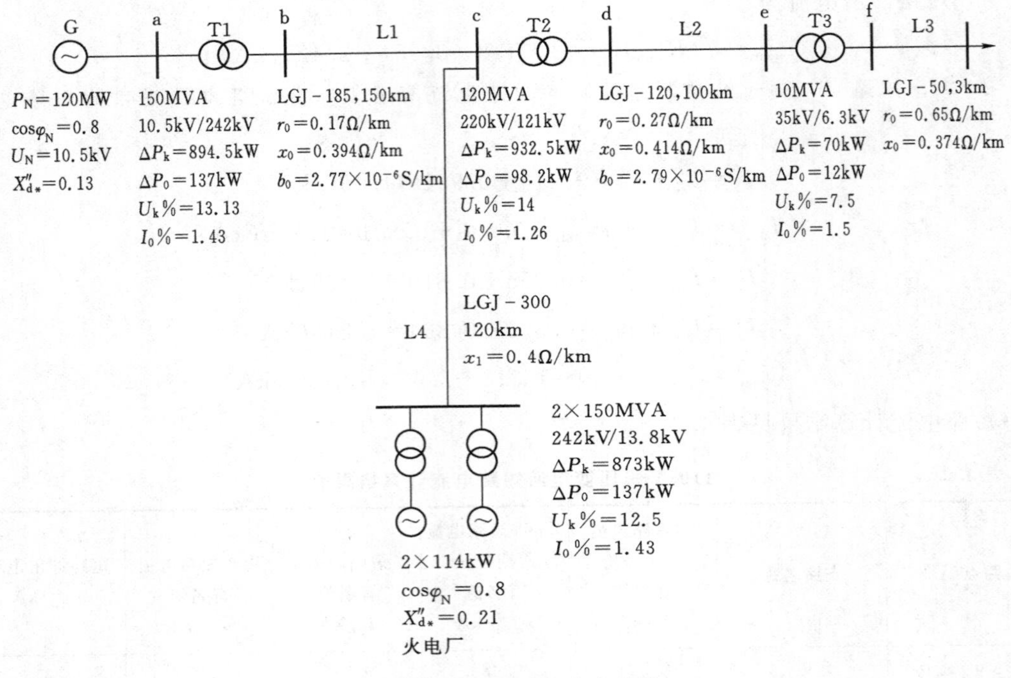


习题图 4.3.1　BD 电力系统

路器后发生三相短路时，0s 时：

1）水电厂 110kV 高压母线的剩余电压（提示：$U_{SY水}=U_{SY水*}U_B=$__________ kV）。

2）火电厂 110kV 高压母线的剩余电压。

## 任务 4.4　利用电力软件 PWS 进行对称短路计算

### 4.4.1　学习目标

掌握应用 PWS 软件计算三相对称短路的方法，学会理论联系实际，利用 PWS 软件解决工程实际问题。

### 4.4.2　任务提出

图 2.1 所示 A 简单电力系统中，随着负荷的增长及负荷对可靠性要求的提高，今拟新建一水电厂，新建的水电厂经过一回 110kV 线路与 110kV 降压变电站高压母线相连而接入原系统，以形成图 4.13 所示 AD 多电源系统。请为新建的水电厂设计提供原 A 系统参数。

### 4.4.3　任务分析

图 2.1 所示 A 简单电力系统中，随着负荷的增长及负荷对可靠性要求的提高，今拟新建一水电厂，新建的水电厂经过一回 110kV 线路与变电站 T2 高压母线相连而接入原系

统（见图 4.13 AD 多电源系统）。为进行新建水电站的电气设计，今需要原 A 系统（接入变电站主变压器 T2）高压母线 c 发生三相对称短路时流到短路点的次暂态短路电流。实际工程中，该电流一般利用软件通过计算机计算提供。

## 4.4.4　任务实施

1. 步骤一

在搭建的图 2.1 所示电力系统大运行方式下的 PWS 模型，潮流计算收敛，电压调整合格。

2. 步骤二

按下列程序操作，在编辑模式下增补输入三相短路计算所需参数。

（1）单击编辑模式。

（2）单击发电机图标，打开其信息对话框后单击短路参数选项（图 4.18），在图 4.18 箭头所示位置增补输入发电机正序电抗 $X_{1*}=0.633$。

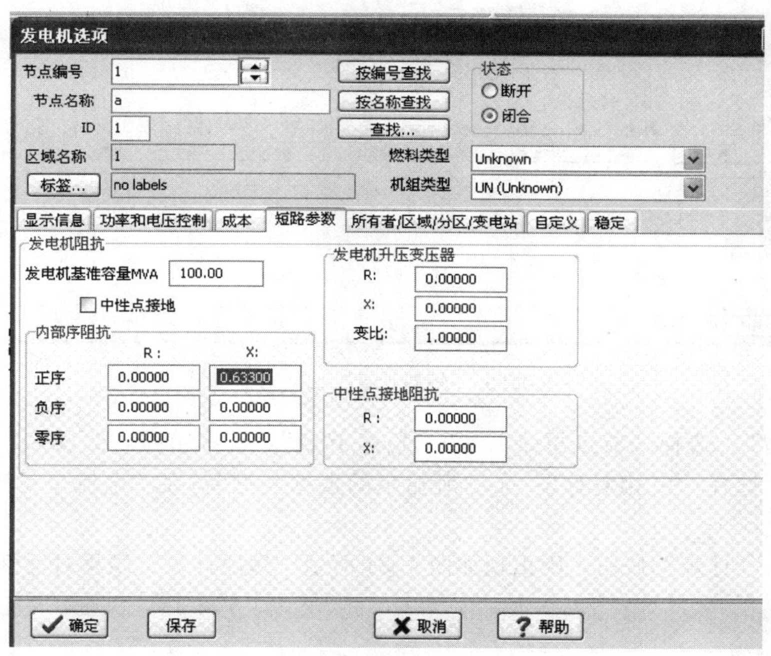


图 4.18　增补输入发电机正序电抗 $X_{1*}=0.633$ 示意图

（3）单击“确定”按钮后，屏幕上将出现如图 4.19 所示潮流计算模型界面。

3. 步骤三

按下述步骤进行降压变电站 T2 变压器高压母线 c 三相短路计算：

（1）依次单击运行“模式→工具→求解”，再次确认潮流计算收敛，电压合格。

（2）单击短路计算按钮「短路计算...」，屏幕将出现如图 4.20 所示“短路计算”选项对话框。

（3）按箭头指示，选择短路的位置、节点、类型及所显示的数据类型。其中：

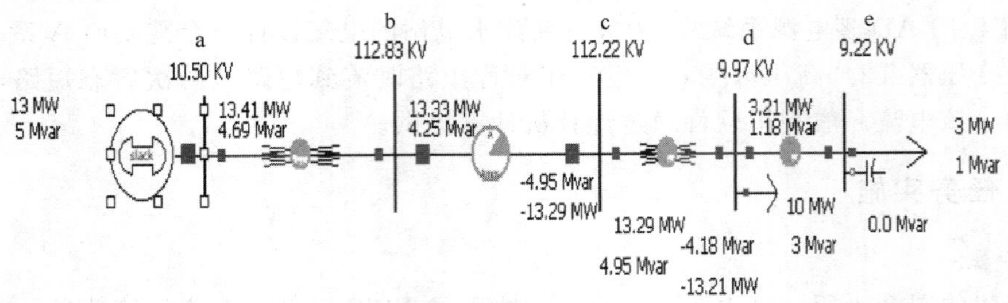


图 4.19　潮流计算结果模型界面

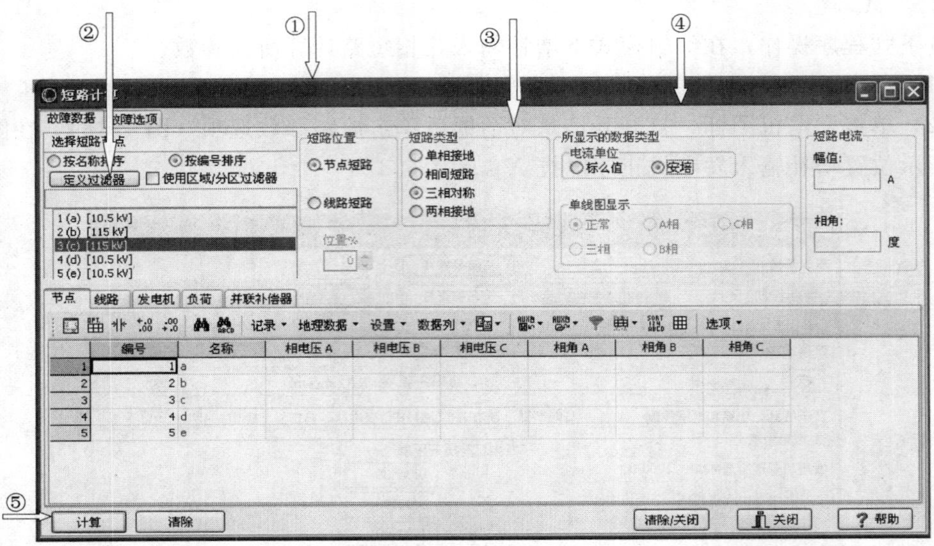


图 4.20　“短路计算”选项对话框

①“短路位置”，选择“节点短路”；②“短路节点”，选择节点“3（c）[115kV]”；③“短路类型”，选择“三相对称”；④“所显示的数据类型”，在“电流单位”选项中选择“安培”。

（4）单击“计算”按钮，则出现如图 4.21 所示“短路计算”结果对话框。

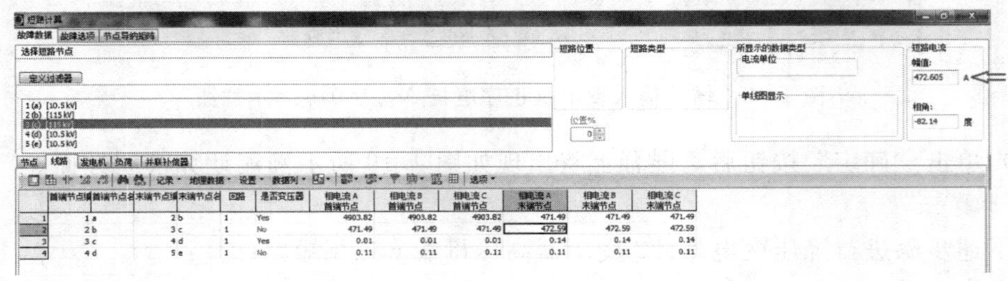


图 4.21　“短路计算”结果对话框

（5）读取所需短路计算结果。如图 4.21 箭头所示，读取并记录流到短路点母线 c 的短路电流 $I''^{(3)}_{c}$ ＝490.815A。

### 4.4.5　练习

1. 计算习题图 4.2.1 所示 BY 电力系统母线 c 发生三相对称短路时，流到短路点的短路电流 $I''^{(3)}_{c}$ 。

2.【思考与训练】

(1) 试比较手算与机算习题图 4.2.1 所示 BY 电力系统母线 c 发生三相对称短路时，流到短路点的短路电流 $I''^{(3)}_{c}$ 结果相同吗？如有不同，试分析其原因。

(2) 计算习题图 4.2.1 所示 BY 电力系统母线 c 发生三相对称短路时，如需要的计算结果是标幺值 $I''^{(3)}_{c*}$ ，如何操作？读取流到短路点的短路电流标幺值 $I''^{(3)}_{c*}$ 。

(3) 计算习题图 4.2.1 所示 BY 电力系统母线 c 发生三相对称短路时，如需要的计算结果是支路电流（如 bc 线）、母线（节点）电压，怎么办？试读取母线 b 电压 $U''^{(3)}_{b}$ = ________ kV。

(4) 计算习题图 4.2.1 所示 BY 电力系统 a、b、c、d、e、f 等各母线发生三相对称短路时，流到短路点的短路电流 $I''^{(3)}_{c*}$ 、$I''^{(3)}_{c}$ 。并列出短路计算结果表，以供新站或新用户入网设计备用。

## 任务 4.5　在 PWS 软件中应用运算曲线计算短路电流值

### 4.5.1　学习目标

掌握在 PWS 软件中应用运算曲线计算短路电流值的方法，学会理论联系实际，利用电力系统仿真软件解决工程实际问题。

### 4.5.2　任务提出

在 PWS 软件中应用运算曲线计算图 4.13 中 AD 多电源系统发生短路后任一时刻的短路电流值。

### 4.5.3　任务分析

实际工程中，任一时刻的短路电流值一般利用软件通过机算提供。

### 4.5.4　任务实施

工程上常需要计算短路发生后任一时刻的短路电流值，下面以图 4.13 中 AD 多电源系统图为例，简要介绍在 PWS 软件中应用运算曲线计算短路发生后任一时刻的短路电流值计算方法及步骤。

首先，对图 4.13 实施 PWS 建模，潮流计算收敛如图 4.22 所示。

之后，参照任务 4.4，在任务实施的“步骤三”中，点击“短路计算”，可以看到短路计算页面中新增了一个标签页“节点导纳矩阵”，如图 4.23 所示，单击“节点导纳矩阵”标签，将弹出如图 4.24 所示节点导纳矩阵，该标签页即提供了整个电网的节点导纳

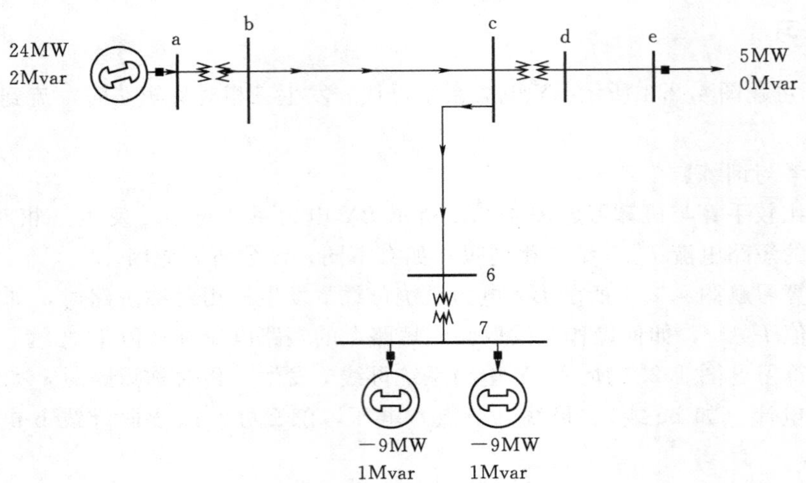


图 4.22　AD 多电源系统潮流计算收敛情形

矩阵，可通过在该页表格处的任一位置单击右键，选择“复制/粘贴/发送→全部发送到 Excel”，将节点导纳矩阵导出成 Excel 表格，如图 4.25 所示。导出后，可利用基于 VBA（Visual Basic for Applications）的短路电流程序查询短路发生后任一时刻的短路电流值。

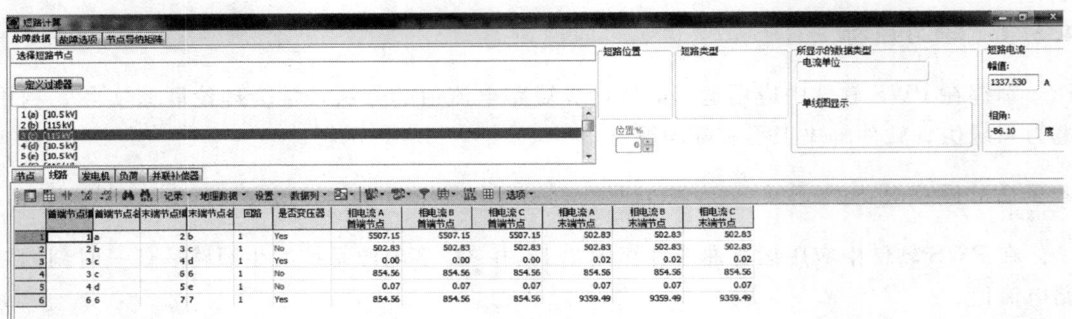


|  | 首端节点编 | 首端节点名 | 末端节点编 | 末端节点名 | 回路 | 是否变压器 | 相电流 A 首端节点 | 相电流 B 首端节点 | 相电流 C 首端节点 | 相电流 A 末端节点 | 相电流 B 末端节点 | 相电流 C 末端节点 |
|---|---|---|---|---|---|---|---|---|---|---|---|---|
| 1 | 1 | a | 2 | b | 1 | Yes | 5507.15 | 5507.15 | 5507.15 | 502.83 | 502.83 | 502.83 |
| 2 | 2 | b | 3 | c | 1 | No | 502.83 | 502.83 | 502.83 | 502.83 | 502.83 | 502.83 |
| 3 | 3 | c | 4 | d | 1 | Yes | 0.00 | 0.00 | 0.00 | 0.02 | 0.02 | 0.02 |
| 4 | 3 | c | 6 | 6 | 1 | No | 854.56 | 854.56 | 854.56 | 854.56 | 854.56 | 854.56 |
| 5 | 4 | d | 5 | e | 1 | No | 0.07 | 0.07 | 0.07 | 0.07 | 0.07 | 0.07 |
| 6 | 6 | 6 | 7 | 7 | 1 | Yes | 854.56 | 854.56 | 854.56 | 9359.49 | 9359.49 | 9359.49 |

图 4.23　AD 多电源系统“短路计算”结果

短路计算

故障数据　故障选项　节点导纳矩阵

正序　负序　零序

|  | 编号 | 名称 | 节点 1 | 节点 2 | 节点 3 | 节点 4 | 节点 5 | 节点 6 | 节点 7 |
|---|---|---|---|---|---|---|---|---|---|
| 1 | 1 | a | 0.00 -j4.58 | 0.00 +j3.00 |  |  |  |  |  |
| 2 | 2 | b | 0.00 +j3.00 | 0.00 -j21.18 | 0.00 +j18.18 |  |  |  |  |
| 3 | 3 | c |  | 0.00 +j18.18 | 0.00 -j35.16 | 0.00 +j5.99 |  | 0.00 +j10.99 |  |
| 4 | 4 | d |  |  | 0.00 +j5.99 | 0.01 -j339.32 | -0.01 +j333.33 |  |  |
| 5 | 5 | e |  |  |  | -0.01 +j333.33 | 0.06 -j333.33 |  |  |
| 6 | 6 | 6 |  |  | 0.00 +j10.99 |  |  | 0.00 -j16.98 | 0.00 +j5.99 |
| 7 | 7 | 7 |  |  |  |  |  | 0.00 +j5.99 | 0.00 -j8.99 |

图 4.24　“节点导纳矩阵”对话框

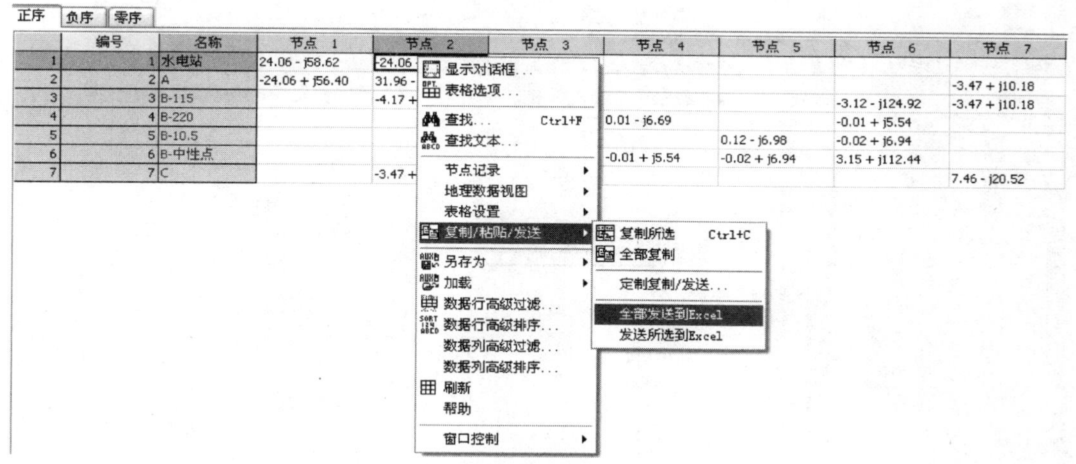


图 4.25　将节点导纳矩阵导出成 Excel 表格

基于 VBA 的短路电流自动查询程序的操作流程如图 4.26 所示。

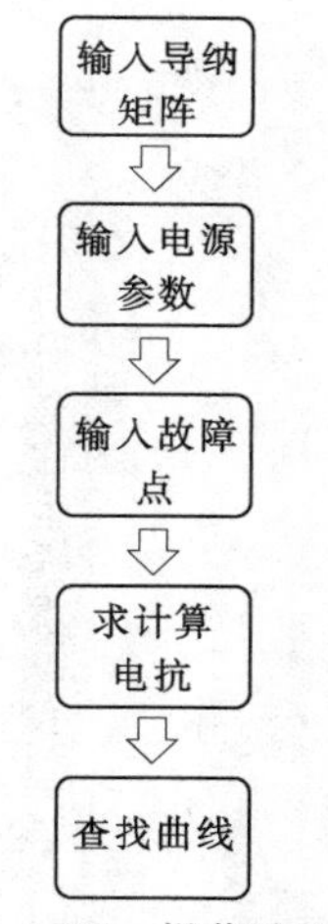


图 4.26　操作流程

1）输入导纳矩阵：基于 VBA 的短路电流自动查询程序的数据来源来自于 PWS 提供的导纳矩阵，PWS 提供的导纳矩阵以 Excel 的格式存储，将保存的数据直接粘贴到“输入导纳矩阵”工作表里面，如图 4.27 所示。

在将表格粘贴到导纳矩阵的工作表里面要注意每一个节点要和 PWS 建模的节点一一对应。

输入电源参数：在“输入电源参数”工作表里面将与 PWS 建模的各电源点相对应的电源电抗（标幺值）、电源容量、电源类型都要正确输入。在输入电源类型的时候，“1”表示汽轮机，“0”表示水轮机，如图 4.28 所示。

2）查找表：将所有的参数都输入完后，回到“查找表”的工作表里，在“查找表”里面的“输入故障点”处将故障点输入，最后点击“输入完毕”完成了查找曲线的所有数据输入。依次点“计算电抗→查找曲线”，在“查找表”的工作表里的左半部分能够看到各电源点的计算电抗值，中间部分显示的是各时刻短路电流的标幺值，如图 4.29 所示。

如需要进行有效值的计算，可以在“查找表”的“输入参数”栏里将“额定电压”“基准容量”输入再点击“有效值计算”，最终在查找表的最右边显示的就是各时刻短路电流的有名值，如图 4.30 所示。

完成短路电流查询后，可以点击“清除结果”，重新输入需要的时刻进行下一段的查询。

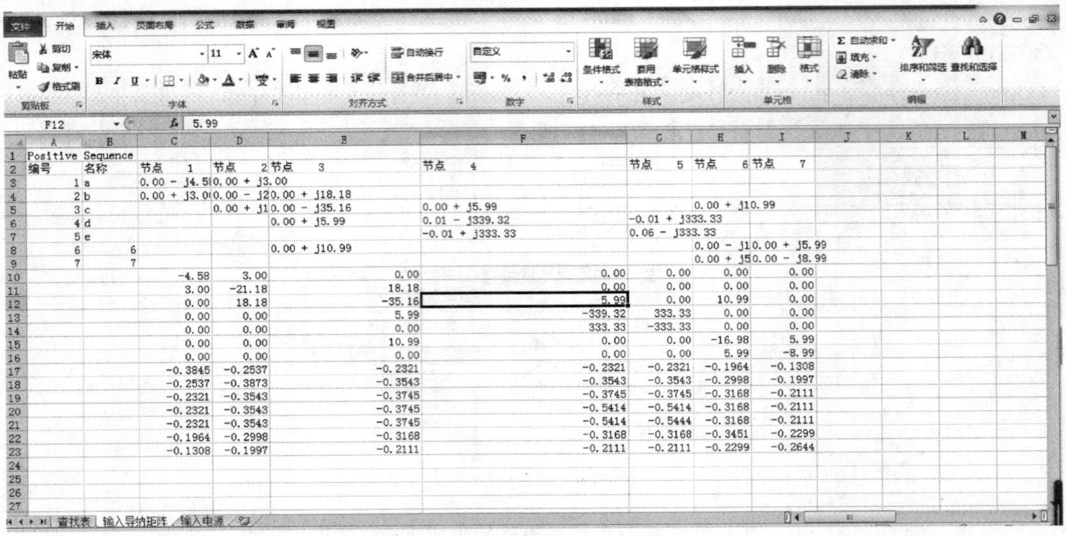

| | A | B | C | D | E | F | G | H | I |
|---|---|---|---|---|---|---|---|---|---|
| 1 | Positive Sequence | | | | | | | | |
| 2 | 编号 | 名称 | 节点　1 | 节点　2 | 节点　3 | 节点　4 | 节点　5 | 节点　6 | 节点　7 |
| 3 | 1 | a | 0.00 - j4.5 | 0.00 + j3.00 | | | | | |
| 4 | 2 | b | 0.00 + j3.0 | 0.00 - j2 | 0.00 + j18.18 | | | | |
| 5 | 3 | c | | 0.00 + j1 | 0.00 - j35.16 | 0.00 + j5.99 | | 0.00 + j10.99 | |
| 6 | 4 | d | | | 0.00 + j5.99 | 0.01 - j339.32 | -0.01 + j333.33 | | |
| 7 | 5 | e | | | | -0.01 + j333.33 | 0.06 - j333.33 | | |
| 8 | 6 | 6 | | | 0.00 + j10.99 | | | 0.00 - j1 | 0.00 + j5.99 |
| 9 | 7 | 7 | | | | | | 0.00 + j5 | 0.00 - j8.99 |
| 10 | | | -4.58 | 3.00 | 0.00 | 0.00 | 0.00 | 0.00 | 0.00 |
| 11 | | | 3.00 | -21.18 | 18.18 | 0.00 | 0.00 | 0.00 | 0.00 |
| 12 | | | 0.00 | 18.18 | -35.16 | 5.99 | 0.00 | 10.99 | 0.00 |
| 13 | | | 0.00 | 0.00 | 5.99 | -339.32 | 333.33 | 0.00 | 0.00 |
| 14 | | | 0.00 | 0.00 | 0.00 | 333.33 | -333.33 | 0.00 | 0.00 |
| 15 | | | 0.00 | 0.00 | 10.99 | 0.00 | 0.00 | -16.98 | 5.99 |
| 16 | | | 0.00 | 0.00 | 0.00 | 0.00 | 0.00 | 5.99 | -8.99 |
| 17 | | | -0.3845 | -0.2537 | -0.2321 | -0.2321 | -0.2321 | -0.1964 | -0.1308 |
| 18 | | | -0.2537 | -0.3873 | -0.3543 | -0.3543 | -0.3543 | -0.2998 | -0.1997 |
| 19 | | | -0.2321 | -0.3543 | -0.3745 | -0.3745 | -0.3745 | -0.3168 | -0.2111 |
| 20 | | | -0.2321 | -0.3543 | -0.3745 | -0.5414 | -0.5414 | -0.3168 | -0.2111 |
| 21 | | | -0.2321 | -0.3543 | -0.3745 | -0.5414 | -0.5444 | -0.3168 | -0.2111 |
| 22 | | | -0.1964 | -0.2998 | -0.3168 | -0.3168 | -0.3168 | -0.3451 | -0.2299 |
| 23 | | | -0.1308 | -0.1997 | -0.2111 | -0.2111 | -0.2111 | -0.2299 | -0.2644 |

查找表 | 输入导纳矩阵 | 输入电源

图 4.27 “输入导纳矩阵”工作表

| | A | B | C | D |
|---|---|---|---|---|
| 1 | 电源点 | 电源电抗（标幺值） | 电源容量（MVA） | 电源类型（0或1） |
| 2 | 1 | 0.633 | 30 | 1 |
| 3 | 7 | 0.667 | 30 | 0 |
| 4 | 7 | 0.667 | 30 | 0 |

查找表 | 输入导纳矩阵 | 输入电源

图 4.28 输入电源参数

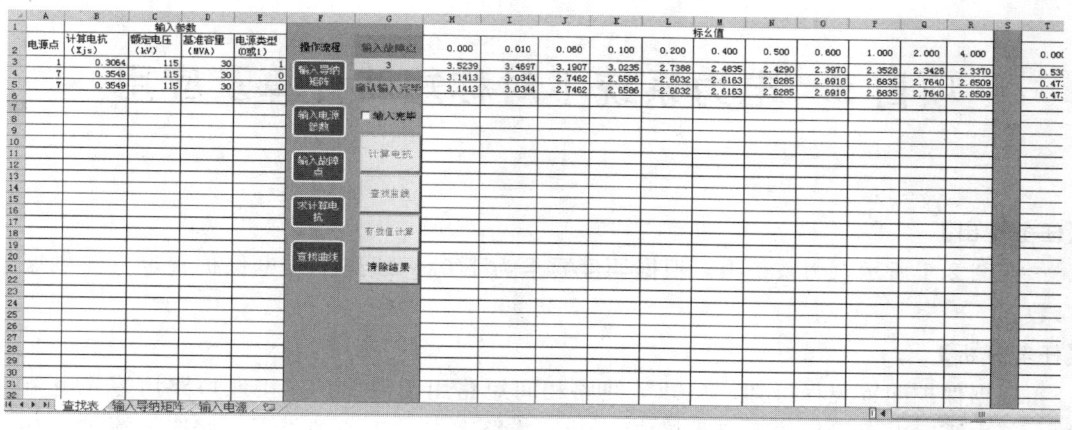

图 4.29　“查找表”工作表

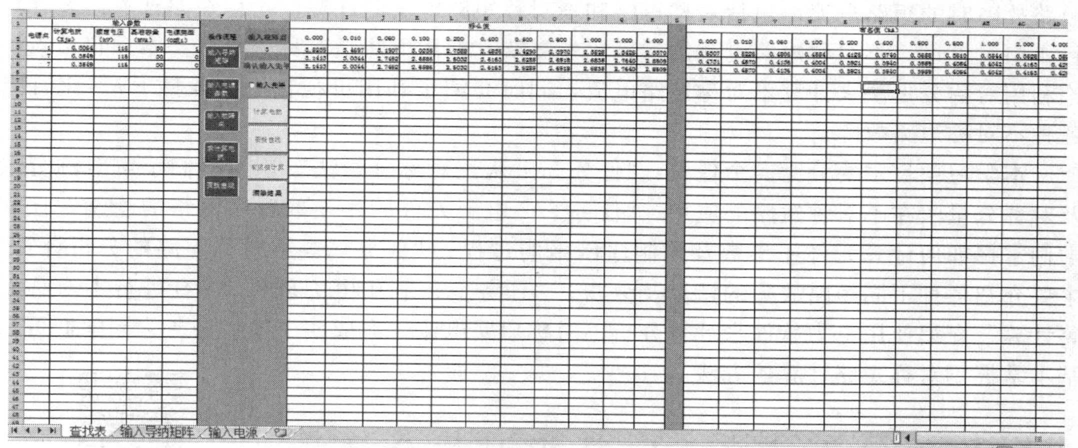

图 4.30　有名值计算

# 项目5　电力系统不对称短路计算及应用

**【任务提出】**

在图 2.1 所示电力系统中，根据调度要求为 110kV 线路下继电保护整定值提供短路参数。

**【任务分析】**

根据保护配置规程可知，110kV 线路相间短路用距离保护，接地短路用零序电流保护。其中零序电流保护的整定需提供 110kV 线路末端发生各种类型短路时，流过 110kV 线路首端（即保护安装处）的零序电流。完成该项工作的最主要的一个内容就是计算不同短路故障时的短路电流，包括对称短路和不对称短路电流的计算。对称短路计算已经在项目 4 中讨论过，不对称短路电流的计算比较复杂，常用方法是对称分量法。本项目重点讨论利用对称分量法来计算不对称短路电流，同时介绍了利用可视化电力软件 PWS 来计算各种不对称短路故障。

本学习项目主要分为四个任务："任务 5.1 认识对称分量法"让同学们了解对称分量及对称分量法在不对称短路的应用；"任务 5.2 电力元件的序参数及序网络的绘制"让同学们掌握如何计算元件序参数及绘制序网络的过程；"任务 5.3 不对称短路的分析计算"主要介绍各种不同短路故障的计算及分析；"任务 5.4 利用电力软件 PWS 进行不对称短路计算"介绍使用电力软件来计算分析不对称短路电流。完成四个项目任务，同学们可以基本掌握不对称短路计算的方法。

## 任务 5.1　认识对称分量法

5－1　认识对称分量法

### 5.1.1　学习目标

1. 掌握对称分量法，能利用变换规则对电气参数的相分量和序分量进行转换，理解对称分量法在不对称短路中的应用。
2. 能够根据实际情况分析对称分量法在不对称故障中的应用。
3. 具有独立学习、独立计划、独立工作的能力。
4. 培养科学思维的方法。

### 5.1.2　任务分析

在电力系统或继电保护装置设计和运行时，都必须考虑到有可能发生故障和不正常运行情况。不对称短路类型有三种：$f^{(2)}$、$f^{(1)}$、$f^{(1,1)}$。显然，不对称短路时，各相电流、电压不对称了。此时，直接计算不对称短路电流、电压相当困难，需寻找一种较为简便的

计算方法。目前，广泛应用的方法是对称分量法，即将一组不对称的相量分解成三组对称的分量，电路变为三组对称电路来计算的方法。

## 5.1.3 知识学习

### 5.1.3.1 对称分量的基本认识

理论证明：任何一组不对称三相系统，可分解为正序、负序、零序三组对称分量；反之，该三组对称分量又可合成为一组不对称系统。

1. 对称分量

下面以图5.1所示 $f_1^{(1)}$ 点发生单相接地短路为例进行说明。

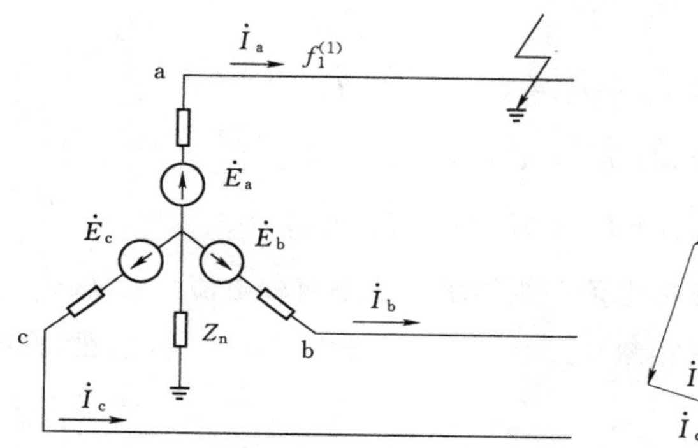

图5.1 不对称短路系统图

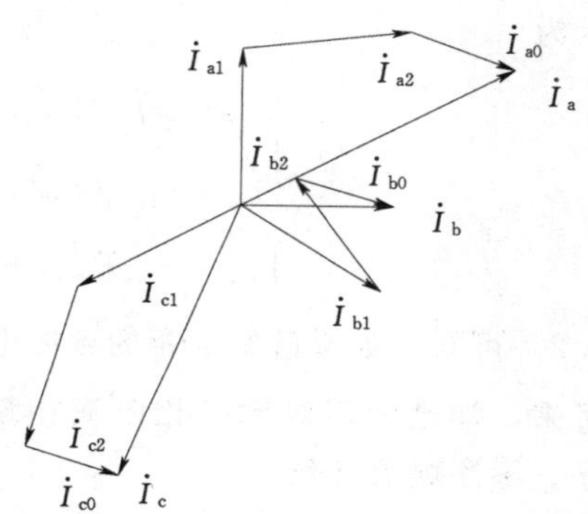

图5.2 序分量合成图

此时，短路点处的电流 $\dot{I}_a$、$\dot{I}_b$、$\dot{I}_c$ 是一组三相不对称电流，如图5.2所示，可以分解为正序、负序两组对称分量和一组零序分量，表达式为

$$\begin{cases}\dot{I}_a=\dot{I}_{a1}+\dot{I}_{a2}+\dot{I}_{a0}\\ \dot{I}_b=\dot{I}_{b1}+\dot{I}_{b2}+\dot{I}_{b0}\\ \dot{I}_c=\dot{I}_{c1}+\dot{I}_{c2}+\dot{I}_{c0}\end{cases} \tag{5.1}$$

式中 $\dot{I}_{a1}$、$\dot{I}_{b1}$、$\dot{I}_{c1}$——正序分量；

$\dot{I}_{a2}$、$\dot{I}_{b2}$、$\dot{I}_{c2}$——负序分量；

$\dot{I}_{a0}$、$\dot{I}_{b0}$、$\dot{I}_{c0}$——零序分量。

三相各序分量有如下关系：

(1) 正序分量：大小相等，相位差120°，相序与系统在正常对称运行方式下的相序相同，正序分量通常又称为顺序分量。如图5.3 (a) 所示。

(2) 负序分量：大小相等，相位差120°，相序与系统在正常对称运行方式下的相序相反，负序分量通常又称为逆序分量。如图5.3 (b) 所示。

(3) 零序分量：大小相等，相位相同，如图5.3 (c) 所示。

根据以上关系，以a相为基准相，引入运算符号 $a=1\angle 120°=e^{j120}$，三相不对称电流

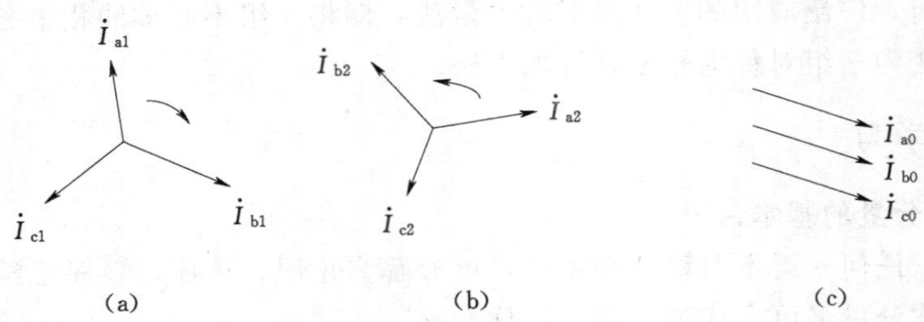


图5.3　各序分量

(a) 正序分量；(b) 负序分量；(c) 零序分量

可以表示为

$$\begin{cases}\dot{I}_{a}=\dot{I}_{a1}+\dot{I}_{a2}+\dot{I}_{a0}=\dot{I}_{a1}+\dot{I}_{a2}+\dot{I}_{a0}\\ \dot{I}_{b}=\dot{I}_{b1}+\dot{I}_{b2}+\dot{I}_{b0}=a^{2}\dot{I}_{a1}+a\dot{I}_{a2}+\dot{I}_{a0}\\ \dot{I}_{c}=\dot{I}_{c1}+\dot{I}_{c2}+\dot{I}_{c0}=a\dot{I}_{a1}+a^{2}\dot{I}_{a2}+\dot{I}_{a0}\end{cases}\tag{5.2}$$

由式（5.2）可知，如果已知a相的各序电流，则可求三相不对称电流 $\dot{I}_{a}$、$\dot{I}_{b}$、$\dot{I}_{c}$。

反过来，如已知不对称三相电流相量 $\dot{I}_{a}$、$\dot{I}_{b}$、$\dot{I}_{c}$，据式（5.2）可以推导出a相正序、负序、零序电流分量：

$$\begin{cases}\dot{I}_{a1}=\dfrac{1}{3}(\dot{I}_{a}+a\dot{I}_{b}+a^{2}\dot{I}_{c})\\ \dot{I}_{a2}=\dfrac{1}{3}(\dot{I}_{a}+a^{2}\dot{I}_{b}+a\dot{I}_{c})\\ \dot{I}_{a0}=\dfrac{1}{3}(\dot{I}_{a}+\dot{I}_{b}+\dot{I}_{c})\end{cases}\tag{5.3}$$

式（5.2）和式（5.3）表明了$\dot{I}_{a}$、$\dot{I}_{b}$、$\dot{I}_{c}$与$\dot{I}_{a1}$、$\dot{I}_{a2}$、$\dot{I}_{a0}$之间的线性变换关系，这种线性变换关系也适用于其他相量（比如电动势、电压等）。

2. 对称分量的性质

（1）正序分量的相量和等于0，如图5.3（a）所示。

负序分量的相量和等于0，如图5.3（b）所示。

零序分量的相量和不等于0，如图5.3（c）所示。

（2）若一组不对称三相系统的相量和为0，如 $\dot{I}_{a0}=\dfrac{1}{3}(\dot{I}_{a}+\dot{I}_{b}+\dot{I}_{c})=0$，则该组不对称分量中，不含零序分量。

（3）各序分量具有各自的独立性，即

1）某序的电压只产生相应某序的电流。如图5.1线路A相中，在 $\dot{U}_{a1}$ 作用下只产生 $\dot{I}_{a1}$，在 $\dot{U}_{a2}$ 作用下只产生 $\dot{I}_{a2}$，在 $\dot{U}_{a0}$ 作用下只产生 $\dot{I}_{a0}$。

2）各序电流经过的阻抗，称为对应的序阻抗，即 $\dot{I}_{a1}$ 经过的阻抗，称为正序阻抗 $Z_{1}$；$\dot{I}_{a2}$ 经过的阻抗，称为负序阻抗 $Z_{2}$；$\dot{I}_{a0}$ 经过的阻抗，称为零序阻抗 $Z_{0}$。

3）各序分量系统独立满足欧姆定律和基尔霍夫定律，即

$$\begin{cases}\dot{U}_{a1}=Z_1\dot{I}_{a1}=jX_{\Sigma1}\dot{I}_{a1}\text{（忽略电阻）}\\ \dot{U}_{a2}=Z_2\dot{I}_{a2}=jX_{\Sigma2}\dot{I}_{a2}\text{（忽略电阻）}\\ \dot{U}_{a0}=Z_0\dot{I}_{a0}=jX_{\Sigma0}\dot{I}_{a0}\text{（忽略电阻）}\end{cases}\tag{5.4}$$

可见，在对称三相电路中，可对正、负、零序分别计算，由于三相各序分量是对称的（如正序分量 $\dot{I}_{a1}$、$\dot{I}_{b1}$、$\dot{I}_{c1}$），故只需算出一相各序分量。

#### 5.1.3.2 对称分量法在不对称故障中的应用

当电力系统发生不对称短路时，除短路点外，其他部分仍然是对称的。例如发电机的三相参数是对称的，输电线路的三相也是对称的。只有短路点的参数是不对称的，例如短路点的三相电压和三相电流都是不对称的。利用对称分量法可以将短路点的不对称的参数分解成三组对称的参数，然后将原来的电网分解成三个对称的电网，最后在三个新的电网上进行短路电流的计算，这就是不对称短路电流计算思路。

例如，图5.4（a）发生了单相接地短路 $f_a^{(1)}$，发电机G中性点经阻抗 $Z_n$ 接地。

1．分析

（1）当发生a相接地 $f_a^{(1)}$ 时，接地处 $\dot{U}_a=0$，$\dot{U}_b\neq0$，$\dot{U}_c\neq0$（即三相电压不对称），如图5.4（a）所示。

（2）根据替代原理，将短路点处的短路电压 $\dot{U}_a$、$\dot{U}_b$、$\dot{U}_c$ 视为电压源，得图5.4（b）。

（3）各相电压分解为对应相的正、负、零序电压源，得图5.4（c）。

（4）根据叠加定理，系统可分解为三个序网络，即正序网［图5.4（d）］、负序网［图5.4（e）］、零序网［图5.4（f）］。

2．各序网说明

正序网：正序电源包括发电机G的电动势 $\dot{E}_{G1}$ 和短路点的正序电压源 $\dot{U}_1$，网络中为正序电流 $\dot{I}_1$，所经过的阻抗为正序阻抗 $Z_{1\Sigma}$。

负序网：只有负序电源作用 $\dot{U}_2$（因G只产正序的电动势 $\dot{E}_{G1}$，不产负序电动势、零序电动势，故负序网只有短路点处的负序电压源 $\dot{U}_2$），网络中为负序电流 $\dot{I}_2$，所经过的阻抗为负序阻抗 $Z_{2\Sigma}$。

零序网：只有短路点处的零序电压源 $\dot{U}_0$，网络中为零序电流 $\dot{I}_0$，所经过的阻抗为零序阻抗 $Z_{0\Sigma}$。

3．a相各序电压方程及各序网络图

根据上述三序网络［图5.4（d）、（e）、（f）］，可分别列出各序电压方程，等效电路如图5.5～图5.7所示。因三相各序网络都对称，故只需计算一相即可。为不失一般性，以a相为基准相。

由图5.4（d）可写出正序电压方程为

$$\dot{E}_a-\dot{I}_{a1}Z_{1\Sigma}-(\dot{I}_{a1}+\dot{I}_{b1}+\dot{I}_{c1})Z_n=\dot{U}_{a1}\tag{5.5}$$

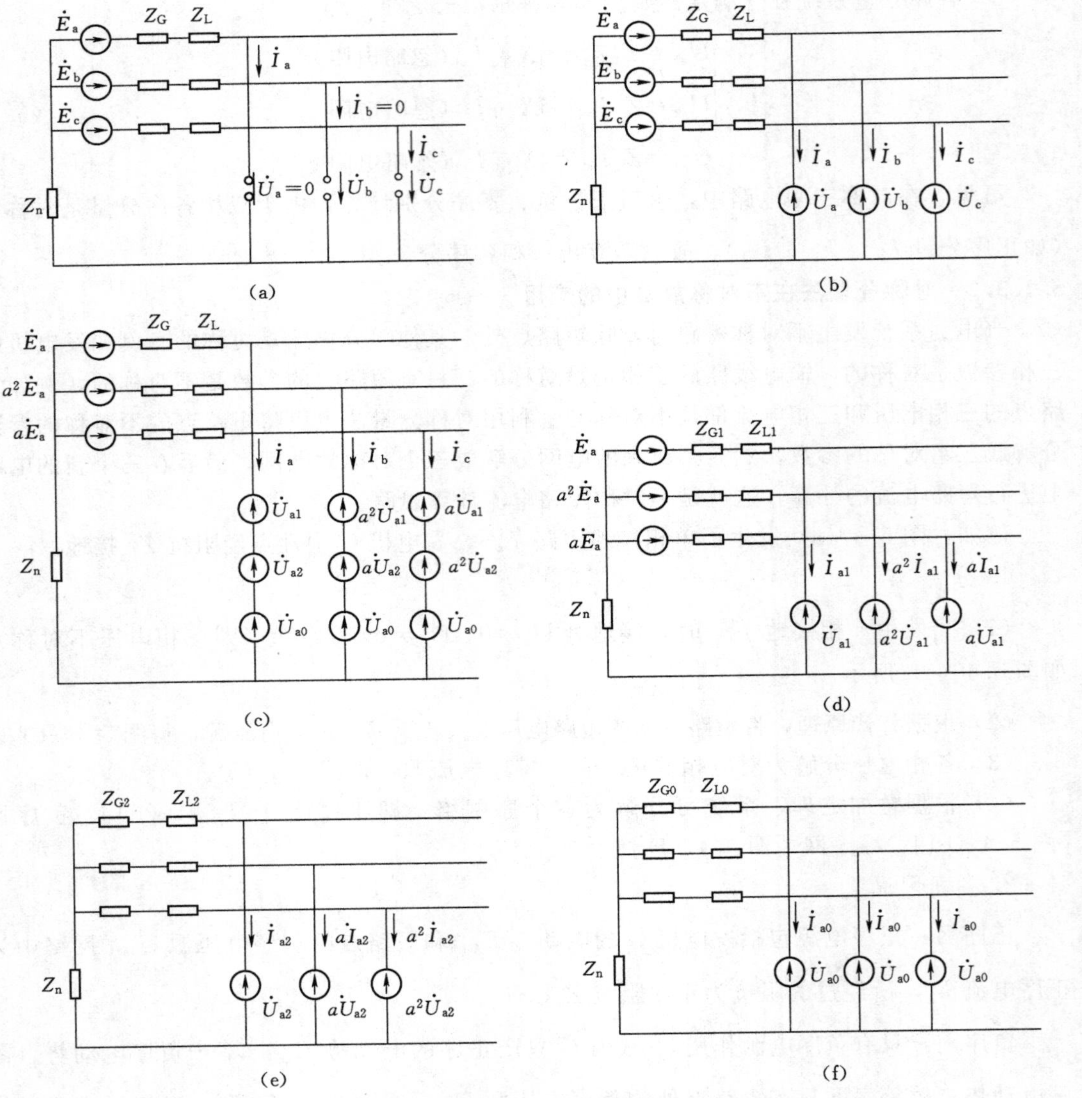

(a)

(b)

(c)

(d)

(e)

(f)

图 5.4　对称分量法在不对称短路中的应用

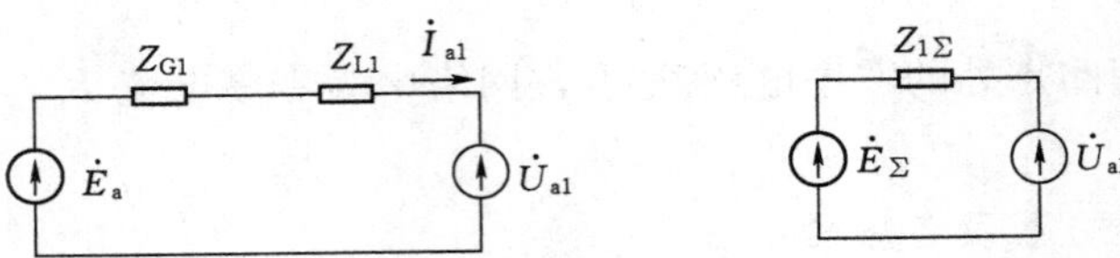


图 5.5　a 相正序网等效电路

因为$\dot{I}_{a1}+\dot{I}_{b1}+\dot{I}_{c1}=0$，所以有

$$\dot{E}_a-\dot{I}_{a1}Z_{1\Sigma}=\dot{U}_{a1} \tag{5.6}$$

由图 5.4（e）可写出负序电压方程为

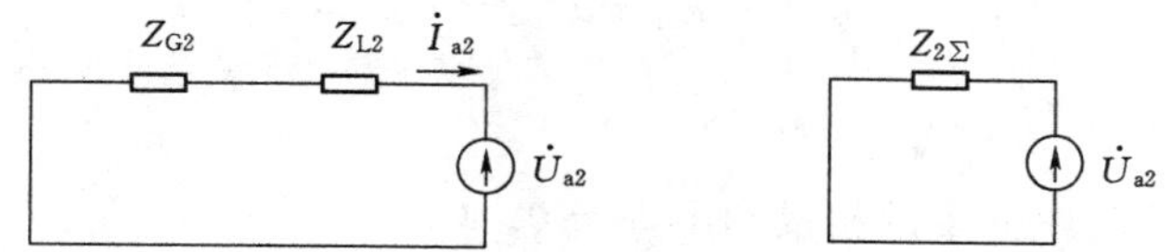


图 5.6 a 相负序网等效电路

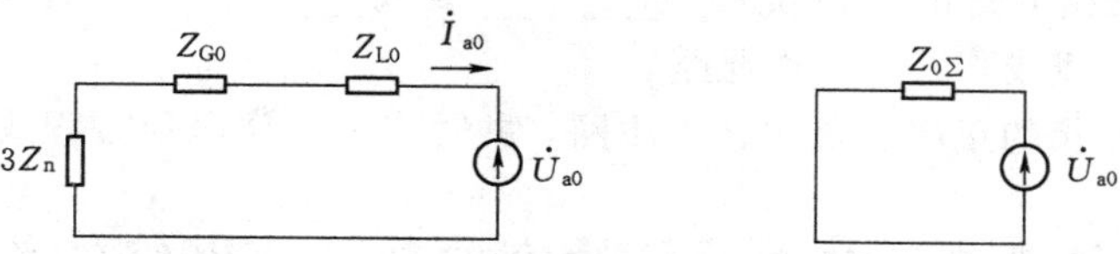


图 5.7 a 相零序网等值电路

$$0-\dot{I}_{a2}Z_{2\Sigma}-(\dot{I}_{a2}+\dot{I}_{b2}+\dot{I}_{c2})Z_n=\dot{U}_{a2} \tag{5.7}$$

因为 $\dot{I}_{a2}+\dot{I}_{b2}+\dot{I}_{c2}=0$，所以有

$$0-\dot{I}_{a2}Z_{2\Sigma}=\dot{U}_{a2} \tag{5.8}$$

由图 5.4（f）可写出零序电压方程为

$$0-\dot{I}_{a0}Z_{0\Sigma}-(\dot{I}_{a0}+\dot{I}_{b0}+\dot{I}_{c0})Z_n=\dot{U}_{a0} \tag{5.9}$$

因 $\dot{I}_{a0}+\dot{I}_{b0}+\dot{I}_{c0}=3\dot{I}_{a0}$，所以有

$$0-\dot{I}_{a0}Z_{0\Sigma}-3\dot{I}_{a0}Z_n=\dot{U}_{a0} \tag{5.10}$$

即

$$0-\dot{I}_{a0}(Z_{0\Sigma}+3Z_n)=\dot{U}_{a0} \tag{5.11}$$

$$0-\dot{I}_{a0}Z'_{0\Sigma}=\dot{U}_{a0} \tag{5.12}$$

式（5.6）、式（5.8）、式（5.12）三序方程表明了不对称短路时，短路点各序电压、电流之间的关系，是 3 个基本方程式，对于各种不对称都适用，具有共性。但要求出 a 相短路点的各相电流、电压，须求出其各序分量 $\dot{I}_{a1}$、$\dot{I}_{a2}$、$\dot{I}_{a0}$、$\dot{U}_{a1}$、$\dot{U}_{a2}$、$\dot{U}_{a0}$ 共 6 个未知量，而上述仅 3 个方程，需增加 3 个方程才能求解，这 3 个方程可由各种不对称短路的特殊条件列出。

### 5.1.4 练习

【基础知识测试】

1. 一组不对称三相系统，可分解为（　　　　　）等三组对称分量；反之，该三组对称分量又可合成为一组不对称三相系统。

2. 【填空】三相各序分量的关系为

（1）三相正序分量：大小相等，相位差 120°，相序与系统在正常对称运行方式下的相序相同。

（2）三相负序分量：____________________________________。

（3）三相零序分量：____________________________________。

3.【判断】$\dot{I}_b=\dot{I}_{b1}+\dot{I}_{b2}+\dot{I}_{b0}=a^2\dot{I}_{a1}+a\dot{I}_{a2}+\dot{I}_{a0}$。(　　)

4.【判断】$\dot{I}_{a1}=\frac{1}{3}(\dot{I}_a+a\dot{I}_b+a^2\dot{I}_c)$。(　　)

5.【判断】三相正序分量的相量和不等于0。(　　)

6.【判断】三相负序分量的相量和等于0。(　　)

7.【判断】三相零序分量的相量和不等于0。(　　)

8.【填空】三相电路中，必须有__________线或__________，才有零序电流 $I_0$，即 $I_0$ 必须以________线或________作通路。

9. 分别画出a相的正序、负序、零序网，并写出其各序电压方程式。

# 任务5.2　电力元件的序参数及序网络的绘制

5-2　序网络绘制

## 5.2.1　学习目标

1. 能根据具体情况确定元件序参数，能正确按照绘图步骤绘制系统的各序网络并化简。

2. 能够总结各序网络绘制方法和规律。

3. 具有自主学习新技能的能力。

4. 培养学生创新精神。

## 5.2.2　任务提出

由图2.1绘制降压变电站主变压器T2高压侧进线发生不对称短路时的序网络图。

## 5.2.3　任务分析

要绘制系统发生不对称故障时的等值网络就先要掌握发电机、变压器、线路等元件的序参数，并按正确的顺序绘制序网络图。

## 5.2.4　任务实施

### 5.2.4.1　步骤一：画出不对称短路时的计算电路图

根据题意，作出不对称短路时的计算电路图。降压变电站主变压器T2高压进线 $f_1^{(n)}$ 点发生不对称短路时的计算电路图如图5.8所示。

不对称短路时的计算电路图与三相短路时的基本相同，区别之处是，在三相对称计算电路图的基础上，各元件应增补以下内容：

(1) 发电机的正序电抗 $X_1$（三相对称计算电路图中已填写）、负序电抗 $X_2$、零序电抗 $X_0$，三相绕组的连接方式及接地方式。

(2) 变压器高压、低压绕组的连接方式及接地方式。

(3) 线路的正序电抗 $X_1$（三相对称计算电路图中已填写）、负序电抗 $X_2$、零序电抗 $X_0$。

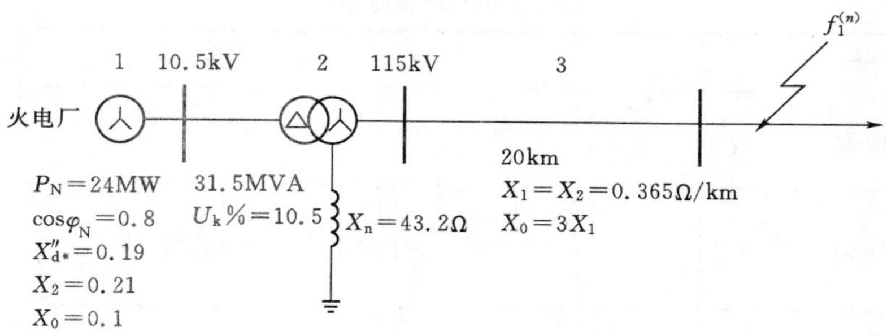


图 5.8　$f_1^{(n)}$ 点不对称短路时的计算电路图

### 5.2.4.2　步骤二：绘制各序网络图

**【知识链接】** 电力元件序参数

绘制序网图之前需要了解各元件的序参数，主要是序电抗。所谓元件（同步发电机 G、变压器 T、线路 L、电动机 M）的序电抗是指各序电流所经过的电抗 $X$（可查产品目录获取）。电力元件可分为旋转元件（同步发电机 G、电动机 M）和静止元件（变压器 T、线路 L）。下面分别了解各元件的序参数，因为短路时元件电阻值比较小，所以只考虑元件的电抗。

1. 同步发电机的序电抗

(1) 正序电抗 $X_1$。同步发电机正常对称运行时，只有正序电流存在，同步发电机的参数就是正序参数。稳态时用的同步电抗 $X_d$、$X_q$，过渡过程中用的 $X'_d$、$X'_q$ 以及 $X''_d$ 和 $X''_q$ 都属于正序电抗。在短路电流实用计算方法中，以发电机的次暂态电抗 $X''_d$ 作为其正序电抗。

(2) 负序电抗 $X_2$。当电力网络发生了不对称短路，不对称的三相短路电流可以分解为正、负、零序电流分量，这些电流分量将产生不同的磁场，其中负序电流产生的负序旋转磁场与正序电流产生的旋转磁场转向相反，因此，负序旋转磁场同转子之间有两倍同步转速的相对运动。负序电抗取决于定子负序旋转磁场所遇到的磁阻。由于转子纵、横轴间不对称，随着负序旋转磁场同转子间的相对位置的不同，负序磁场所遇到的磁阻也不同，负序电抗也就不同。在工程上通常忽略发电机定子绕组的电阻，对负序电抗定义为施加在发电机端点的负序电压同步频率分量与流入定子绕组负序电流同步频率分量的比值。按这样的定义，当短路种类不同时，同步发电机负序阻抗有不同的值，见表 5.1。

表中 $X_0$ 为同步发电机的零序电抗。从表 5.1 中可知，当 $X''_d=X''_q$ 时，则负序电抗 $X_2=X''_d$，即同步发电机的负序电抗与短路类型无关。当同步发电机经外电抗 $X$ 短路时，表 5.1 中所有各电抗 $X''_d$、$X''_q$、$X_0$ 都应以 $(X''_d+X)$、$(X''_q+X)$、$(X_0+X)$ 代替，发电机转子不对称的影响被削弱。实际的电力系统，短路大多是发生在输电线上，所以在不对称短路电流计算中，可以近似认为同步发电机的负序电抗与短路类型无关，其具体的数值一般由制造厂提供，也可以按下式估算。

**表 5.1　　同步发电机的负序阻抗**

| 短　路　类　型 | 负序电抗 $X_2$ |
|---|---|
| 两相短路 | $\sqrt{X''_d X''_q}$ |
| 单相短路 | $\sqrt{\left(X''_d+\frac{X_0}{2}\right)\left(X''_q+\frac{X_0}{2}\right)}-\frac{X_0}{2}$ |
| 两相接地短路 | $\frac{X''_d X''_q+\sqrt{X''_d X''_q(2X_0+X''_d)(2X_0+X''_q)}}{2X_0+X''_d+X''_q}$ |

对于汽轮发电机和有阻尼绕组的水轮发电机，有

$$X_2=\frac{1}{2}(X''_q+X''_d)=(1\sim1.22)X''_d \tag{5.13}$$

对于无阻尼绕组的水轮发电机为

$$X_2=\sqrt{X_q X'_d}\approx1.45X'_d \tag{5.14}$$

(3) 零序电抗 $X_0$。零序电流流过定子绕组时遇到的电抗即为零序电抗。由于发电机定子绕组流过零序电流时，各相电枢磁势大小相等、相位相同，且在空间相差120°电角度，它们在气隙中的合成磁通势为零，所以，发电机的零序电抗仅由定子绕组的等值漏磁通确定。零序电抗的变化范围大致是

$$X_0=(0.15\sim0.6)X''_d \tag{5.15}$$

但是，当发电机中性点不接地时，零序电流不能流过发电机，这时发电机的等值零序电抗为无穷大。

2. 异步电动机的序电抗

异步电动机在扰动瞬时的正序电抗为 $X_1=X''$。

异步电动机的负序电抗 $X_2\approx X''$。

异步电动机三相绕组通常接成三角形或不接地星形，因而即使在其端点施加零序电压，定子绕组中也没有零序电流流过，即异步电动机的零序电抗 $X_0=\infty$，励磁电抗很小，在短路计算中，应视为有限值，其值一般用实验方法确定，大致为 $X_{m0}=0.3\sim1.0$。

3. 输电线路的序电抗

电力线路是静止元件，因此它的负序电抗与正序电抗相等。当零序电流通过输电线路时，呈现的电磁关系与正、负序不同，零序电抗也与正、负序电抗不等。

在近似计算中，可忽略线路电阻，各序电抗的平均值可选用表5.2中的数据，精确值应由实验确定。若需要对更为复杂的输电线路各序电抗进行计算，可参阅有关资料。

表 5.2　　架空线路各序电抗的平均值　　单位：Ω/km

| 架空线路种类 | | 正序和负序电抗 | 零序电抗 | 备注 |
|---|---|---|---|---|
| 无架空地线 | 单回线 | $X_1=X_2=0.4$ | $X_0=3.5$，$X_1=1.4$ | |
| | 双回线 | | $X_0=5.5$，$X_1=2.2$ | 每回路数值 |
| 有钢质架空地线 | 单回线 | | $X_0=3$，$X_1=1.2$ | |
| | 双回线 | | $X_0=5$，$X_1=2.0$ | 每回路数值 |
| 有钢芯铝线架空地线 | 单回线 | | $X_0=2$，$X_1=0.8$ | |
| | 双回线 | | $X_0=3$，$X_1=1.2$ | 每回路数值 |

4. 变压器的序参数和等值电路

变压器三相对称，绕组相对静止，故变压器负序电抗与正序电抗相等。对于零序电抗，情形就要复杂许多。变压器的等值电路表征了一相一、二次绕组间的电磁关系。不论变压器通以哪一序的电流，都不会改变一相一、二次绕组间的电磁关系，因此，变压器的正序、负序和零序等值电路都具有相同的形状，图 5.9 为不计绕组电阻和铁芯损耗时变压器的零序等值电路。变压器的零序电抗取决于变压器的结构、连接方式及中性点是否接地等因素。

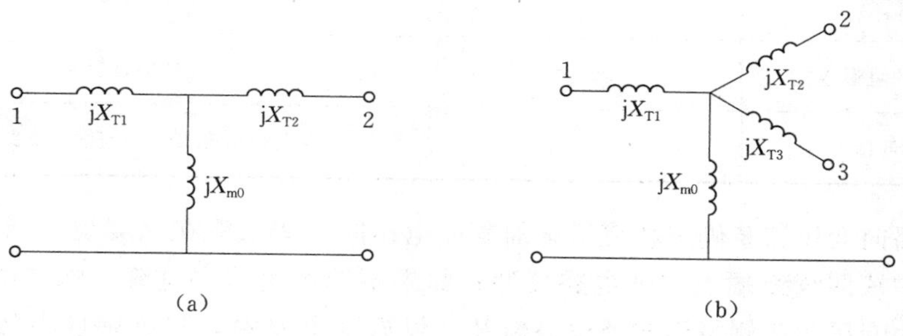


图 5.9　变压器的零序等值电路图

(a) 双绕组变压器；(b) 三绕组变压器

(1) 变压器结构对零序电抗的影响。对于由三个单相变压器组成的三相变压器组，每相的零序主磁通与正序主磁通一样，都有独立的铁芯磁路。因此，零序励磁电抗和正序相等。三相四柱式（或五柱式）变压器零序主磁通也能在铁芯中形成回路，磁阻很小，因而零序励磁电抗的数值很大。以上两种变压器，在短路计算中都可以认为零序励磁电抗 $X_{m0}\approx\infty$，即忽略零序励磁电流，把零序励磁支路断开。

三相三柱式变压器零序主磁通的磁路，由于三相零序磁通大小相等、相位相同，因而不能像正序（或负序）主磁通那样，一相主磁通可以经过另外两相的铁芯形成回路。

它们被迫经过绝缘介质和外壳形成回路，遇到很大的磁阻。因此，这种变压器的零序励磁电抗比正序励磁电抗小得多，零序励磁电抗标幺值一般为0.3～1.0，可通过实测确定。

(2) 连接方式对零序电抗的影响。变压器绕组的连接方式决定了零序电流有无通路。在星形连接（Y接）的三相绕组中，相位相同的三相零序电流不能形成回路，因此其零序电抗$X_0 \approx \infty$，在等值电路中相当于开路。在中性点接地的星形连接（YN接）的三相绕组中，零序电流可以经三相绕组及中性线流通。在三角形连接（D接）的三相绕组中，零序电流可以在三相绕组内流通但流不到绕组以外的线路上去，在用等值电路表示时，三角形连接的三相绕组对零序电流是短路的，变压器以外的线路对零序电流则是开路的。因此，变压器零序等值电路与外电路的连接，可用图5.10的开关电路来表示，开关电路中的开关位置见表5.3。

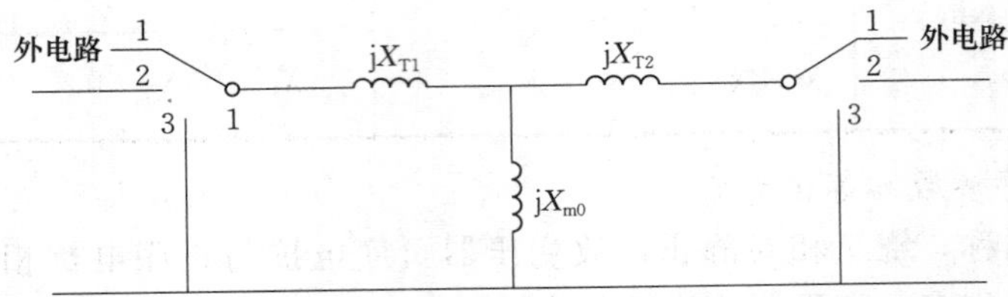


图5.10　变压器零序等值电路与外电路的连接

**表5.3　变压器零序等值电路与外电路的连接电路中的开关位置**

| 变压器绕组接法 | 开关位置 | 绕组端点与外电路的连接 |
|---|---|---|
| 星形连接 | 1 | 与外电路断开 |
| 中性点接地的星形连接 | 2 | 与外电路接通 |
| 三角形连接 | 3 | 与外电路断开，但与励磁支路并联 |

当外电路向变压器某侧三相绕组施加零序电压时，如果能在该侧绕组产生零序电流，则等值电路中该侧绕组端点与外电路接通；如果不能产生零序电流，则从电路等值的观点，可以认为变压器该侧绕组与外电路断开。根据这个原则，只有中性点接地的星形连接（YN）绕组才能与外电路接通。当变压器绕组具有零序电动势（由另一侧绕组的零序电流感应）时，如果它能将零序电动势施加到外电路上去并能提供零序电流的通路，则等值电路中该侧绕组端点与外电路接通，否则与外电路断开。据此，也只有YN绕组才能与外电路接通。至于能否在外电路产生零序电流，则应由外电路中的元件是否提供零序电流的通路而定。在三角形连接的绕组中，绕组的零序电动势虽然不能作用到外电路去，但能在三角形连接绕组中形成环流，零序电动势将被零序环流在绕组漏抗上的电压降所平衡，绕组两端电压为零。这种情况，与变压器绕组短接是等效的。综上所述，变压器与构造和接线有关，双绕组和三绕组变压器零序电抗等值电路和计算公式详见表5.4和表5.5。

**表 5.4**　　　　**双绕组变压器的零序电抗**

| 序号 | 接线图 | 等值电抗 | | |
|---|---|---|---|---|
| | | 等值网络 | 三个单相、三相四柱或壳式 | 三相三柱 |
| 1 | 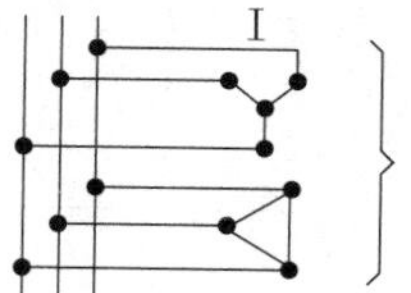 线圈Ⅱ任意连接 | 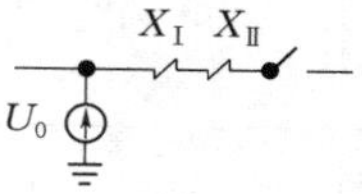 | $X_0=\infty$ | $X_0=\infty$ |
| 2 | 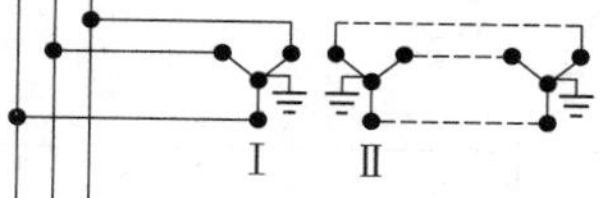 | 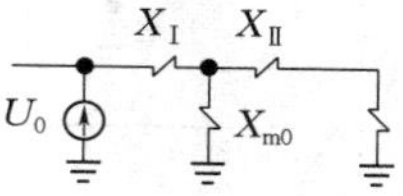 | $X_0=X_{\mathrm{I}}+\cdots$ | $X_0=X_{\mathrm{I}}+\cdots$ |
| 3 | 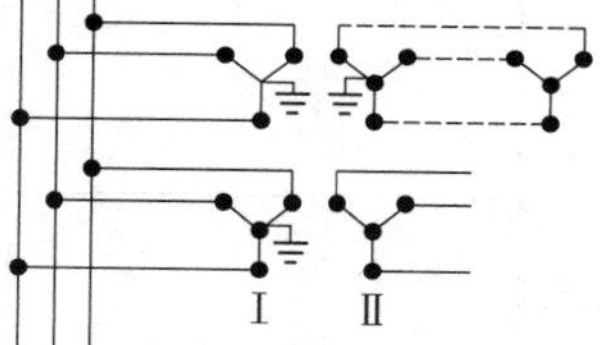 | 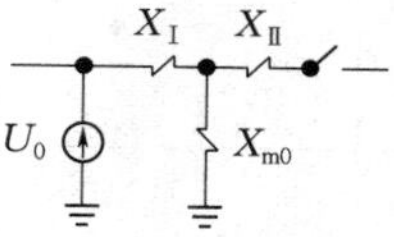 | $X_0=\infty$ | $X_0=X_{\mathrm{I}}+X_{m0}$ |
| 4 | 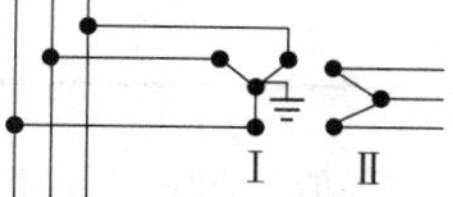 | 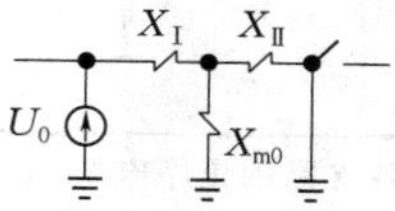 | $X_0=X_{\mathrm{I}}$ | $X_0=X_{\mathrm{I}}+\dfrac{X_{\mathrm{II}}X_{m0}}{X_{\mathrm{II}}+X_{m0}}$ |
| 5 | 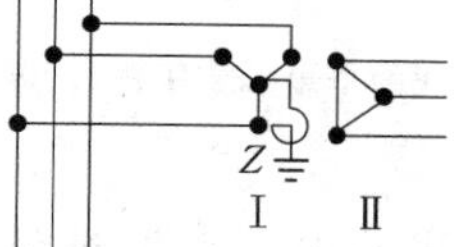 | 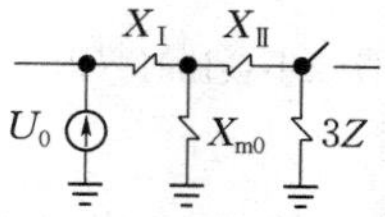 | $X_0=X_{\mathrm{I}}+3Z$ | $X_0=X_{\mathrm{I}}+\dfrac{(X_{\mathrm{II}}+3Z)X_{m0}}{X_{\mathrm{II}}+3Z+X_{m0}}$ |
| 6 | 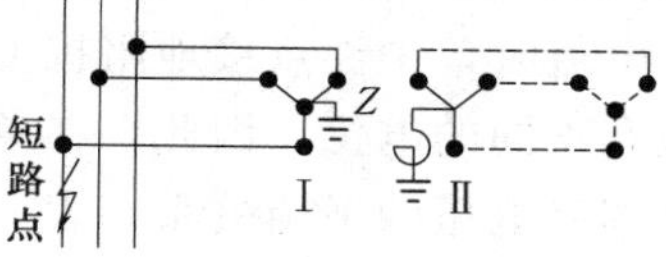 短路点 | 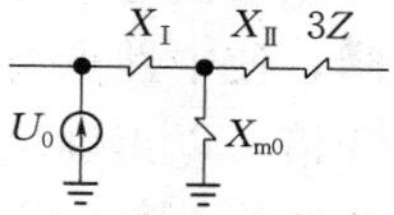 | $X_0=X_{\mathrm{I}}+3Z$ | $X_0=X_{\mathrm{I}}+\dfrac{(X_{\mathrm{II}}+3Z+\cdots)X_{m0}}{X_{\mathrm{II}}+3Z+X_{m0}+\cdots}$ |

**注**　1. $X_{m0}$ 为变压器的零序励磁电抗。三相三柱式变压器 $X_{m0}=0.3\sim1.0$，通常在 0.5 左右（以额定容量为基准值）；三相组式或壳式变压器可视为 $X_{m0}=\infty$。

2. $X_{\mathrm{I}}$、$X_{\mathrm{II}}$ 为变压器的各绕组的正序电抗（归算至同一电压等级下的值），两者大致相等，约为正序电抗 $X_T$ 的一半。

**表 5.5　　　　三绕组变压器的零序电抗**

| 序号 | 接线图 | 等值网络 | 等值电抗 |
|---|---|---|---|
| 1 | Ⅰ Ⅲ Ⅱ | $U_0$ $X_{Ⅰ}$ $X_{Ⅱ}$ $X_{Ⅲ}$ | $X_0=X_{Ⅰ}+X_{Ⅲ}$ |
| 2 | Ⅰ Ⅲ Ⅱ | $U_0$ $X_{Ⅰ}$ $X_{Ⅱ}$ $X_{Ⅲ}$ | $X_0=X_{Ⅰ}+\dfrac{X_{Ⅲ}(X_{Ⅱ}+\cdots)}{X_{Ⅲ}+X_{Ⅱ}+\cdots}$ |
| 3 | Ⅰ Ⅲ $Z$ Ⅱ | $U_0$ $X_{Ⅰ}$ $X_{Ⅱ}$ $3Z$ $X_{Ⅲ}$ | $X_0=X_{Ⅰ}+\dfrac{X_{Ⅲ}(X_{Ⅱ}+3Z\cdots)}{X_{Ⅲ}+X_{Ⅱ}+3Z+\cdots}$ |
| 4 | 短路点 Ⅰ Ⅲ Ⅱ | $U_0$ $X_{Ⅰ}$ $X_{Ⅱ}$ $X_{Ⅲ}$ | $X_0=X_{Ⅰ}+\dfrac{X_{Ⅱ}X_{Ⅲ}}{X_{Ⅱ}+X_{Ⅲ}}$ |

注　1. $X_{Ⅰ}$、$X_{Ⅱ}$、$X_{Ⅲ}$为三绕组变压器等值星形各支路的正序电抗。

2. 直接接地 YN、yn、yn 接线和 YN、yn、d 接线的自耦变压器与 YN、yn、d 接线的三绕组变压器的等值电路相同。

3. 当自耦变压器无第三绕组时，其等值回路与三相组式变压器或三相四柱式 YN、yn 接线的双绕组变压器相同。

4. 当自耦变压器的第三绕组为 Y 接线，且中性点不接地时（即 YN、yn、y 接线的全星形变压器），等值电路中的 $X_{Ⅲ}$不接地，等值电抗 $X_{Ⅲ}=\infty$。

（3）中性点有接地电阻对零序电抗的影响。当变压器 YN 侧的中性点经过阻抗接地时，该阻抗对变压器的正、负序电抗并无任何影响，因为正、负序电流是以三相互为回路，三相汇合电流并不流经接地阻抗。当该阻抗通过零序电流时，中性点接地阻抗上将流过 3 倍零序电流，并且产生相应的电压降，使中性点与地有不同的电位。因此，在单相零序等值电路中，应将中性点阻抗增大为 3 倍，以正确反映零序电压的平衡关系。表 5.4 第 5 栏和第 6 栏以及表 5.5 第 3 栏都画出中性点经接地阻抗 $Z$ 接地时的单相零序等值网络图和零序电抗计算公式。

5. 绘制系统各序网络

绘制序网图时需计算用标幺值表示的元件序参数，选 $S_B=100\text{MVA}$，$U_B=U_{av}$。

（1）绘制正序网络（图 5.11）。

正序网与求三相短路电流时的等值电路图相同，不同的是，短路点与地之间有正序电压源。正序网的作图方法及思路一般为：

1）从发电机开始到短路点，连接电源 $\dot{E}_a$ 及 $\dot{I}_{a1}$ 所经的正序电抗 $X_1$。

2）在短路点与地之间加正序电压源 $\dot{U}_{a1}$。

3）连各零电位点（见图 5.11 中虚线）。

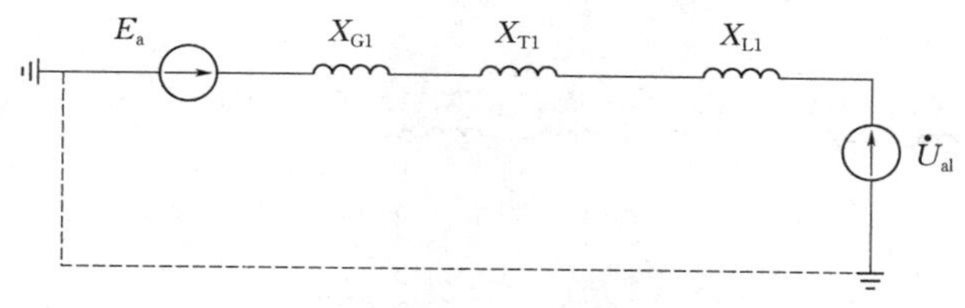


图 5.11　正序网络

图 5.11 中各元件正序电抗标幺值：

发电机 G　$$X_{G1}=X''_d\frac{S_B}{S_{GN}}=0.19\times\frac{100}{24/0.8}=0.633$$

变压器 T1　$$X_{T1}=\frac{U_k\%S_B}{100S_{GN}}=\frac{10.5\times100}{100\times31.5}=0.333$$

架空线 L1　$$X_{L1}=X\frac{S_B}{U_{av}^2}=0.365\times20\times\frac{100}{115^2}=0.055$$

**【知识链接】** 正序网络的制定

在制定电力系统不对称故障的正序网络时，与制定对称三相短路的等值网络的方法基本相同，不对称故障的正序电流分量通过的所有元件都应包括在正序网络中，各元件均用其正序参数和等值电路表示。而中性点的接地阻抗、不计接地导纳支路的空载线路和不计励磁电流的空载变压器等元件中不通过正序电流分量，因此这些元件不包括在正序网络中（开路）。

系统中的所有同步发电机和调相机，以及个别必须用等值电源支路表示的综合负荷，都是正序网络中的电源，电源电势就是正序电势。综合负荷一般用恒定电抗代替。

在故障点，还必须引入代替不对称故障条件的正序电压分量。例如在图 5.12（a）所示的系统中，各发电机、变压器的接线方式及各中性点的情况已标明。变压器 T3、线路 L3 为空载，不包括在正序网络中。接在中性点的电抗 $X_{n1}$、$X_{n2}$ 不在网络中。由此可得图 5.12（b）所示的正序网络图。这是一个有源网络，可用戴维南定理简化网络，得到如图 5.12（c）所示的等值电路图。

（2）绘制负序网络（图 5.13）。

负序网与正序网基本相似，不同点是发电机不会产生负序电动势，即发电机的负序电动势 $\dot{E}_{G2}=0$。负序网的作图方法及思路一般为：

1）从发电机开始到短路点，连接 $I_{a2}$ 所经的正序电抗各元件负序电抗 $X_2$（与正序网相似，不同点是发电机无 $\dot{E}_{G2}$，故用接地表示）。

2）在短路点与地之间加负序电压源 $\dot{U}_{a2}$。

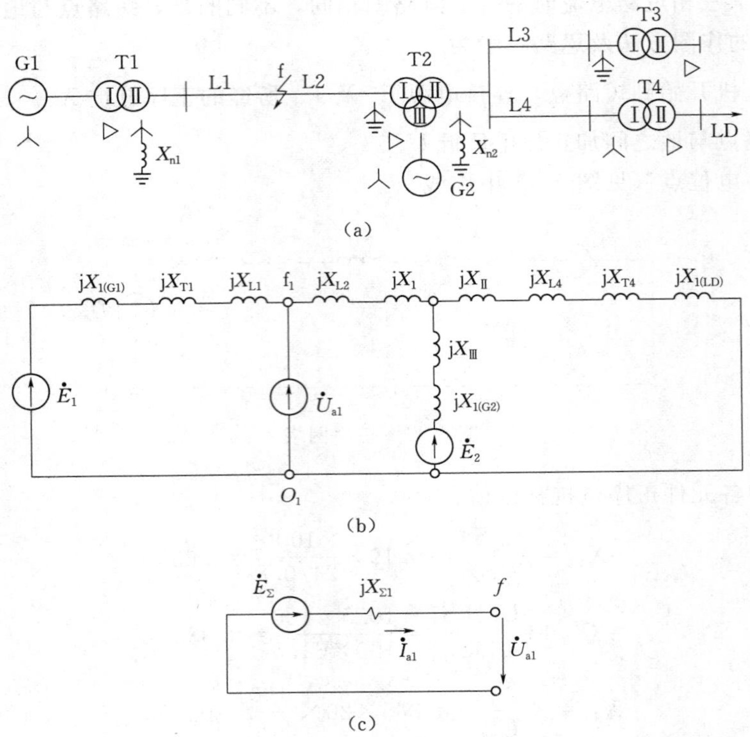


图 5.12　正序网络的制定

(a) 系统图；(b) 正序网络图；(c) 等值电路图

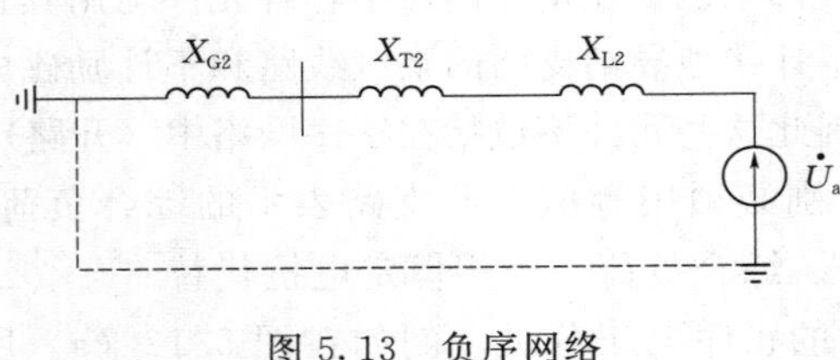


图 5.13　负序网络

3) 连各零电位点（见图 5.13 中虚线）。

图 5.13 中，各元件负序电抗标幺值：

发电机：

$$X_2 = X_{X2}\frac{S_B}{S_{GN}} = 0.21 \times \frac{100}{24/0.8} = 0.7$$

变压器 T1：　$X_{T2} = X_{T1} = 0.333$

架空线：　$X_{L2} = X_{L1} = 0.055$

**【知识链接】** 负序网络的制定

故障的负序分量电流能够流通的元件与正序电流的相同，但所有电源的负序电势为零。因此，将正序网络中各元件的参数用负序参数代替，令电源电势为零，并在故障点引入负序电压分量后，可得负序网络。上例中的负序网络如图 5.14（a）所示，这是无源网络，简化后的负序网络的等值电路图如图 5.14（b）所示。

(3) 绘制零序网。

零序网的作图方法及思路一般为：从短路故障点开始，查清 $I_{a0}$ 的通路。

1) $I_{a0}$ 的通路与 $I_{a1}$、$I_{a2}$ 不同，是由三相导线→大地→发电机或变压器接地中性点返回。

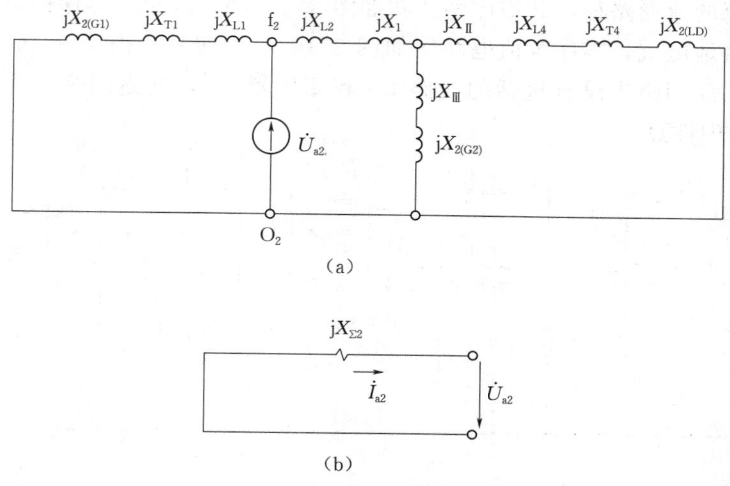


图 5.14　负序网络的制定

(a) 负序网络；(b) 等值电路图

2) 自短路点开始至发电机，连接 $I_{a0}$ 所经的各元件零序电抗 $X_0$（发电机无 $E_{G0}$，故用接地符号表示）。

3) 在短路点与地之间加零序电压源 $\dot{U}_{a0}$。

4) 连各零电位点（见图 5.15 虚线）。

图 5.15 中，各元件零序电抗标幺值：

变压器 T1：因为零序电压加在星形接地（YN 接）一端，二次侧是三角形（D 接）接线方式，所以变压器的零序电抗等于它的正序电抗 $X_{T0}=X_{T1}=0.333$，且经过中性点电抗接地，与发电机零序电抗断开。

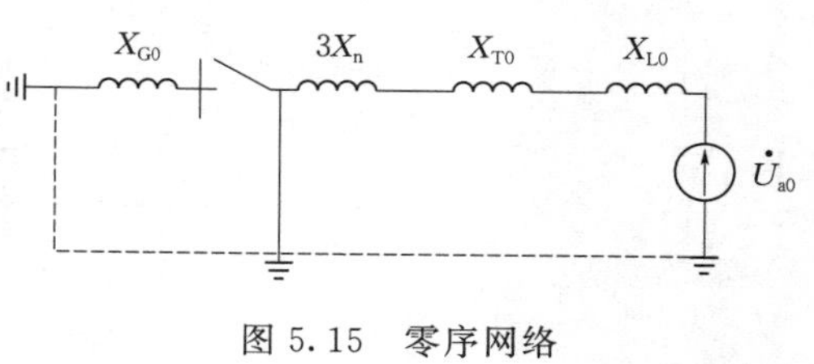


图 5.15　零序网络

架空线：$X_{L0}=3X_{L1}=0.165$

中性点接地电抗标幺值：3 倍的零序电流经过中性点电抗接地，相当于零序电流经 3 倍中性点电抗接地，$3X_n=3\times43.2\times\dfrac{100}{115^2}=3\times0.32=0.96$。

**【知识链接】** 零序网络的制定

如前所述，零序电流的流通与网络结构，特别是变压器的接线方式、中性点的接地方式有很大关系，因而零序网络与正序、负序网络结构一般是不同的，而且元件参数也不同。

零序网络中没有电源的电势，也是一种无源网络。只有当系统中发生不对称故障时，应用对称分量法可从故障点不对称的三相电压中分解出零序电压分量，可看作是零序电源。因此，在制定零序网络时，应该在故障点施加零序电压分量作为零序电源，将零序电流通过的元件连接起来形成零序网络，所有元件的参数必须用零序参数。即零序网络一般是按照故障点制定的，故障点的位置不同，则零序网络就不相同。

仍以图 5.12 (a) 所示系统为例制定零序网络。在图 5.16 (a) 所示的三相接线图中

标明了零序电流的流通路径，其零序网络图如图 5.16（b）所示，零序网络中包括中性点扩大了 3 倍的接地电抗，零序等值电路图如图 5.16（c）所示。由图 5.16（b）可见，零序网络中包括正序网络中没有包括的线路 L3 和变压器 T3，这是因为零序电流通过了变压器 T3 的接地中性点。

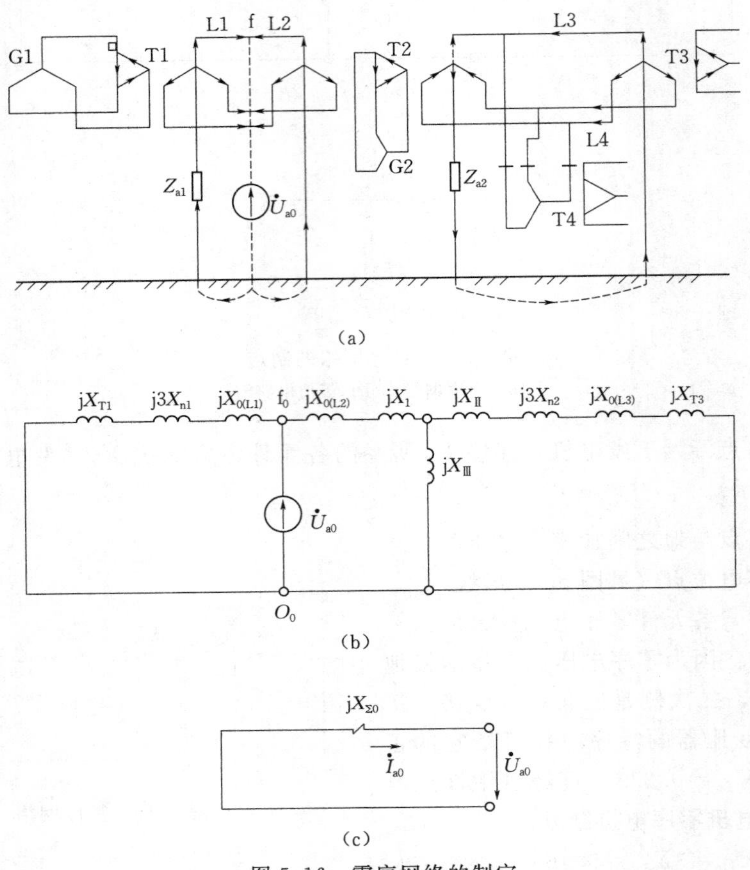


图 5.16　零序网络的制定

（a）系统图；（b）零序网络；（c）等值电路图

#### 5.2.4.3　步骤三　简化各序网

各序网的简化目标和方法与三相对称短路等值电路简化方法和过程相似，如图 5.17 所示。

（1）简化正序网络。简化目标图如图 5.17（a）所示，图中电源电动势和正序总电抗标幺值为

$$\dot{E}_{\Sigma}=\mathrm{j}1$$

$$X_{1\Sigma}=0.633+0.333+0.055=1.021$$

（2）简化负序网络。简化目标图如图 5.17（b）所示，图中负序总电抗标幺值为

$$X_{2\Sigma}=0.7+0.333+0.055=1.088$$

（3）简化零序网络。简化目标图如 5.17（c）所示，图中零序总电抗标幺值为

$$X_{0\Sigma}=0.96+0.333+0.165=1.458$$

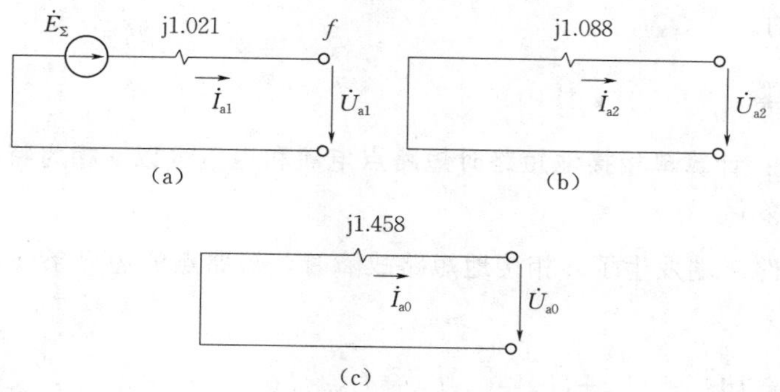


图 5.17 正序、负序、零序网络简图

(a) 正序网络；(b) 负序网络；(c) 零序网络

#### 5.2.4.4 步骤四 写出序网方程组

根据简化后的各序网络图，可以写出序网方程组为

$$\begin{cases} j1-j1.021\dot{I}_{a1}=\dot{U}_{a1} \\ 0-j1.088\dot{I}_{a2}=\dot{U}_{a2} \\ 0-j1.458\dot{I}_{a0}=\dot{U}_{a0} \end{cases}$$

# 任务 5.3 不对称短路的分析计算

## 5.3.1 学习目标

1. 能根据短路类型找出边界条件，绘制复合序网，计算短路电流。

2. 能够根据计算结果进行短路故障分析，能够根据电网现场条件和工作要求制定短路计算方案并组织实施。

3. 能灵活处理电力生产过程中出现的各种问题，培养信息收集、分析和处理能力。

4. 培养认真探索、迎难而上的品质。

## 5.3.2 任务提出

接着任务 5.2，在完成绘制各序网络图以后，根据调度要求计算各种短路类型短路点的短路电流。

## 5.3.3 任务分析

不对称短路时短路点的电流和电压出现不对称，短路点电流和电压的计算关键是求出其中一相（如 a 相）的各序电流、电压分量。该相各序电流、电压分量的计算方法有两种：

一种是解析法，即解方程。求解任务 5.1 中三序网的基本式加上三个补充方程（可根据不同短路类型的边界条件列出）。这种方法计算比较繁琐，一般不用。

另一种方法是复合序网法。将三个序网根据边界条件连接组成复合序网，由复合序网根据电路定律求出 a 相各序电流、电压。该方法易记、方便，故广泛使用。实际上该法是由解析法推导出的。

5-3　单相接地短路电流计算

### 5.3.4　实施步骤

#### 5.3.4.1　步骤一：计算单相接地短路时短路点电流和电压（以a相为特征相）

1. 找出边界条件

在110kV线路末端发生了a相接地短路故障时，短路点的边界条件是$\dot{U}_a=0$，$\dot{I}_b=0$，$\dot{I}_c=0$。

用序分量表示为$\dot{U}_{a1}+\dot{U}_{a2}+\dot{U}_{a0}=0$，$\dot{I}_{a1}=\dot{I}_{a2}=\dot{I}_{a0}$。

**【知识链接】**

如图5.18所示，发生a相接地短路时，故障点处a相对地电压为零，对地短路电流不为零；b、c两相对地电压不为零，但是对地短路电流为零，即$\dot{U}_a=0$，$\dot{I}_b=0$，$\dot{I}_c=0$。

用对称分量表示为

$$\begin{cases}\dot{U}_{a1}+\dot{U}_{a2}+\dot{U}_{a0}=0\\ a^2\dot{I}_{a1}+a\dot{I}_{a2}+\dot{I}_{a0}=0\\ a\dot{I}_{a1}+a^2\dot{I}_{a2}+\dot{I}_{a0}=0\end{cases}$$

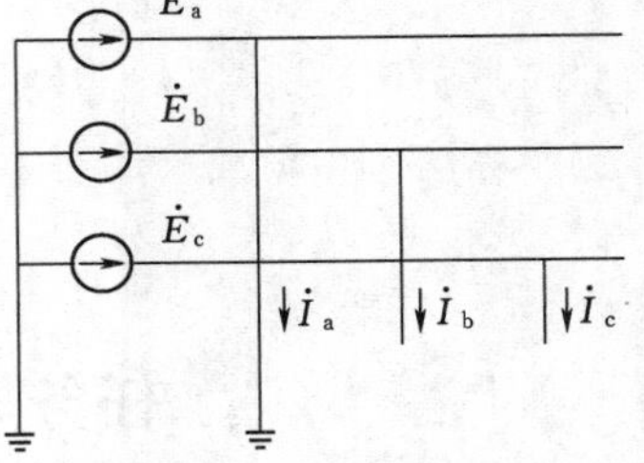

图5.18　单相接地短路

经化简有

$$\begin{cases}\dot{U}_{a1}+\dot{U}_{a2}+\dot{U}_{a0}=0\\ \dot{I}_{a1}=\dot{I}_{a2}=\dot{I}_{a0}\end{cases}\tag{5.16}$$

2. 制定复合序网

在短路点处把正序、负序、零序三个序网络串联起来构成一个复合序网，如图5.19所示。

**【知识链接】**

从式（5.16）观察可知，三个序电流是相等的，三个序电压相加为零，满足闭合回路的KVL定律。根据这个特点，可以把三个序网络串联起来构成回路，这样就做出了单相接地短路时的复合序网，如图5.20所示。

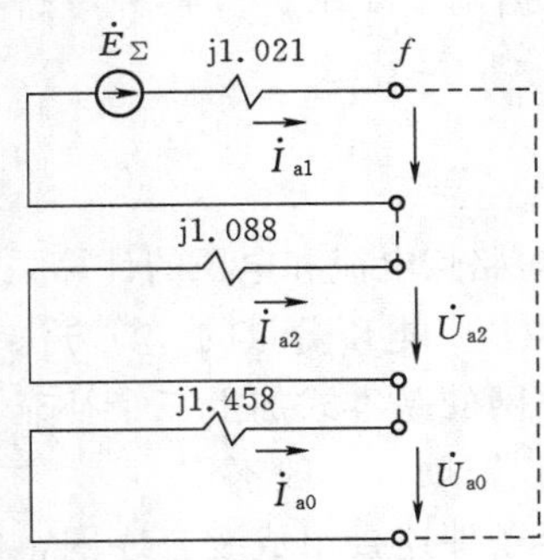

图5.19　单相短路复合序网

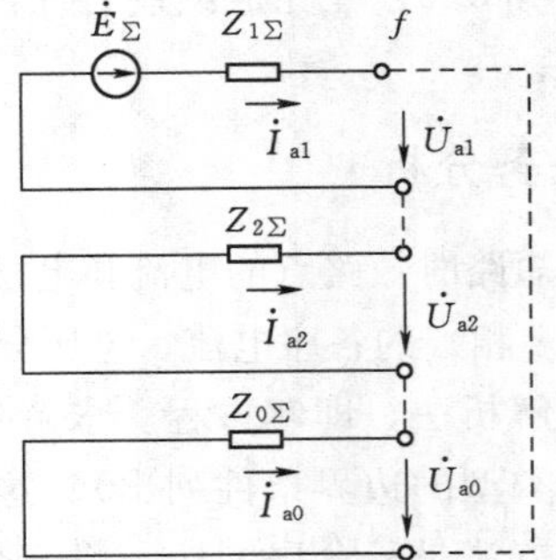

图5.20　单相接地短路时的复合序网

3. 计算正序电流及它序参数

由图 5.19 可知

$$\dot{I}_{a1}=\dot{I}_{a2}=\dot{I}_{a0}=\frac{\dot{E}_{\Sigma}}{j(X_{1\Sigma}+X_{2\Sigma}+X_{0\Sigma})}=\frac{j1}{j(1.021+1.088+1.458)}=0.27$$

用有名值表示为

$$\dot{I}_{a1}=0.27\times\frac{100}{\sqrt{3}\times 115}=0.14(\text{kA})$$

序电压为

$$\begin{cases}\dot{U}_{a1}=\dot{E}_{\Sigma}-j\dot{I}_{a1}X_{1\Sigma}=j1-0.27\times j1.021=j0.724\\ \dot{U}_{a2}=0-j\dot{I}_{a2}X_{2\Sigma}=-0.27\times j1.088=-j0.293\\ \dot{U}_{a0}=0-j\dot{I}_{a0}X_{0\Sigma}=-0.27\times j1.458=-j0.394\end{cases}$$

**【知识链接】**

观察图 5.20，发现复合序网中只有一个电源电动势，正序电抗、负序电抗、零序电抗串联，可以先求得正序电流 $\dot{I}_{a1}$，负序、零序与正序电流相等，再根据任务 5.2 的序网方程可以求出各序电压。

$$\begin{cases}\dot{I}_{a1}=\dot{I}_{a2}=\dot{I}_{a0}=\dfrac{\dot{E}_{\Sigma}}{Z_{1\Sigma}+Z_{2\Sigma}+Z_{0\Sigma}}\\ \dot{U}_{a1}=\dot{E}_{\Sigma}-j\dot{I}_{a1}X_{1\Sigma}\\ \dot{U}_{a2}=0-j\dot{I}_{a2}X_{2\Sigma}\\ \dot{U}_{a0}=0-j\dot{I}_{a0}X_{0\Sigma}\end{cases}\tag{5.17}$$

4. 计算短路点的电流

$$\dot{I}_{a}=\dot{I}_{a1}+\dot{I}_{a2}+\dot{I}_{a0}=3\dot{I}_{a1}=3\times 0.14=0.42(\text{kA})$$

$$\dot{I}_{b}=0,\ \dot{I}_{c}=0$$

**【知识链接】**

用对称分量法得到短路点的各相电流、电压为

$$\begin{cases}\dot{I}_{a}=\dot{I}_{a1}+\dot{I}_{a2}+\dot{I}_{a0}=3\dot{I}_{a1}\\ \dot{I}_{b}=\dot{I}_{c}=0\\ \dot{U}_{a}=\dot{U}_{a1}+\dot{U}_{a2}+\dot{U}_{a0}=0\\ \dot{U}_{b}=a^{2}\dot{U}_{a1}+a\dot{U}_{a2}+\dot{U}_{a0}=\dot{I}_{a1}[(a^{2}-a)Z_{2\Sigma}+(a^{2}-1)Z_{0\Sigma}]\\ \dot{U}_{c}=a\dot{U}_{a1}+a^{2}\dot{U}_{a2}+\dot{U}_{a0}=\dot{I}_{a1}[(a-a^{2})Z_{2\Sigma}+(a-1)Z_{0\Sigma}]\end{cases}\tag{5.18}$$

短路点电流、电压的相量图如图 5.21 所示。这里是按纯电感性电路画的，电流滞后电压 90°，若不是纯电感电路，则电流与电压角度由 $Z_{2\Sigma}+Z_{0\Sigma}$ 的阻抗角确定，一般小于 90°。在相量图中，将每相的序分量相加，得各相电流、电压的大小和相位。

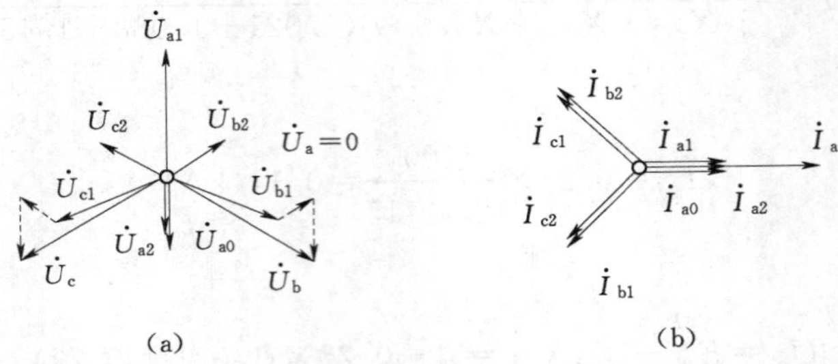


图 5.21　单相接地时短路处的电流、电压的相量图

从以上的分析计算，可以得出结论：

（1）短路点故障相电流中正序、负序和零序分量大小相等、方向相同，可见短路点故障相电流为正序电流的 3 倍。非故障相中的电流等于零。

（2）短路点故障相的电压等于零，两个非故障相电压幅值相等。

### 5.3.4.2　步骤二：计算 b、c 两相短路时短路点电流和电压（以 a 相为特征相）

5－4

两相短路电流计算

1. 找出边界条件

在短路点发生 b、c 两相短路时，边界条件为 $\dot{I}_a=0$，$\dot{I}_b=-\dot{I}_c$，$\dot{U}_b=\dot{U}_c$，用序分量表示为 $\dot{I}_{a1}+\dot{I}_{a2}=0$，$\dot{U}_{a1}=\dot{U}_{a2}$，$\dot{I}_{a0}=0$。

**【知识链接】**

如图 5.22 所示，发生 b、c 两相短路时，非故障点处 a 相对地电压不为零，对地电流短路电流为零；b、c 两相电压相等，b、c 两相短路电流大小相等、方向相反，即有 $\dot{I}_a=0$，$\dot{I}_b=-\dot{I}_c$，$\dot{U}_{bc}=0$，$\dot{U}_b=\dot{U}_c$。

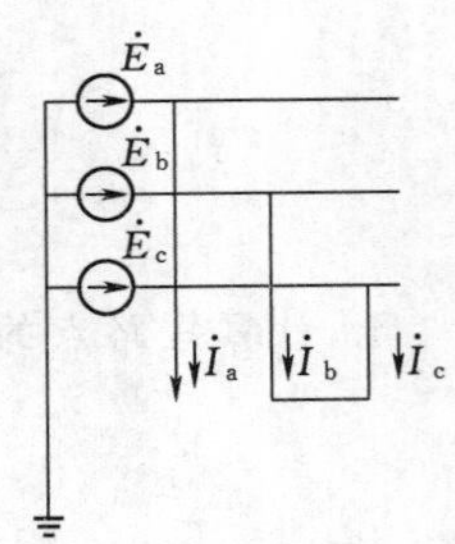


图 5.22　单相接地短路

用对称分量表示为

$$\begin{cases}\dot{I}_{a1}+\dot{I}_{a2}+\dot{I}_{a0}=0\\ a^2\dot{I}_{a1}+a\dot{I}_{a2}+\dot{I}_{a0}=-(a\dot{I}_{a1}+a^2\dot{I}_{a2}+\dot{I}_{a0})\\ a^2\dot{U}_{a1}+a\dot{U}_{a2}+\dot{U}_{a0}=a\dot{U}_{a1}+a^2\dot{U}_{a2}+\dot{U}_{a0}\end{cases}$$

经化简有

$$\begin{cases}\dot{I}_{a0}=0\\ \dot{I}_{a1}=-\dot{I}_{a2}\\ \dot{U}_{a1}=\dot{U}_{a2}\end{cases}\tag{5.19}$$

2. 制定复合序网

把正序和负序网并联起来，做出 b、c 两相短路时的复合序网图，如图 5.23 所示。

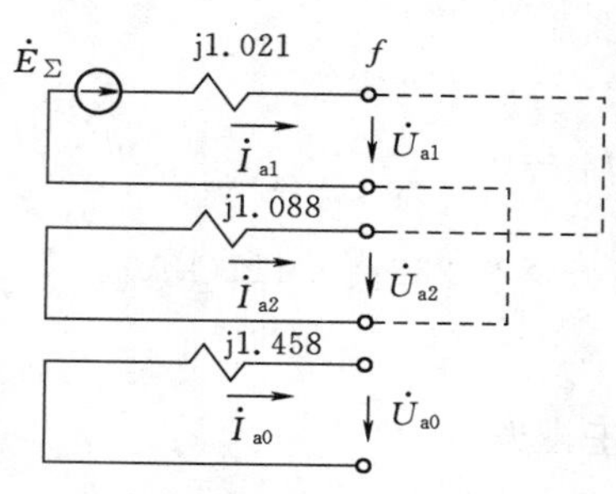


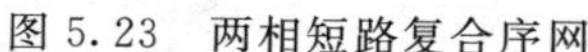

图 5.23　两相短路复合序网

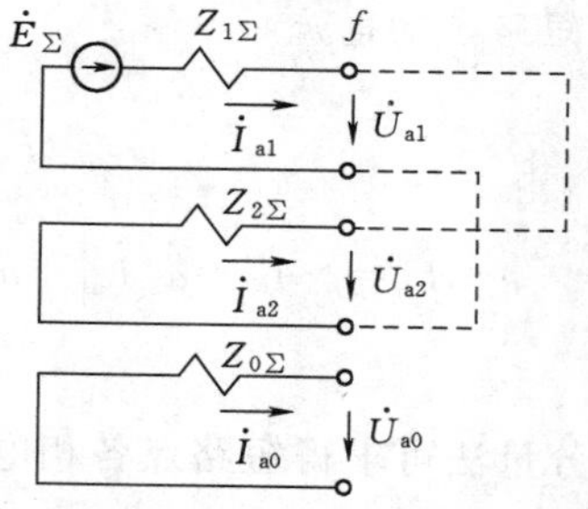


图 5.24　两相短路的复合序网

**【知识链接】**

从式（5.19）观察可知，零序电流为零，可以认为故障点不与大地相连，零序电流无通路，因此无零序网络。正序电流与负序电流相加等于零，正序电压和负序电压相等，符合并联电路特征。根据这个特点，可以把正序和负序网络并联起来，这样就做出了两相短路时的复合序网，如图 5.24 所示。

3. 计算正序电流及它序参数

由图 5.23 可知：

$$\dot{I}_{a1}=-\dot{I}_{a2}=\frac{\dot{E}_\Sigma}{j(X_{1\Sigma}+X_{2\Sigma})}=\frac{j1}{j(1.021+1.088)}=0.474$$

$$\dot{I}_{a0}=0$$

用有名值表示为

$$\dot{I}_{a1}=0.474\times\frac{100}{\sqrt{3}\times115}=0.238(\text{kA})$$

序电压为

$$\dot{U}_{a1}=\dot{U}_{a2}=j\dot{I}_{a1}X_{2\Sigma}=j0.474\times1.088=j0.516$$

$$\dot{U}_{a0}=0$$

**【知识链接】**

观察图 5.24，发现复合序网中只有一个电源电动势，正序电抗和负序电抗串联，可以先求得正序电流$\dot{I}_{a1}$，负序电流与正序电流方向相反，零序电流等于零。再根据任务 5.2 的序网方程可以求出各序电压。

$$\begin{cases}\dot{I}_{a1}=-\dot{I}_{a2}=\dfrac{\dot{E}_\Sigma}{Z_{1\Sigma}+Z_{2\Sigma}}\\ \dot{I}_{a0}=0\\ \dot{U}_{a1}=\dot{U}_{a2}=\dot{E}_\Sigma-j\dot{I}_{a1}X_{1\Sigma}\\ \dot{U}_{a0}=0\end{cases}\tag{5.20}$$

4. 计算短路点的电流

$$\dot{I}_{a}=\dot{I}_{a1}+\dot{I}_{a2}=0$$

$$\dot{I}_{b}=-\dot{I}_{c}=a^{2}\dot{I}_{a1}+a\dot{I}_{a2}=-j\sqrt{3}\times 0.238=0.412(\text{kA})$$

**【知识链接】**

由对称分量法可求得短路点各相电流和电压，为

$$\begin{cases}\dot{I}_{a}=\dot{I}_{a1}+\dot{I}_{a2}=0\\ \dot{I}_{b}=-\dot{I}_{c}=a^{2}\dot{I}_{a1}+a\dot{I}_{a2}=(a^{2}-a)\dot{I}_{a1}=-j\sqrt{3}\dot{I}_{a1}\\ \dot{U}_{a}=\dot{U}_{a1}+\dot{U}_{a2}+\dot{U}_{a0}=2\dot{U}_{a1}=2\dot{I}_{a1}Z_{2\Sigma}\\ \dot{U}_{b}=\dot{U}_{c}=a^{2}\dot{U}_{a1}+a\dot{U}_{a2}+\dot{U}_{a0}=-\dot{U}_{a1}=-\dfrac{1}{2}\dot{U}_{a}\end{cases}\tag{5.21}$$

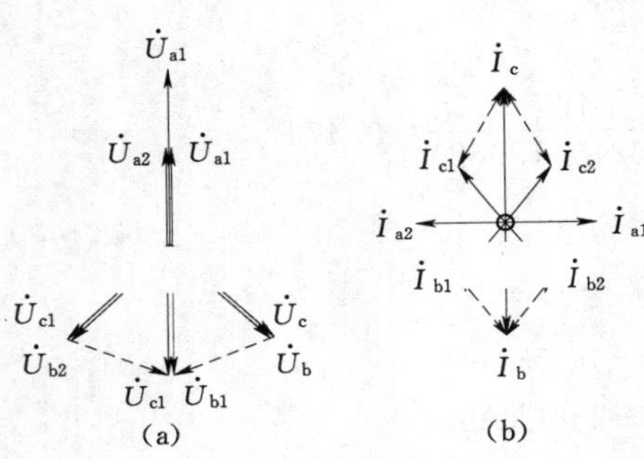


图 5.25　两相短路时的电压、电流相量图

短路点电压、电流的相量图如图 5.25 所示。这里仍然是按纯电感电路画的，电流滞后电压 90°。

从以上的分析计算，可以得出结论：

(1) 两相短路时，短路电流及电压没有零序分量。

(2) 两故障相的短路电流总是大小相等、方向相反，数值上为正序电流的$\sqrt{3}$倍。

(3) 短路处两故障相电压总是大小相等、相位相同，数值上为非故障相电压的一半。

#### 5.3.4.3　步骤三：计算 b、c 两相接地短路时短路点电流和电压（以 a 相为特征相）

5-5 ▶ 两相接地短路电流计算

1. 找出边界条件

在短路点发生 b、c 两相接地短路时，边界条件为$\dot{I}_{a}=0$，$\dot{U}_{b}=\dot{U}_{c}=0$，用序分量表示为$\dot{I}_{a1}+\dot{I}_{a2}+\dot{I}_{a0}=0$，$\dot{U}_{a1}=\dot{U}_{a2}=\dot{U}_{a0}$。

**【知识链接】**

如图 5.26 所示，发生 b、c 相接地短路时，故障点处 a 相对地电压不为零，对地电流短路电流为零；b、c 两相对地电压为零，即有 $\dot{I}_{a}=0$，$\dot{U}_{b}=\dot{U}_{c}=0$，用对称分量表示为

$$\begin{cases}\dot{I}_{a1}+\dot{I}_{a2}+\dot{I}_{a0}=0\\ a^{2}\dot{U}_{a1}+a\dot{U}_{a2}+\dot{U}_{a0}=0\\ a\dot{U}_{a1}+a^{2}\dot{U}_{a2}+\dot{U}_{a0}=0\end{cases}$$

经化简有

$$\begin{cases}\dot{I}_{a1}+\dot{I}_{a2}+\dot{I}_{a0}=0\\ \dot{U}_{a1}=\dot{U}_{a2}=\dot{U}_{a0}\end{cases}\tag{5.22}$$

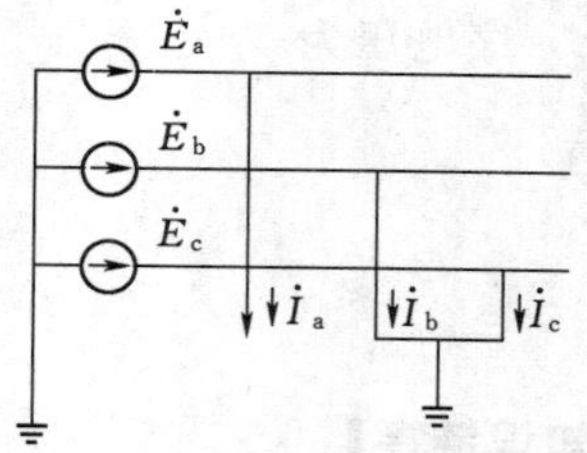

图 5.26　两相接地短路

2. 制定复合序网

把正序和负序网并联起来，做出 b、c 两相短路时的复合序网，如 5.27 所示。

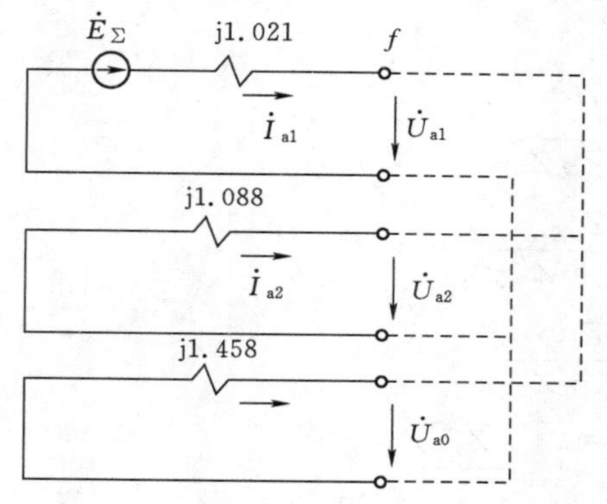

图 5.27　两相接地短路复合序网

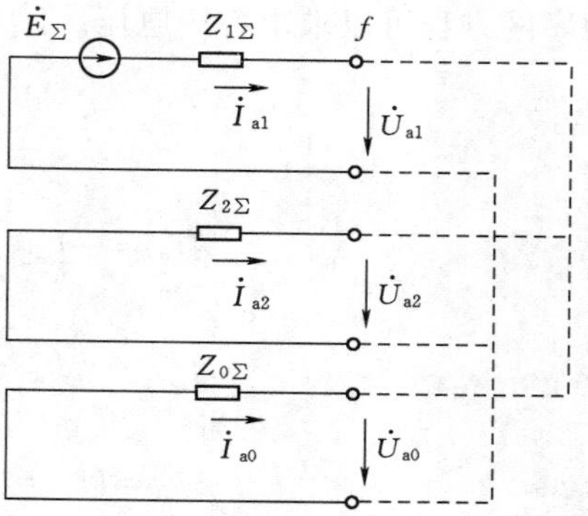

图 5.28　两相接地短路的复合序网

**【知识链接】**

从式（5.22）观察可知，正序电流、负序电流、零序电流相加等于零，正序电压、负序电压、零序电压相等，符合并联电路特征。根据这个特点，可以把正序、负序、零序网络并联起来，这样就做出了两相接地短路时的复合序网，如图 5.28 所示。

3. 计算正序电流及它序参数

由图 5.27 可知

$$\begin{cases}\dot{I}_{a1}=\dfrac{\dot{E}_\Sigma}{j(X_{1\Sigma}+X_{2\Sigma}//X_{0\Sigma})}=\dfrac{j1}{j(1.021+1.088//1.458)}=0.607\\ \dot{I}_{a2}=-\dot{I}_{a1}\dfrac{jX_{0\Sigma}}{jX_{2\Sigma}+jX_{0\Sigma}}=-0.607\times\dfrac{j1.458}{j(1.088+1.458)}=-0.347\\ \dot{I}_{a0}=-\dot{I}_{a1}\dfrac{jX_{2\Sigma}}{jX_{2\Sigma}+jX_{0\Sigma}}=-0.607\times\dfrac{j1.088}{j(1.088+1.458)}=-0.259\end{cases}$$

用有名值表示：

$$\begin{cases}I_{a1}=0.607\times\dfrac{100}{\sqrt{3}\times115}=0.304(\text{kA})\\ I_{a2}=0.347\times\dfrac{100}{\sqrt{3}\times115}=0.174(\text{kA})\\ I_{a0}=0.259\times\dfrac{100}{\sqrt{3}\times115}=0.130(\text{kA})\end{cases}$$

序电压为

$$\dot{U}_{a1}=\dot{U}_{a2}=\dot{U}_{a0}=\dot{I}_{a1}\frac{jX_{2\Sigma}jX_{0\Sigma}}{jX_{2\Sigma}+jX_{0\Sigma}}$$
$$=0.607\times\frac{j1.458\times j1.088}{j1.088+j1.458}=j0.378$$

**【知识链接】**

观察图5.27，发现复合序网中只有一个电源电动势，负序网和零序网并联后再与正序网串联，可以先求得正序电流$\dot{I}_{a1}$，负序电流和零序电流可由分流公式求得，再根据任务5.2的序网方程可以求出各序电压。

$$\begin{cases}\dot{I}_{a1}=\dfrac{\dot{E}_{\Sigma}}{Z_{1\Sigma}+Z_{2\Sigma}//Z_{0\Sigma}}\\ \dot{I}_{a2}=-\dot{I}_{a1}\dfrac{Z_{0\Sigma}}{Z_{2\Sigma}+Z_{0\Sigma}}\\ \dot{I}_{a2}=-\dot{I}_{a1}\dfrac{Z_{2\Sigma}}{Z_{2\Sigma}+Z_{0\Sigma}}\\ \dot{U}_{a1}=\dot{U}_{a2}=\dot{U}_{a0}=\dot{I}_{a1}\dfrac{Z_{2\Sigma}Z_{0\Sigma}}{Z_{2\Sigma}+Z_{0\Sigma}}\end{cases}\tag{5.23}$$

4. 计算短路点的电流

$$\begin{cases}\dot{I}_a=\dot{I}_{a1}+\dot{I}_{a2}+\dot{I}_{a0}=0.304-0.174-0.130=0\\ \dot{I}_b=a^2\dot{I}_{a1}+a\dot{I}_{a2}+\dot{I}_{a0}=0.304\angle 240^\circ-0.174\angle 120^\circ-0.130\\ \quad=0.468\angle -22.8^\circ(\text{kA})\\ \dot{I}_c=a\dot{I}_{a1}+a^2\dot{I}_{a2}+\dot{I}_{a0}=304.7\angle 120^\circ-174.2\angle 240^\circ-130.5\\ \quad=0.468\angle -153.0^\circ(\text{kA})\end{cases}$$

**【知识链接】**

用对称分量法合成各相电流、电压为

$$\begin{cases}\dot{I}_a=\dot{I}_{a1}+\dot{I}_{a2}+\dot{I}_{a0}=0\\ \dot{I}_b=a^2\dot{I}_{a1}+a\dot{I}_{a2}+\dot{I}_{a0}=\dot{I}_{a1}\left(a^2-\dfrac{Z_{2\Sigma}+aZ_{0\Sigma}}{Z_{2\Sigma}+Z_{0\Sigma}}\right)\\ \dot{I}_c=a\dot{I}_{a1}+a^2\dot{I}_{a2}+\dot{I}_{a0}=\dot{I}_{a1}\left(a-\dfrac{Z_{2\Sigma}+a^2Z_{0\Sigma}}{Z_{2\Sigma}+Z_{0\Sigma}}\right)\\ \dot{U}_a=\dot{U}_{a1}+\dot{U}_{a2}+\dot{U}_{a0}=3\dot{U}_{a1}\\ \dot{U}_b=\dot{U}_c=0\end{cases}\tag{5.24}$$

短路点流入地中的电流为

$$\dot{I}_g=\dot{I}_b+\dot{I}_c=3\dot{I}_{a0}=-3\dot{I}_{a1}\frac{Z_{2\Sigma}}{Z_{2\Sigma}+Z_{0\Sigma}}\tag{5.25}$$

两相接地短路时电压、电流的相量图如图 5.29 所示。这里仍然是按纯电感电路画的，电流滞后电压 90°。

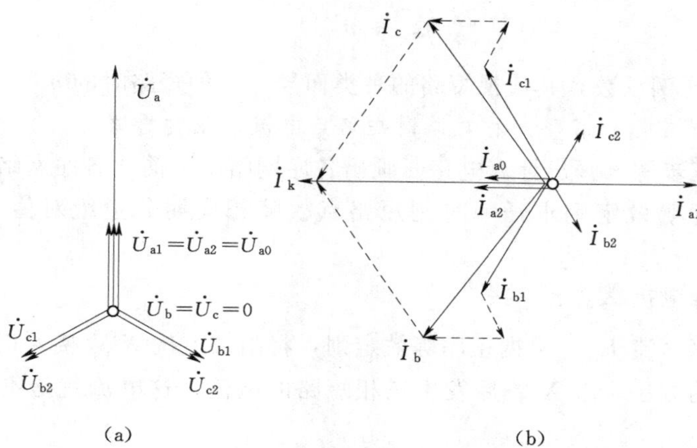


图 5.29　两相接地短路时电压、电流相量图

5-6
对称短路特征总结

从以上的分析计算，可以得出结论：

(1) 两相短路接地时，两故障相电流的幅值相等。

(2) 流入地中短路电流为零序电流的 3 倍。

**【知识链接】** 正序等效定则

1. 正序电流通式

$$I_{a1}^{(n)}=\frac{E_{a}}{X_{1\Sigma}+X_{\Delta}^{(n)}} \tag{5.26}$$

式中　$X_{\Delta}^{(n)}$——附加阻抗，其值随短路的形式不同而不同，上角标（$n$）是代表短路类型的符号。各种短路时附加电抗 $X_{\Delta}^{(n)}$ 见表 5.6。

**表 5.6　　各种短路时的 $X_{\Delta}^{(n)}$ 和 $m^{(n)}$　$X_{2\Sigma}+X_{0\Sigma}$**

| 短路类型 $f^{(n)}$ | $X_{\Delta}^{(n)}$ | $m^{(n)}$ |
|---|---|---|
| 单相短路 $f^{(1)}$ | $X_{2\Sigma}+X_{0\Sigma}$ | 3 |
| 两相短路 $f^{(2)}$ | $X_{2\Sigma}$ | $\sqrt{3}$ |
| 两相接地短路 $f^{(1,1)}$ | $\frac{X_{2\Sigma}X_{0\Sigma}}{X_{2\Sigma}+X_{0\Sigma}}$ | $\sqrt{3}\sqrt{1-\frac{X_{2\Sigma}X_{0\Sigma}}{(X_{2\Sigma}+X_{0\Sigma})^{2}}}$ |
| 三相短路 $f^{(3)}$ | 0 | 1 |

式（5.26）也表明了一个很重要的概念：在简单不对称短路的情况下，短路点电流的正序分量 $I_{a1}^{(n)}$ 与在短路点每一相中加入附加电抗 $X_{\Delta}^{(n)}$ 而发生三相短路时的电流 $I_{f}^{(3)}$ 相等。这个概念称为正序等效定则。

2. 故障相电流绝对值通式

由以上分析可以看出，短路电流绝对值与它正序分量的绝对值成正比，即

$$\dot{I}_{k}^{(n)}=m^{(n)}\dot{I}_{a1} \tag{5.27}$$

式中　$m^{(n)}$ ——比例系数，其值视短路的种类而异，各种短路时的 $m^{(n)}$ 值见表5.6。

3. 用正序等效定则计算不对称短路时短路点电流电压的思路

在完成上述三步骤（画出计算电路—画出各序网络图—简化各序网络图，求出各序总电抗）后，用正序等效定则求任一时刻短路点故障相周期分量绝对值一般按下述思路计算：

（1）求出附加电抗 $X_{\Delta}^{(n)}$。

（2）求出正序电流 $\dot{I}_{a1}$。根据正序等效定则，将附加电抗 $X_{\Delta}^{(n)}$ 接入正序网末端，按计算三相短路电流的方法，求 $X_{\Delta}^{(n)}$ 后发生三相短路的电流，这电流就是不对称短路时短路点的正序电流 $\dot{I}_{a1}$。

**【知识链接】** 不对称短路时网络中电流和电压的计算及分布

1. 求各支路电流

不对称短路时，在完成各序网络图的拟制和简化后，求取各支路电流通常思路如下：

（1）用正序等效定则求出短路点的正序电流分量 $\dot{I}_{a1}$。

（2）根据复合序网求出短路点的 $\dot{I}_{a2}$ 和 $\dot{I}_{a0}$。

（3）将 $\dot{I}_{a1}$、$\dot{I}_{a2}$ 和 $\dot{I}_{a0}$ 分别在正序、负序、零序网络中进行分配，求出待求支路的各序电流分量。

（4）用待求支路的各序电流分量相量合成该支路的各相电流。

2. 求各母线电压

（1）求出短路点各序电流分量 $\dot{I}_{a1}$、$\dot{I}_{a2}$ 和 $\dot{I}_{a0}$。

（2）根据复合序网求出短路点各序电压分量 $\dot{U}_{a1}$、$\dot{U}_{a2}$ 和 $\dot{U}_{a0}$。

（3）分别在各序网中进行电流分配，求出待求母线M到短路点K间有关支路的各序电流分量，然后仍在各序网中求出母线M到短路点间有关电抗上的各序电压降 $\Delta\dot{U}_{la1}$、$\Delta\dot{U}_{la2}$ 和 $\Delta\dot{U}_{la0}$。

（4）待求母线b的各序电压分量为

$$\begin{cases}\dot{U}_{ba1}=\dot{U}_{a1}+\Delta\dot{U}_{la1}\\ \dot{U}_{ba2}=\dot{U}_{a2}+\Delta\dot{U}_{la2}\\ \dot{U}_{ba0}=\dot{U}_{a0}+\Delta\dot{U}_{la0}\end{cases} \tag{5.28}$$

（5）利用对称分量法求出母线b的各相电压。

3. 电流和电压的各序分量在序网中的分布规律

电流分量在序网中的分布规律：正序电流的方向总是从电源流向短路点，因此，短路

点的正序电流最大。求各支路的正序电流，就是求短路点的正序电流 $\dot{I}_{a1}$ 在正序网络中的分配。由于发电机没有负序和零序电势，短路点的负序、零序电压 $\dot{U}_{a2}$ 和 $\dot{U}_{a0}$ 就分别是负序、零序网络中唯一的电源。因此，只有短路点才有节点电流 $\dot{I}_{a2}$ 和 $\dot{I}_{a0}$。这两个节点电流分别在负序、零序网络中的分布，完全决定于负序、零序网络的结构和参数。但负序电流可以从短路点流到发电机绕组，而零序电流一般终止在 YNd11 接线变压器的 d 侧绕组端点。

电压序分量在各序网络中的分布规律也与具体网络结构和参数有关，但是它们具有如下规律：正序网络中电源点的正序电压最高，短路点的正序电压最低；在负序和零序网络中，短路点的负序和零序电压最高，离短路点越远，负序、零序电压越低，发电机中性点负序电压为零。零序电压为零的点是零序电流的终止点，一般是 YNd11 接线变压器的 d 侧绕组端点。电压各序分量的分布规律如图 5.30 所示。

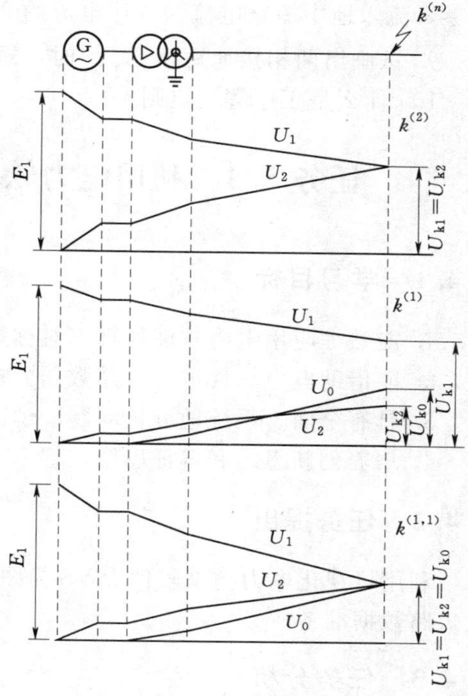


图 5.30　不对称短路时电压各序分量的分布规律

### 5.3.5　练习

【基础知识测试】

1.【填空】单相接地短路 $f_a^{(1)}$ 的边界条件是（　　）。

2. 画出单相接地 $f_a^{(1)}$ 的复合序网图。

3.【选择题】两相短路 $f_{bc}^{(2)}$ 的复合序网图由（　　）而成。

A. 正序网、负序网、零序网串联

B. 正序网、负序网并联

C. 正序网、负序网、零序网并联

4.【判断】两相短路 $f_{bc}^{(2)}$ 时，接地点特殊相正序电流为 $\dot{I}_{a1}^{(1)}=\dfrac{\dot{E}_a}{j(X_{1\Sigma}+X_{2\Sigma}+X_{0\Sigma})}$。（　　）

5.【填空】两相接地短路 $f_{bc}^{(1,1)}$ 时，接地点故障相短路电流 $I_f^{(1)}=$ ________ $I_{a1}^{(1)}$。

6.【判断】两相接地短路 $f_{bc}^{(1,1)}$ 时，短路电流及电压没有零序分量，所以无零序网。（　　）

7.【判断】两相接地短路 $f_{bc}^{(1,1)}$ 时，短路点故障两相的电压等于零；非故障相电压中，其正序、负序和零序分量大小相等、方向相同。（　　）

8.【判断】两相接地短路 $f_{bc}^{(1,1)}$ 时，短路点两故障相电流幅值相等，非故障相电流等

于零，流入地中短路电流为零序电流的3倍。（　　）

9. 试画出两相接地短路 $f_{bc}^{(1,1)}$ 时，短路点电流、电压相量图（设 $\dot{I}_{a1}^{(1,1)}=I_{a1}^{(1,1)}\angle 0^{\circ}$）。

10. 什么是正序等效定则？

# 任务5.4　利用电力软件PWS进行不对称短路计算

## 5.4.1　学习目标

1. 能熟练应用电力软件计算不对称短路电流。
2. 能借助电力软件进行短路数据分析。
3. 具有全面、系统地分析问题、解决问题的能力，善于创新和总结经验。
4. 培养创新思维和辩证思维。

## 5.4.2　任务提出

利用可视化电力仿真软件PWS为图2.1中的110kV线路继电保护装置选型及整定提供短路数据准备。

## 5.4.3　任务分析

图2.1简单电力系统中，要手工计算110kV线路末端发生各种类型短路时计算量比较大，如果是复杂的电力系统，计算量就大得更多了。采用电力软件PWS计算则要简单快捷得多。

## 5.4.4　任务实施

### 5.4.4.1　步骤一：建立不对称短路计算的PWS模型

只需在图4.29的PWS模型中补充各元件的短路参数就可以建立不对称短路计算模型。由任务5.2可知各元件的短路参数见表5.7～表5.9。

表5.7　发电机的序参数

| 发电机 | $X_1$ | $X_2$ | $X_0$ |
|---|---|---|---|
| G1 | 0.633 | 0.70 | — |

表5.8　变压器的序参数

| 变压器 | $X_1=X_2$ | $X_0$ | $X_n$（接地） |
|---|---|---|---|
| T1 | 0.333 | 0.333 | 0.32 |

表5.9　线路的序参数

| 线路 | $X_1$ | $X_2$ | $X_0$ |
|---|---|---|---|
| L1 | 0.055 | 0.055 | 0.165 |

1. 补充发电机信息

在编辑模式下，打开发电机的信息对话框后点击“短路参数”，增补下列信息后点击

“确定”（图 5.31）：

（1）不勾选中性点接地（即发电机中性点是不接地方式）。

（2）输入发电机的负序电抗 $X_{2*}=0.7$。

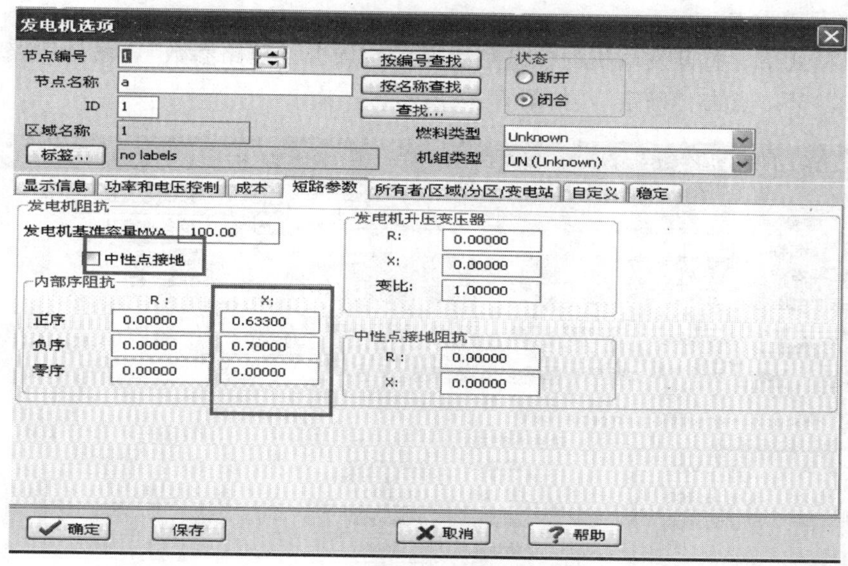


图 5.31　增补发电机短路参数信息

2. 补充变压器信息

在编辑模式下，打开发电机的信息对话框后点击“短路参数”，增补下列信息后点击“确定”（图 5.32）：

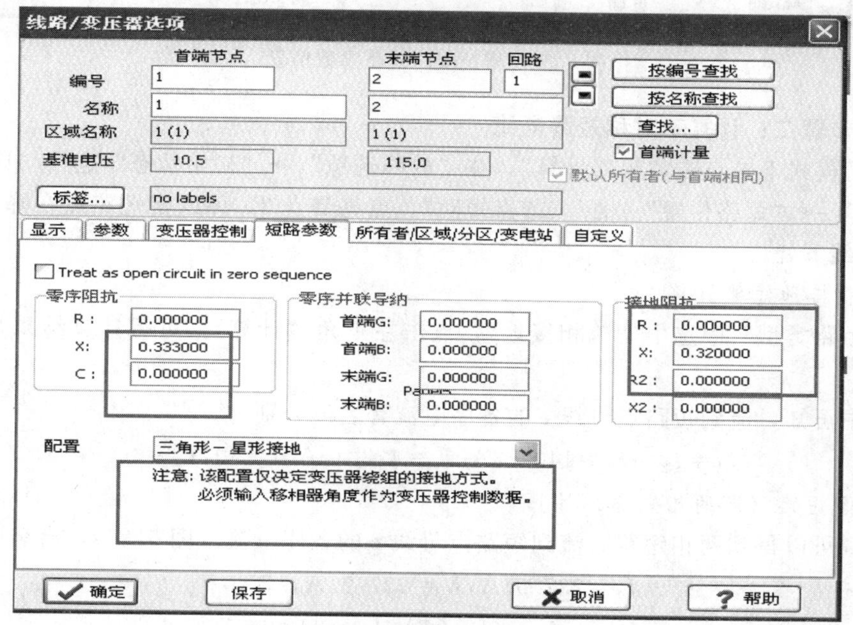


图 5.32　增补变压器短路参数信息

(1) 变压器零序电抗 $X_1=0.333$。

(2) 输入变压器中性点电抗 $X_n=0.32$。

(3) 在"配置"栏内选择变压器的接线方式"三角形-星形接地"。

3. 补充线路信息

在编辑模式下，打开发电机的信息对话框后，点击"短路参数"，增补线路的零序电抗 $X_{L0*}=0.165$，点击"确定"，如图 5.33 所示。

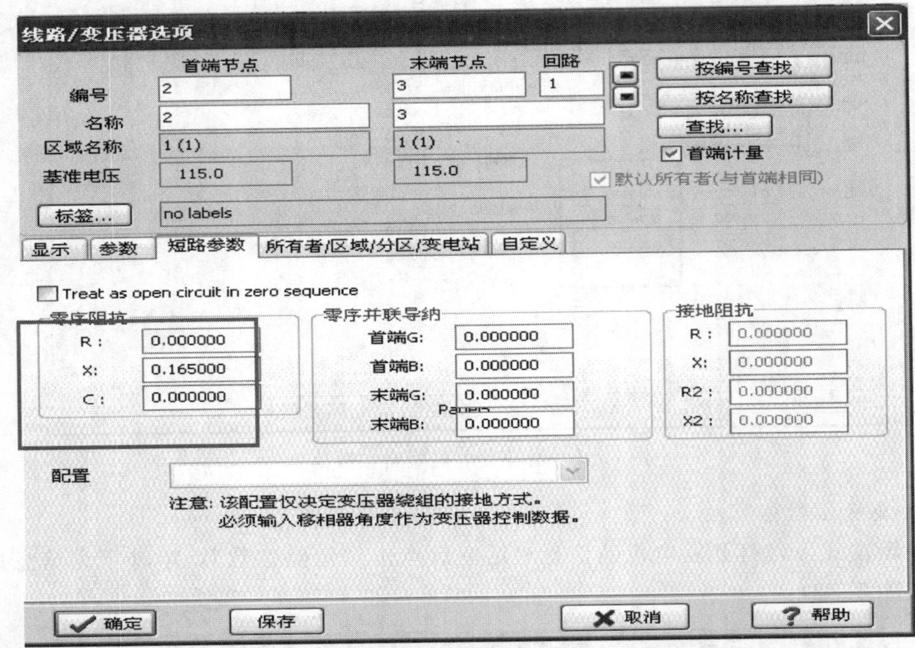


图 5.33　增补线路短路参数信息

### 5.4.4.2　步骤二：计算不对称短路电流

在运行模式下，点击"短路计算"，在"故障选项"→"初始状态"选择"典型"；在"故障数据"→"短路位置"选择"节点短路"，点亮节点 3，即确定短路点在降压变电站 T2 高压母线 c 处。

1. 单相接地短路计算

在"短路类型"中选中"单相接地"，点击左下角"计算"，可得计算结果如图 5.34 所示。

由图中可知，流到短路点母线 c 的各序电流有名值分别为

$$I_1=I_2=I_0=140.72\text{A}, I_a=422.15\text{A}, I_b=0, I_{c2}=0$$

2. 相间短路（即两相短路）计算

同理，可以得到两相短路时流到短路点母线 c 的各序电流（图 5.35），有名值分别为

$$I_1=237.91\text{A}, I_2=237.91\text{A}, I_0=0$$

$$I_a=0, I_b=412.07\text{A}, I_{c2}=412.06\text{A}$$

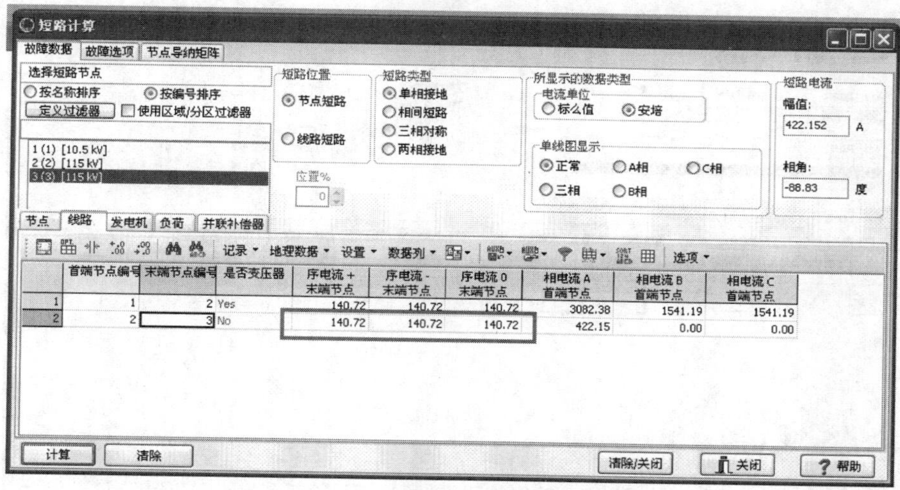


图 5.34　单相接地短路计算

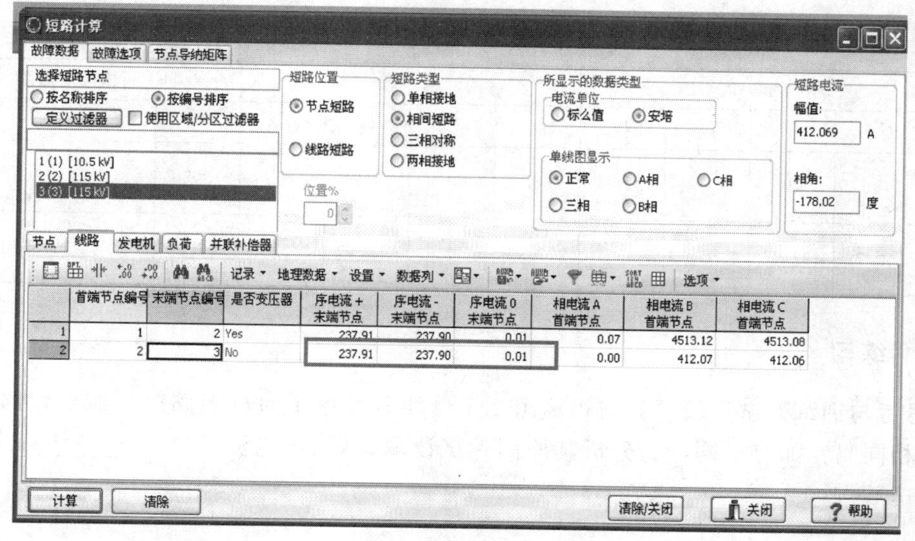


图 5.35　两相短路计算

3. 两相接地短路计算

同理，可以得到两相接地短路时流到短路点母线 c 的各序电流和相电流（图 5.36），有名值分别为

$$I_1=305.20\text{A},I_2=174.76\text{A},I_0=130.49\text{A}$$

$$I_a=0,I_b=455.09\text{A},I_{c2}=463.73\text{A}$$

#### 5.4.4.3　步骤三：短路数据分析

比较 PWS 计算结果和任务 5.3 的手工计算结果可知，两者误差非常小，且与理论推导相吻合，见表 5.10。考虑到原理性参数误差，该数据是可以接受的。

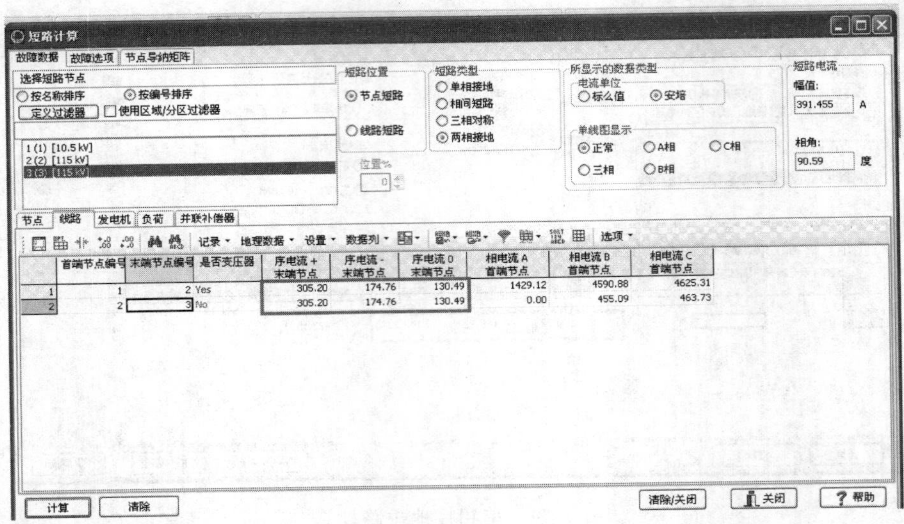


图 5.36　两相接地短路计算

**表 5.10　　手工计算和 PWS 计算结果比较**

| 计算方式 | 单相接地 | | | | 两相短路 | | | | 两相接地短路 | | | |
|---|---|---|---|---|---|---|---|---|---|---|---|---|
| | $I_1$ | $I_a$ | $I_b$ | $I_c$ | $I_1$ | $I_a$ | $I_b$ | $I_c$ | $I_1$ | $I_a$ | $I_b$ | $I_c$ |
| 手工计算 | 140 | 420 | 0 | 0 | 238.0 | 0 | 412 | 412 | 305 | 0 | 468 | 468 |
| PWS计算 | 140.72 | 422.15 | 0 | 0 | 237.91 | 0 | 412.07 | 412.06 | 305.20 | 0 | 455.6 | 463.73 |

## 5.4.5　练习

【思考与训练】试比较手算与机算图 2.1 母线 b 发生不对称短路时，流到短路点的短路电流相同吗？如有不同，试分析其原因。试读取支路 bc 电流 $I''^{(3)}_{bc}$ = ________ kA；母线 b 电压 $U''^{(3)}_{b}$ = ________ kV。

# 项目6 电力系统频率调整

## 6.1 学习目标

1. 掌握电力系统有功平衡和频率特性的关系。
2. 能够根据负荷变化制订频率调整方案。
3. 培养合作学习精神，在团队合作过程中分析讨论并提出解决方法。

## 6.2 任务提出

要认识电力系统调频指标，了解有功功率与频率之间的关系，掌握频率调整方法，保证电力系统频率稳定。

## 6.3 任务分析

频率质量是电能质量的一个重要指标。《中国南方电网调度管理暂行规定》第三十四条规定：南方电网频率标准为50Hz，正常运行频率偏差不得超过±0.2Hz。在AGC投运的情况下，电网频率按（50±0.1）Hz控制，按（50±0.2）Hz考核。当部分地区电网解列，其运行容量小于3000MW时，该地区电网频率的偏差不得超过±0.5Hz。

《南方区域发电厂并网运行管理实施细则》规定：所有并网发电机组必须具备并投入一次调频功能；火电机组转速不等率不高于5%，水电机组转速不等率（永态转差率）不高于4%；火电机组不大于±0.034Hz（±2r/min），水电机组不大于±0.05Hz（±3r/min）；一次调频功能响应滞后时间应小于或等于3s，一次调频功能稳定时间应小于60s；机组一次调频功能负荷限制幅度：额定负荷20万kW及以下的火电机组，限制幅度不小于机组额定负荷的±10%，额定负荷20万～50万kW的火电机组，限制幅度不小于机组额定负荷的±8%，额定负荷50万kW及以上的火电机组，限制幅度不小于机组额定负荷的±6%。

《南方区域发电厂并网运行管理实施细则》第二十八条规定，并网发电机组提供单机自动发电控制（AGC）服务应达到以下三个标准：一是循环流化床机组AGC调节范围达到可调用容量的30%，其他机组AGC调节范围达到可调用容量的40%。当机组调节上限为额定容量的100%时，火电机组调节下限已达机组最低稳燃负荷、水电机组调节下限已达振动区上限，则视为满足。二是火电单机AGC调节速率一般要求：单机容量60万kW及以上的达到0.6万kW/min以上；30万～60万kW之间（含30万kW机组）的达到0.3万kW/min以上；30万kW以下的达到0.1万kW/min以上。其中，循环流化床机组AGC调节速率达到0.08万kW/min以上即满足要求；当燃机或燃-蒸联合循环发电机组的负荷达到90%额定出力及以上时，AGC调节速率达0.175万kW/min以上即满足要求。水电单机AGC调节速率要求达到30%额定容量/min以上。三是AGC调节量误差不超过3%。

频率变化超出允许范围时，对用电设备的正常工作和电力系统的稳定运行都会产生影响，甚至造成事故。因此，必须对电力系统进行频率调整，以保持频率的偏移在允许的范围内。在遵守国家有关法律、法规和政策的前提下，采取一切可行技术手段保证电力系统频率在正常允许范围内是调度员的一项重要任务。

## 6.4　知识学习

6-1 ▶
电力系统有功功率平衡及备用

### 6.4.1　电力系统有功功率平衡及备用

电力系统稳态运行时，电力负荷需要一定的有功功率，同时传输这些功率也会在网络中造成有功功率损耗。因此，电源发出的有功功率应满足负荷消耗和网络损耗的需要，即电力系统的有功功率要平衡。电力系统有功功率平衡方程可用下式表示：

$$\sum P_G = \sum P_L + \Delta P_\Sigma \tag{6.1}$$

式中　$\sum P_G$——所有电源发出的有功功率之和；

$\sum P_L$——所有负荷消耗的有功功率之和；

$\Delta P_\Sigma$——网络中有功功率损耗之总和。

由上式可见，当电力系统中的负荷增大时，网络损耗也增大，而电源发出的功率必须增加才能使整个系统的功率平衡。

电力系统中的有功功率电源是各类发电厂中的发电机，所有发电机的额定容量之和称为系统的总装机容量。那些可投入发电的可发功率之和才是真正可供调度的系统电源容量，但并非系统中的电源容量始终等于总装机容量。在电力系统规划设计和运行时，均应设置备用容量，以保证系统在额定频率下连续地运行。系统中电源容量大于发电负荷的部分称为系统的备用容量，如图6.1所示。备用容量一般占最大发电负荷的15%～25%。

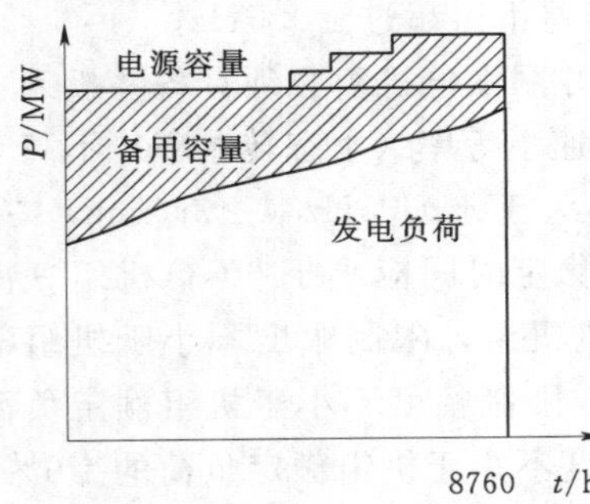


图6.1　系统的备用容量

系统中的备用容量按其作用可分为负荷备用、事故备用、检修备用和国民经济备用，或者按备用状态分为热备用和冷备用。

1. 负荷备用

负荷备用又称为调频备用，是为了适应短时间内的负荷波动，以稳定系统频率，并担负一天内计划外的负荷增加。这种备用容量的大小应根据系统总负荷的大小及运行经验，并考虑系统中各类用户的比重来确定。负荷备用一般取系统最大发电负荷的2%～5%。负荷备用一般应由应变能力较强的有调节库容的水电厂担任。

2. 事故备用

事故备用是为了保证在某些发电设备发生偶然事故时，不致影响供电而在系统中留有的备用容量。这种备用是保证系统可靠性所必需的。备用容量的大小，要根据系统中机组的台数、机组容量的大小、机组的故障率以及系统的可靠性指标等来确定。事故备用容量一般取系统最大发电负荷的5%～10%，并且不小于系统中一台最大机组的容量。事故备

用可以是停机备用，事故发生时，动用停机备用需要一定的时间，汽轮发电机组从启动到满载，需要数小时，而水轮发电机组只需要几分钟。因此，一般以水轮发电机组作为事故备用机组。

3. 检修备用

检修备用是为保证系统的发电设备进行定期检修时不致影响供电而在系统中留有的备用容量。发电设备的检修分大修和小修，大修一般分批分期安排在一年中最小负荷季节进行，小修则利用节假日进行，以尽量减少检修备用容量。这种备用的大小，应根据需要而定，一般为最大发电负荷的 4%～5%。

4. 国民经济备用

国民经济备用是考虑到工业用户超计划产生及新用户的出现等而设置的备用容量。这种备用容量的大小，要根据国民经济的增长情况确定，一般为最大发电负荷的 3%～5%。

在以上四种备用中，负荷备用和事故备用是要求在需要时能立即投入运行的容量。故这两种需要立即投入运行的备用容量必须是处在运行状态的容量，这种备用容量称为热备用。热备用是指运转中的发电机可能发出的最大功率与实际发电负荷的差值。

热备用容量也不宜过大，还有一部分是冷备用。冷备用是指未运转的发电机组可能发出的最大功率，可作为检修备用、国民经济备用和部分事故备用。

电力系统拥有适当的备用容量就为保证其安全、优质和经济运行准备了必要条件。

## 6.4.2 电力系统负荷及电源的频率静态特性

### 6.4.2.1 电力系统负荷的功率-频率静态特性

6－2 ▶ 电力系统的频率特性

电力系统中的用电设备从系统中取用的有功功率的多少，与用户的生产状况有关，与接入点的系统电压有关，还与系统的频率有关。假定前两种因素不变，仅考虑有功功率负荷随频率变化的静态关系，称为负荷的频率静态特性。

根据所需的有功功率与频率的关系可将负荷分成以下几类：

(1) 与频率变化无关的负荷，如照明、电弧炉、电阻炉和整流负荷等。

(2) 与频率的一次方成正比的负荷，如球磨机、切割机床、压缩机、卷扬机、往复式水泵等。

(3) 与频率的二次方成正比的负荷，如变压器的涡流损耗。

(4) 与频率的三次方成正比的负荷，如通风机、静水头阻力不大的循环水泵等。

(5) 与频率的高次方成正比的负荷，如静水头阻力很大的给水泵。

整个系统的负荷功率与频率的关系可以写成

$$P_L = a_0 P_{LN} + a_1 P_{LN}\left(\frac{f}{f_N}\right) + a_2 P_{LN}\left(\frac{f}{f_N}\right)^2 + \cdots + a_n P_{LN}\left(\frac{f}{f_N}\right)^n \tag{6.2}$$

式中 $P_L$——频率为 $f$ 时系统的有功功率负荷；

$P_{LN}$——频率为额定频率 $f_N$ 时系统的有功功率负荷；

$a_0$、$a_1$、…、$a_n$——与频率的 0、1、…、$n$ 次方成正比的负荷占系统总负荷 $P_L$ 的百分数。

以 $P_{LN}$ 为基准除上式两边，则得到标幺值形式

$$P_{L*}=a_0+a_1f_*+a_2f_*^2+\cdots+a_nf_*^n \tag{6.3}$$

因为在额定频率下，标幺值 $f_*=1$，$P_{L*}=1$，所以 $a_0+a_1+a_2+\cdots+a_n=1$。

在一般情况下，式（6.2）和式（6.3）右边的多项式只取到频率的三次方项为止，因为与频率的更高次方成正比的负荷所占比重很小，可以忽略。这种关系式称为电力系统有功功率负荷的频率静态特性方程。

在电力系统运行中，频率的容许变化范围很小，因此，系统综合负荷的频率静态特性曲线近似为一条直线。

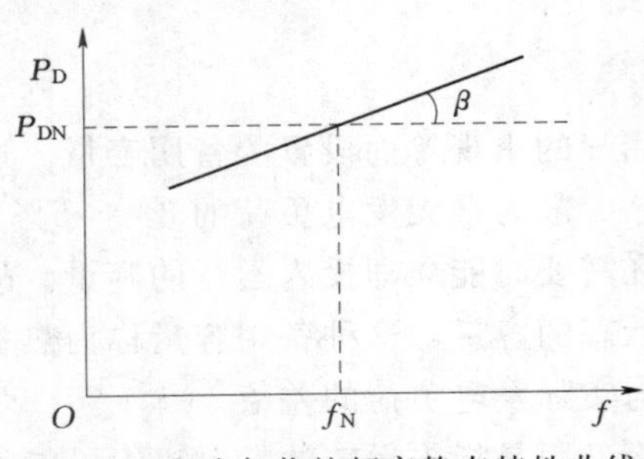

图 6.2 有功负荷的频率静态特性曲线

电力系统有功负荷的频率静态特性曲线如图 6.2 所示，可简称为负荷的功频静特性。这是一直线段，其斜率为

$$K_{L*}=\tan\beta=\frac{\Delta P_L/P_{LN}}{\Delta f/f_N}=\frac{\Delta P_{L*}}{\Delta f_*} \tag{6.4}$$

用有名值表示为

$$K_L=\frac{\Delta P_L}{\Delta f}$$

有名值和标幺值的变换关系为

$$K_{L*}=K_L\frac{f_N}{P_{LN}} \quad 或 \quad K_L=K_{L*}\frac{P_{LN}}{f_N} \tag{6.5}$$

$K_{L*}$ 称为负荷频率调节效应系数。所谓负荷的频率调节效应指一定频率下负荷随 $f$ 变化的变化率。当频率下降时，系统有功负荷自动减少；当频率上升时，系统有功负荷自动增加。$K_{L*}$ 可以通过试验或计算求得，一般取1～3，这表明频率变化1%，有功负荷相应地变化1%～3%。调度部门常以此数据作为考虑因系统频率降低需减少负荷或低频事故计算切除负荷的依据。

**【例 6.1】** 某电力系统中，与频率无关的负荷占30%，与频率的一次方成正比的负荷占40%，与频率的二次方成正比的负荷占10%，与频率的三次方成正比的负荷占20%，求系统频率由50Hz下降到48Hz时，负荷功率变化的百分数及其相应的频率调节效应系数 $K_{L*}$。

**解：** 当频率由50Hz下降到48Hz时，有 $f_*=\frac{48}{50}=0.96$。

由式（6.3）可以求出系统的负荷为

$$\begin{aligned}P_{L*}&=a_0+a_1f_*+a_2f_*^2+a_3f_*^3\\&=0.3+0.4\times0.96+0.1\times0.96^2+0.2\times0.96^3\\&=0.953\end{aligned}$$

则

$$\Delta P_L\%=(1-0.953)\times100=4.7$$

而且

$$\Delta f\%=\frac{50-48}{50}\times100=4$$

于是

$$K_{L*}=\frac{\Delta P_L\%}{\Delta f\%}=\frac{4.7}{4}=1.18$$

**【例 6.2】** 某电力系统总有功负荷为 3600MW（包括电网的有功损耗），系统的频率为 50Hz，若 $K_{L*}=1.5$，求负荷频率调节效应系数 $K_L$ 的值。

**解：**

$$K_L=K_{L*}\frac{P_{LN}}{f_N}=1.5\times\frac{3600}{50}=108(\text{MW/Hz})$$

#### 6.4.2.2 发电机组的有功功率-频率静态特性

发电机组的有功功率与频率之间的关系，称为发电机组的有功功率-频率静态特性。为了说明这种特性，需要先对原动机的自动调速系统的作用原理加以说明。

1. 离心式调速装置的工作原理

原动机调速系统的种类有很多，根据测量环节的工作原理可以分为机械液压调速系统和电气调速系统两大类。这里以结构简单的离心式的机械液压调速系统为例来进行说明。

离心飞摆式调速系统的示意图如图 6.3 所示，它主要由四个部分构成：转速测量元件（离心飞摆及其附件），放大元件（错油门），执行机构（油动机，也称接力器），转速控制机构（调频器）。下面分析其工作原理。

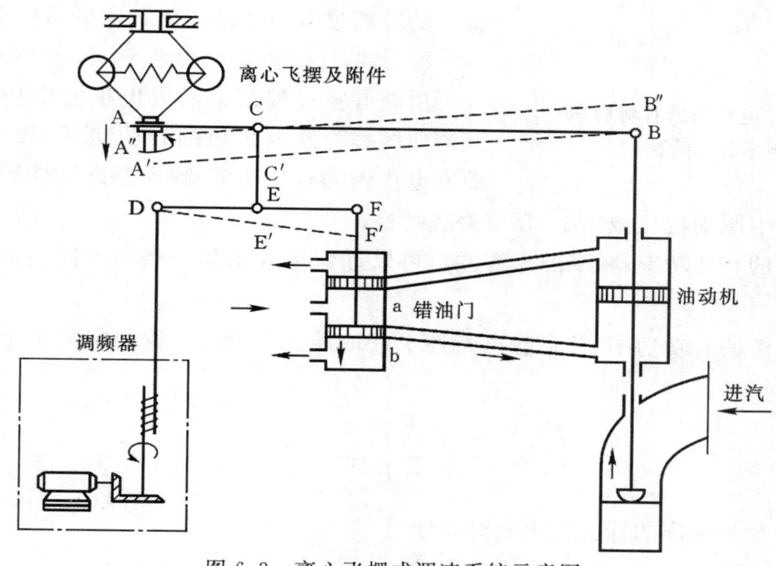


图 6.3 离心飞摆式调速系统示意图

飞摆连接弹簧，连杆系统与原动机轴连接。当飞摆等系统在原动机轴的带动下以额定转速旋转时，飞摆的离心力与弹簧的拉力平衡，杠杆 ACB 在水平位置，错油门管口 a、b 被活塞堵住，压力油不能经过错油门进入油动机，油动机活塞不动，调速气门的开度适中，进汽量一定。汽轮机在额定转速下旋转，发电机具有额定频率。如果负荷增大，发电机与原动机转速下降，飞摆因离心力减小，同时在弹簧及重力的作用下下落。由于油动机活塞两边油压相等，B 点不动，杠杆以 B 点为中心转动到 A′C′B 的位置。在调频器不能动作的情况下，杠杆 DFE 以 D 点为中心转动到 DF′E′的位置。E 点移动到 E′后，错油门活塞下移，开启油门 b，带有压力的油经过错油门进入油动机活塞下部。在油压的作用下，油动机活塞上移，开大调速气门的开度，进入原动机的汽量（对于水轮机是进水量）增加，使得原动机的转速增加。

油动机活塞上升开大调速气门开度的同时，使B点移到B″，由于汽轮机转速有了增加，飞摆离心力增大，使A′移到A″，杠杆ACB移到A″CB″的位置。杠杆DF′E′又回到原来DFE的位置，关闭了错油门b，中止压力油继续进入油动机的下部，起到了传动与反馈的作用。

这种因负荷的变化引起发电机转速和频率变化，由此达到自动调节频率的过程，称为频率的“一次调整”。仔细看来，由于负荷增大，通过一次调整，A′点达到了A″点，而没有回到A点，使频率虽有所增加，但没有增大到原来的额定值，这种特性称为调速装置的有差特性。如果系统有充足的备用容量，主调频厂发电机值班人员开动调频器的电动机，通过蜗轮、蜗杆的传动将D点抬高，再一次开启错油门b使调速气门的开度再增大，这就可能使杠杆A″点回到A点位置，从而使频率达到额定值。这种用调频器完成的调节，称为频率的“二次调整”。负荷减小时，频率的“一次调整”与“二次调整”的分析过程与上述相似，这里不再重复。

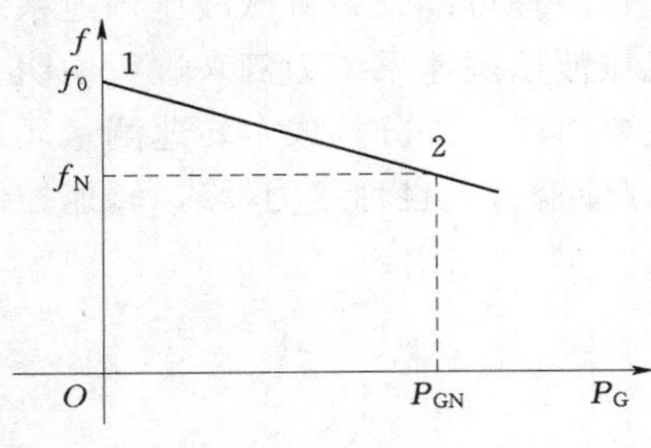

图6.4　发电机组的有功功率-频率静态特性

2. 发电机组的有功功率-频率静态特性

反映调整过程结束后发电机输出功率和频率关系的曲线称为发电机组的有功功率-频率静态特性，而发电机组的有功功率-频率静态特性通常可理解为就是发电机组中原动机机械功率-频率静态特性。

发电机组的有功功率-频率静态特性，可以近似地表示为一条向下倾斜的直线，如图6.4所示。

在发电机组的有功功率-频率静态特性上任取两点1和2，我们定义机组的静态调差系数为

$$\delta=-\frac{f_2-f_1}{P_2-P_1}=-\frac{\Delta f}{\Delta P} \tag{6.6}$$

以额定参数为基准的标幺值表示时，便有

$$\delta_*=-\frac{\Delta f/f_N}{\Delta P/P_{GN}}=-\frac{\Delta f_*}{\Delta P_*} \tag{6.7}$$

式中的负号是因为调差系数习惯上取正值，而频率变化量又恰与功率变化量的符号相反。如果取点1为空载运行点，即$P_1=0$，$f_1=f_0$；点2为额定运行点，即$P_2=P_{GN}$，$f_2=f_N$，便有

$$\delta=-\frac{f_N-f_0}{P_{GN}-0} \tag{6.8}$$

或

$$\delta_*=-\frac{f_N-f_0}{f_N}=\frac{f_0-f_N}{f_N} \tag{6.9}$$

如果用百分数表示，则为

$$\delta\%=\frac{f_0-f_N}{f_N}\times 100 \tag{6.10}$$

调差系数也称调差率，可定量表明某台机组负荷改变时相应的转速（频率）偏移。调差系数的倒数就是机组的单位调节功率（或称发电机组的功频静特性系数），即

$$K_G=\frac{1}{\delta}=-\frac{\Delta P_G}{\Delta f} \tag{6.11}$$

或者用标幺值表示为

$$K_{G*}=\frac{1}{\delta_*}=-\frac{\Delta P_{G*}}{\Delta f_*} \tag{6.12}$$

两者的关系为

$$K_G=K_{G*}\frac{P_{GN}}{f_N} \tag{6.13}$$

$K_G$ 的数值表示频率发生单位变化时，发电机组输出功率的变化量，式（6.12）中的负号表示频率下降时，发电机组的有功出力是增加的。

调差系数的大小对频率偏移的影响很大，调差系数越小，频率偏移也越小。与负荷的频率调节效应系数 $K_{L*}$ 不同，发电机组的调差系数 $\delta_*$ 或相应的单位调节功率 $K_{G*}$ 是可以整定的，一般整定为如下数值：

汽轮发电机组　　　$\delta\%=3\sim5$，$K_{G*}=33.3\sim20$

水轮发电机组　　　$\delta\%=2\sim4$，$K_{G*}=50\sim25$

### 6.4.3 电力系统的频率调整

电力系统的负荷时刻都在变化，图 6.5 为有功功率负荷的变化曲线。其中，曲线 $P_\Sigma$ 表示电力系统的实际负荷变化曲线。这一曲线可以分解为 $P_1$、$P_2$、$P_3$ 三组曲线。曲线 $P_1$ 变化快，幅值变化范围小，需依靠系统各发电机组的调速装置自动调节原动机功率，以适应这一变化，称为一次频率调整。曲线 $P_2$ 变化较慢，幅值变化范围较大，属于这类负荷的主要有大电机、电炉、延压机械、电气机车等，可以通过手动或自动调整调频器来改变调速装置的整定特性，以适应这一负荷变化，称为二次频率调整。曲线 $P_3$ 变化最慢，幅值变化范围大，引起负荷变化的原因主要是工厂的作息制度、人们的生活规律及气象条件的变化，其变化规律根据运行经验可以预测，一般按电力系统各发电机的特性，经济地分配给各电厂，这些按预先制定的负荷预测曲线分担负荷运行的发电厂，称为基载厂。在经济地分配基载厂功率时，等微增率运行准则是重要的一项分配原则，这种调整称为三次调频。

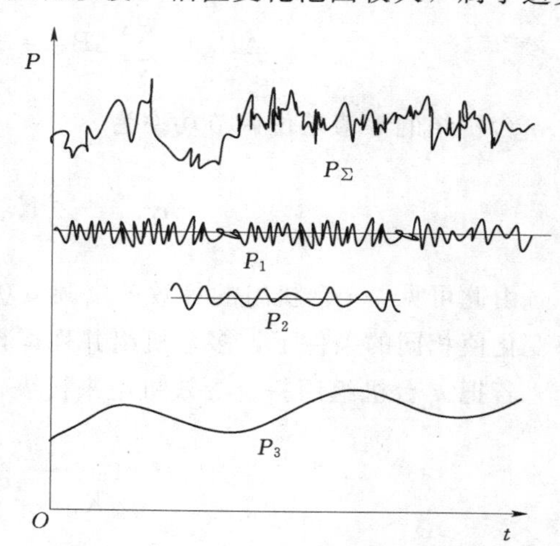


图 6.5　有功功率负荷的变化曲线

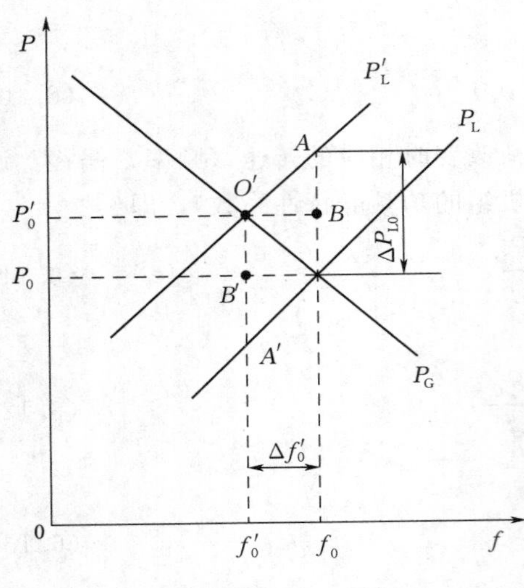


图 6.6 频率一次调整

1. 频率的一次调整

为简单起见，这里先以一台机组、一个综合负荷的系统为例，把电源和负荷的静态特性画在一个坐标上，如图 6.6 所示，分析频率一次调整。

发电机组与负荷的有功功率-频率静态特性的交点就是系统的初始运行点，如图 6.6 中的 $O$ 点。若在 $O$ 点运行，负荷的有功功率突然增加 $\Delta P_{L0}$，负荷的有功功率-频率静态特性曲线突然由 $P_L$ 向上移动到 $P'_L$。由于负荷突然增加时，发电机组输出的有功功率不能及时随负荷变动，因此发电机组将减速，电力系统频率将下降。在系统频率下降时，发电机组输出的有功功率将因调整器的一次调整作用而增加，而负荷所需的有功功率将因负荷本身的调节效应而减小。前者沿发电机组的有功功率-频率静态特性向上增加，后者沿负荷的频率特性向下减小，最后抵达新的平衡点 $O'$。$O'$ 点即为新的运行工作点，对应的发电机功率为 $P'_0$，频率为 $f'_0$。可见，经过一次调整后，发电机增发了功率 $\Delta P_G = P'_0 - P_0$，而系统的频率偏差为 $\Delta f = f'_0 - f_0$。

当 $n$ 台装有调速器的机组并联运行时，可以根据各机组的调差系数和单位调节功率计算出等值调差系数 $\delta$（$\delta_*$）和等效单位调节功率 $K_G$（$K_{G*}$）。

当系统频率变化 $\Delta f$ 时，第 $i$ 台机组的输出功率增量为

$$\Delta P_{Gi} = -K_{Gi}\Delta f \tag{6.14}$$

$n$ 台机组的输出功率的总增量为

$$\Delta P_G = \sum_{i=1}^{n} \Delta P_{Gi} = -\sum_{i=1}^{n} K_{Gi}\Delta f = -K_G\Delta f \tag{6.15}$$

故 $n$ 台机组的等值单位调节功率为

$$K_G = \sum_{i=1}^{n} K_{Gi} = \sum_{i=1}^{n} K_{Gi*} \frac{P_{GiN}}{f_N} \tag{6.16}$$

由此可见，$n$ 台机组的等效单位调节功率远大于一台机组的单位调节功率，在输出功率变化值相同的条件下，多台机组并列运行的频率变化比一台机组运行时要小得多。

若把 $n$ 台机组用一台等效机组来代表，可求出等值单位调节功率的标幺值为

$$K_{G*} = \frac{\sum_{i=1}^{n} K_{Gi*} P_{GiN}}{P_{GN}} \tag{6.17}$$

其倒数为等值调差系数，即

$$\delta_* = \frac{1}{K_{G*}} = \frac{P_{GN}}{\sum_{i=1}^{n} \frac{P_{GiN}}{\delta_{i*}}} \tag{6.18}$$

式中　　$P_{GiN}$——第 $i$ 台机组的额定功率；

$P_{GN} = \sum_{i=1}^{n} P_{GiN}$——全系统 $n$ 台机组的额定功率之和。

在计算 $\delta$（$\delta_*$）或 $K_G$（$K_{G*}$）时，如第 $j$ 台机组已经满载运行，当负荷增加时应取 $K_G = 0$ 或 $\delta_j = \infty$。

求出了 $n$ 台机组的等值调差系数 $\delta$（$\delta_*$）和等值单位调节功率 $K_G$（$K_{G*}$）后，就可以像一台机组时一样来分析频率的一次调整。利用系统的单位调节功率公式 $K = K_G + K_L = -\frac{\Delta P_{L0}}{\Delta f}$，可算出负荷功率初始变化量 $\Delta P_{L0}$ 引起的频率偏差 $\Delta f$，从而每台机组所承担的功率增量为

$$\Delta P_{Gi} = -K_{Gi}\Delta f = -\frac{1}{\delta_i}\Delta f = -\frac{\Delta f}{\delta_{i*}}\frac{P_{GiN}}{f_N} \tag{6.19}$$

由上式可见，调差系数越小的机组所增加的有功出力（相对于本身的额定值）就越多。

依靠调速器进行频率的一次调整，只能限制那些周期较短、幅度较小负荷变动而引起的频率偏移。当负荷变动的周期较长、幅度较大时，仅靠一次调整不一定能够保证频率偏移在允许的波动范围之内，所以调频任务需要由调频器进行频率的二次调整来完成。

2. 频率的二次调整

频率的二次调整就是自动或手动地操作调频器，使发电机组的频率特性平行移动，从而使负荷变动引起的频率偏移缩小在允许范围内，目前主要由自动发电控制（AGC）完成。

电力系统中各发电机组均装有调速器，所以每台运行机组都可参加一次调频（除了机组已满载外）。二次调频则不同，一般只是选定系统中极少的电厂担任二次调频。承担二次调频任务的电厂称为调频厂。

调频厂又分主调频厂及辅助调频厂。只有在主调频厂调节后，而系统频率仍不能恢复正常时，才启用辅助调频厂。而非调频厂在系统正常情况下则按预先给定的负荷曲线发电。

为了使电力系统的调峰调频达到预期效果，保证系统频率运行在规定范围内，必须首先确定调频厂的选择。主调频厂负责调整频率，所以主调频厂选择的好坏直接关系到频率的质量。

选择主调频厂的条件如下：

（1）具有足够的调频容量和调整范围，以满足系统负荷增、减最大的负荷变量。

（2）具有与负荷变化相适应的调整速度，以适应系统负荷增、减最快的速度需要。

（3）调整出力时应符合安全及经济运行原则。

根据以上原则，在水电厂，从出力调整范围和调整速度来看，水电厂最适宜承担调频任务。但是在安排各类电源负荷时，还应考虑整个系统运行的经济性。在枯水季节，宜选

水电厂作为主调频厂，火电厂中效率较低的机组则承担辅助调频的任务；在丰水季节，为了充分利用水力资源，避免弃水，水电厂宜带稳定的负荷，而由效率不高的中温中压凝汽式火电厂承担调频任务。

下面仍以只有一台发电机的系统说明二次调频的过程。

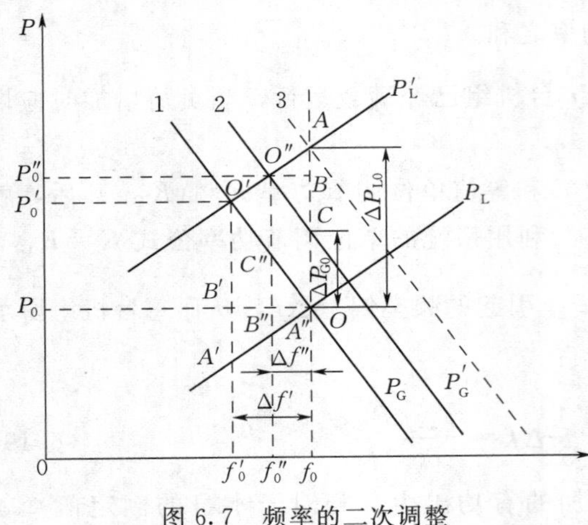

图 6.7　频率的二次调整

如图 6.7 所示，一次调频的结果，使工作点转移到 $O'$点，如果一次调整后频率偏差 $\Delta f'$超出允许的波动范围，应操作调频器，进行二次调整，增加发电机组发出的功率，使电源的频率特性向右移动，将由于负荷变动引起的频率偏差减小，使发电机组增发的功率为 $\Delta P_{G0}$，电源的频率特性向上右移，则运行点又将从 $O'$点移动到 $O''$点（曲线 1 平行移至曲线 2）。$O''$点即为二次调整后的系统运行工作点，$O''$点对应的功率为 $P''_0$，频率为 $f''_0$。可见，经过二次调整后，可以供给负荷的功率由 $P'_0$增加到 $P''_0(P''_0>P'_0)$，且频率偏差由 $\Delta f'$减小至 $\Delta f''$（$\Delta f''<\Delta f'$），显然系统的运行质量有所提高。

由图 6.7 还可以看出，只进行一次调频时，负荷的原始增量 $\Delta P_{L0}$ 可分解为两个部分：一部分是因调速器的调整作用而增大的发电机组功率 $-K_G\Delta f'$（图中 $B'O'$），另一部分是因负荷本身的调节效应而减少的负荷功率 $K_L\Delta f'$（图中 $B'A'$）。当不仅进行一次调整，而且还进行二次调整时，负荷增量 $\Delta P_{L0}$（图中 $AO$）可以分解为三部分：第一部分是由于进行二次调整发电机组增发的功率 $\Delta P_{G0}$（图中 $OC$）；第二部分是由于调整器的调整作用而增大的发电机组功率 $-K_G\Delta f''_0$(图中 $CB=B''C''$)；第三部分仍然是由于负荷本身的调节效应而减小的负荷功率 $K_L\Delta f''_0$(图中 $AB=B''A''$)，即有

$$\Delta P_{L0}=\Delta P_{G0}-K_G\Delta f''_0-K_L\Delta f''_0 \tag{6.20}$$

于是有

$$\Delta f=-\frac{\Delta P_{L0}-\Delta P_{G0}}{K_G+K_L} \tag{6.21}$$

由式（6.20）可知，有二次调整时，除增加一项因操作调频器而增发的功率 $\Delta P_{G0}$ 外，其他与仅有一次调整时一样。而正是因为发电机组增发了这一部分的功率，系统频率偏移减小了，负荷所获得功率才有所增大。当 $\Delta P_{G0}=\Delta P_{L0}$ 时，即二次调整使发电机组增发了负荷功率的原始增量 $\Delta P_{L0}$ 时，则 $\Delta f''=0$，亦即实现了所谓无差调节，无差调节如图 6.7 中的虚线（虚线 3）所示。

二次调频提高了发电机的发电功率，缩小了频率偏差，因而，二次调频是调频的主要手段。二次调整时，系统负荷的增量基本上由主调频厂（机组）承担。当一台调频机组（厂）不足以承担负荷增量时，就要增选一台机组（或电厂）参加二次调整。这时二次调频总的增发功率为各调频机组（或调频厂）增发功率之和。

二次调频的作用比一次调频的作用大，但实际运行中不是所有的发电机组都能进行二次调频，只是选择少数发电厂作为调频厂。

有多台机组参加调频的情况下，为了提高系统运行的经济性，还要求按等微增率准则在各主调频机组之间分配负荷增量，把频率调整和负荷的经济分配一并加以考虑。

## 6.5 工程案例演示

来宾电厂3号、4号机组一次调频控制方式为DEH+CCS，即DEH内额定转速与汽轮机转速差通过一定函数计算后直接动作调频，CCS进行补偿，保证机组负荷满足电网要求。

在机组负荷90～300MW的范围内允许投入一次调频，当电网频率变化超过机组一次调频死区时，电液调节型机组响应时间应不大于3s，在电网频率变化超过机组一次调频死区开始时的45s内，机组实际出力与机组响应目标偏差的平均值应在机组额定有功出力的±3%内。当一次调频动作后，CCS根据电网频率信号，将经过死区处理后得出的一次调频负荷，叠加到协调控制回路的主调节器上，补偿汽机负荷变化对锅炉的影响。

来宾电厂的3号、4号机组在2013年3月21日下午电网进行的楚穗直流双极闭锁试验期间，机组运行稳定，基本负荷维持在170MW左右。3号、4号机组CCS运行方式下试验曲线如图6.8和图6.9所示，调频延时小于3s，45s内机组实际出力与机组响应负荷目标最大偏差在机组额定有功出力的±3%（9.0MW）内，一次调频稳定时间小于60s。

试验结果表明，来宾电厂3号、4号机组的一次调频功能能够满足《南方区域发电厂并网运行管理实施细则》规定的调频指标要求。

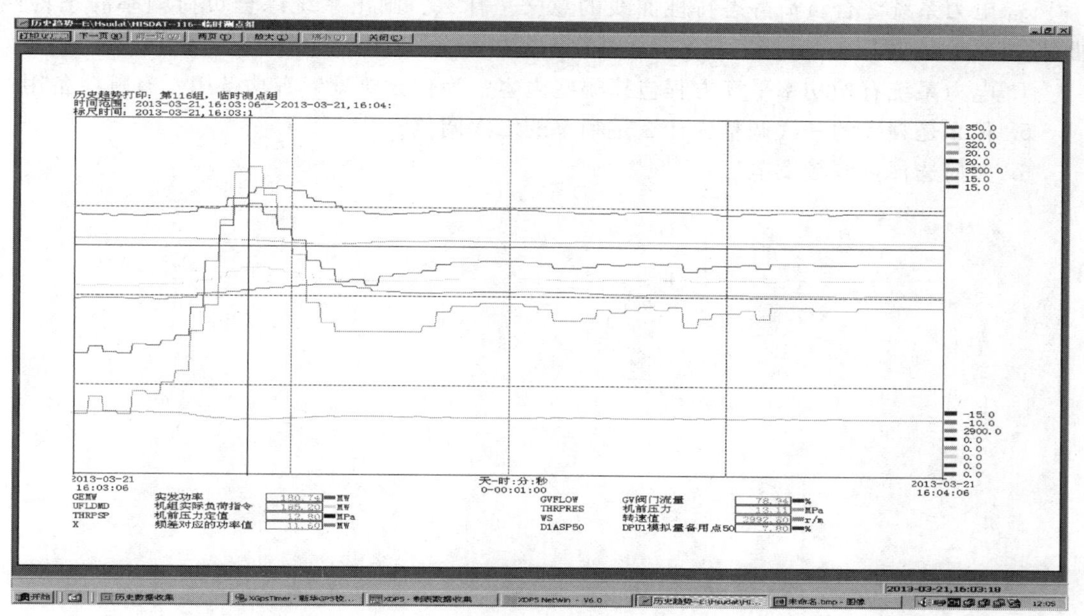


图6.8 3号机组CCS运行方式下试验曲线

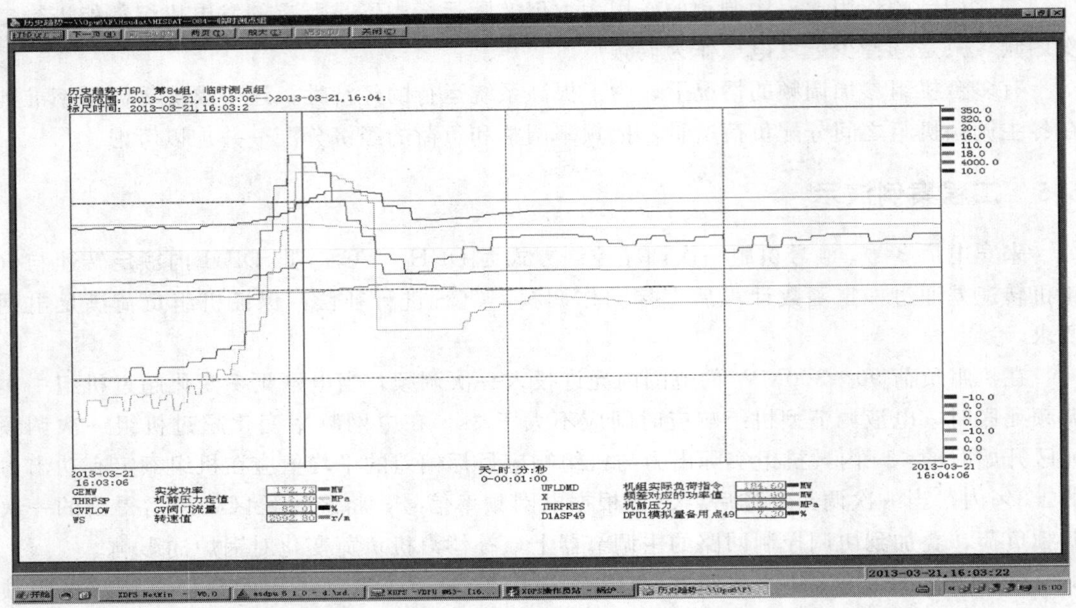

图 6.9　4号机组 CCS 运行方式下试验曲线

## 6.6　练习

1. 衡量电能质量的指标是什么?

2. 电力系统低频运行有什么危害?

3. 电力系统综合负荷静态特性曲线的意义是什么? 画出系统综合负荷频率静态特性曲线。

4. 电力系统有功功率平衡方程包括哪些内容? 为什么要设置有功备用? 有哪些备用?

5. 什么是频率的一次调整? 什么是频率的二次调整?

6. 如何选择主调频发电厂?

# 项目 7　电力系统的经济运行

**【项目提出】**

现代电力系统越来越大，人们越来越重视如何在保证整个系统安全可靠和电能质量符合标准的前提下，努力提高电能生产和输送的效率，并尽量降低供电成本。

**【分析】**

党的二十大报告提出，“加快节能降碳先进技术研发和推广应用，倡导绿色消费，推动形成绿色低碳的生产方式和生活方式”。

电力系统安全经济运行，是指在满足各种可行性和安全性约束的条件下，合理安排电源运行方式，使总的运行费用最少或其他目标最优。电力系统经济运行包括提高系统运行的经济性和提高组成系统的各元件运行的经济性两方面的内容。

提高系统运行的经济性主要包括有功经济运行和无功经济运行两方面。有功经济运行是通过合理安排系统中各发电机组所担负的有功出力，使系统总的发电成本最小。无功经济运行则是通过合理安排系统中的无功电源及利用各种调压措施，使系统中的线路有功损耗（或与其相应的燃料费用）最小。无功功率的分配虽然不直接影响全系统的燃料消耗量，但它将影响到整个系统的有功功率损耗，即影响所有发电机发出的总有功功率，从而间接影响到全系统的燃料消耗和燃料费用。

提高元件运行的经济性，也就是提高系统中发、输、变电设备运行的经济性。随着科学技术的进步，系统中设备的效率不断提高，费用消耗将得以降低。另外，管理和运行水平的提高，可使系统中的设备经常处于良好的工作状态并在最优的工作参数下运行，从而提高运行的经济性。

本项目分为三个任务：“任务 7.1 认识电力网的电能损耗”主要介绍了输电线路、变压器的电能损耗和降低网损的技术措施；“任务 7.2 认识电力系统有功负荷的经济分配”介绍了有功功率电源的组合和有功功率负荷的最优分配；“任务 7.3 认识电力系统无功功率的最优分布”介绍了无功功率优化的工程实例。

## 任务 7.1　认识电力网的电能损耗

### 7.1.1　学习目标

了解电能损耗的基本概念和常用的电能损耗计算方法，了解几种降低电能损耗的措施。通过认识电能损耗，培养学生勤俭节约、建设节能社会的良好品德。

### 7.1.2　任务分析

电力网中的电能损耗主要是指在电力线路和变压器中损耗的电能。其中，输电线路导线和变压器绕组中的电能损耗与电流的二次方成正比；架空线路电晕、电缆的绝缘介质以及变压器铁芯等的损耗与运行电压有关。

电力网的网损率是考核电力系统运行水平的一项重要经济指标，也是衡量供电企业管理水平的一项主要指标。对电力系统而言，降低网损率具有双重功效，即节约投资和减少能源消耗。因此，应采取各种技术措施和管理措施降低网损。

### 7.1.3 知识学习

#### 7.1.3.1 电能损耗

电力网运行时，由于电流或功率通过电力网的元件，就会产生功率损耗和电能损耗。在电力网的电阻和电导中，产生有功功率损耗，在电力网的感抗中，产生无功功率损耗。有功功率损耗与时间的乘积，称为电能损耗。

电力网的功率损耗由以下两部分组成：

(1) 变动损耗。这部分损耗产生在输电线路和变压器的阻抗中，与电力网输送的功率有关。输送的功率越大，损耗也越大。这部分损耗约占电力网功率损耗的80%。

(2) 固定损耗。这部分损耗产生在输电线路和变压器的并联导纳中，如电晕损耗、泄漏电流损耗、变压器铁芯损耗与激磁损耗等。它与元件两端电压大小有关，这部分损耗约占电力网功率损耗的20%。

电力网的有功功率损耗必须由发电机供给。当系统负荷一定时，有功功率损耗越大，所需要的发电设备容量也越大，这就增加了发电设备的投资。同时，为了供给电力网的电能损耗，发电厂必须多消耗能源（如水、煤、油等），这就使电力系统的运行费用增加。

电力网的无功功率损耗，增加了电力系统无功功率的需要量。这就要求发电机多发无功功率或在系统中增添无功功率补偿设备，因此也要多增加投资。同时，过多的无功功率通过线路与变压器，将使有功功率输送受到限制。另外，输送无功功率时，在电力网电阻中也将引起有功功率损耗的增加。可见，在电力网的运行中，功率损耗和电能损耗是不可避免的，但可以尽力采取措施降低它，以提高电力系统运行的经济性。

#### 7.1.3.2 电能损耗的计算

1. 输电线路的电能损耗计算

如果要准确地计算某线路的电能损耗，就必须准确地描述出该段线路功率损耗的函数表达式 $\Delta P(t)$；或者依据电路理论给定该段线路的等值电阻 $R$，计算时段 $T$ 内的视在功率和电压的函数 $S(t)$、$U(t)$后，按下式计算 $T$ 时段内的电能损耗：

$$\Delta_0^T \Delta P(t)\,\mathrm{d}t=\int_0^T \frac{S^2(t)}{U^2(t)}R\,\mathrm{d}t=\int_0^T 3I^2(t)R\,\mathrm{d}t \tag{7.1}$$

但是在实际电路系统中，$\Delta P(t)$、$S(t)$、$U(t)$或 $I(t)$很难用解析式给出。因此，可以人为地将时段 $T$ 分成步长为 $\Delta t$ 的 $n$ 等份，按每段内功率损耗或功率、电压或电流为定值，用求和的方法近似计算，即

$$\Delta A \approx \sum_{i=1}^{n}\Delta P_{\mathrm{i}}\Delta t_{\mathrm{i}}=\sum_{i=1}^{n}\frac{S_{\mathrm{i}}^2}{U_{\mathrm{i}}^2}\Delta t_{\mathrm{i}}=\sum_{i=1}^{n}3I_{\mathrm{i}}^2R\Delta t_{\mathrm{i}} \tag{7.2}$$

事实上，即使是求和方法，由于电力系统的复杂性，上述计算也很复杂。特别是在规

划设计阶段负荷曲线未知的情况下，因数据更为欠缺，计算难免更粗略。工程上一般采用的近似方法有均方根电流法和最大功率损耗时间法。下面简单介绍最大负荷损耗时间法。

设线路全年的实际电能损耗为 $\Delta A$，如果线路中输送的功率一直保持最大负荷功率 $S_{max}$，对应该负荷下线路的有功功率损耗为 $\Delta P_{max}$，在 $\tau_{max}$ 小时内恰好损耗完 $\Delta A$，则称 $\tau_{max}$ 为最大负荷损耗时间，即

$$\tau_{max}=\frac{\Delta A}{\Delta P_{max}} \tag{7.3}$$

统计表明，当年最大负荷利用小时数 $T_{max}$ 与功率因数 $\cos\varphi$ 已知时，$\tau_{max}$ 有表 7.1 所示的对应关系。因此，利用表 7.1，可在已知 $T_{max}$ 和 $\cos\varphi$ 的情况下查出 $\tau_{max}$。这时该线路的电能损耗为

$$\Delta A=\Delta P_{max}\tau_{max}=\frac{S_{max}^2}{U_{max}^2}R\tau_{max} \tag{7.4}$$

式中 $U_{max}$——线路中输送功率为 $S_{max}$ 时的对应电压。

**表 7.1 最大负荷损耗小时数 $\tau_{max}$、最大负荷利用小时数 $T_{max}$ 和功率因数 $\cos\varphi$ 的关系**

| $T_{max}$/h | $\cos\varphi$ | | | | |
|---|---|---|---|---|---|
| | 0.80 | 0.85 | 0.90 | 0.95 | 1.00 |
| | $\tau_{max}$/h | | | | |
| 2000 | 1500 | 1200 | 1000 | 800 | 700 |
| 2500 | 1700 | 1500 | 1250 | 1100 | 950 |
| 3000 | 2000 | 1800 | 1600 | 1400 | 1250 |
| 3500 | 2350 | 2150 | 2000 | 1800 | 1600 |
| 4000 | 2750 | 2600 | 2400 | 2200 | 2000 |
| 4500 | 3200 | 3000 | 2900 | 2700 | 2500 |
| 5000 | 3600 | 3500 | 3400 | 3200 | 3000 |
| 5500 | 4100 | 4000 | 3950 | 3750 | 3600 |
| 6000 | 4650 | 4600 | 4300 | 4350 | 4200 |
| 6500 | 5250 | 5200 | 5100 | 5000 | 4850 |
| 7000 | 5950 | 5900 | 5800 | 5700 | 5600 |
| 7500 | 6650 | 6600 | 6550 | 6500 | 6400 |
| 8000 | 7400 | 7350 | 7350 | 7300 | 7250 |

对线路上有多个负荷点的情况，如图 7.1 所示，则需要计算出对应各段线路的 $\tau_{max}$ 及相应的电能损耗，然后累加而得

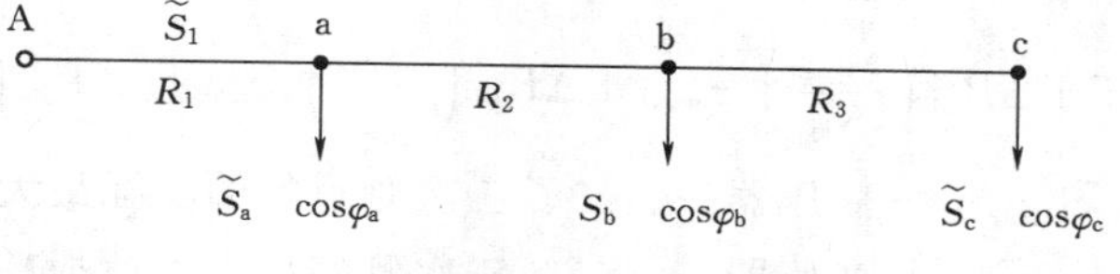


图 7.1 多个集中负荷的线路

$$\Delta A=\left(\frac{S_{1\max}}{U_{\mathrm{amax}}}\right)^2 R_1\tau_{\max1}+\left(\frac{S_{2\max}}{U_{\mathrm{bmax}}}\right)^2 R_2\tau_{\max2}+\left(\frac{S_{3\max}}{U_{\mathrm{cmax}}}\right)^2 R_3\tau_{\max3} \tag{7.5}$$

式中　$S_{1\max}$、$S_{2\max}$、$S_{3\max}$——各段线路的最大负荷功率；

$\tau_{\max1}$、$\tau_{\max2}$、$\tau_{\max3}$——对应的各段线路的最大负荷损耗时间；

$U_{\mathrm{amax}}$、$U_{\mathrm{bmax}}$、$U_{\mathrm{cmax}}$——对应各段线路通过最大负荷功率时的节点电压，一般也可近似取为各节点的电压。

式（7.5）中各段线路的$\tau_{\max}$，需在求出各段线路的$\cos\varphi$和$T_{\max}$后，相应查表7.1而得。$\cos\varphi$和$T_{\max}$可按下式计算：

$$\cos\varphi_1=\frac{S_{\mathrm{amax}}\cos\varphi_{\mathrm{a}}+S_{\mathrm{bmax}}\cos\varphi_{\mathrm{b}}+S_{\mathrm{cmax}}\cos\varphi_{\mathrm{c}}}{S_{\mathrm{amax}}+S_{\mathrm{bmax}}+S_{\mathrm{cmax}}}$$

$$\cos\varphi_2=\frac{S_{\mathrm{amax}}\cos\varphi_{\mathrm{b}}+S_{\mathrm{cmax}}\cos\varphi_{\mathrm{c}}}{S_{\mathrm{bmax}}+S_{\mathrm{cmax}}}$$

$$\cos\varphi_3=S_{\mathrm{cmax}}\cos\varphi_{\mathrm{c}}$$

$$T_{\max1}=\frac{P_{\mathrm{amax}}T_{\mathrm{maxa}}+P_{\mathrm{bmax}}T_{\mathrm{maxb}}+P_{\mathrm{cmax}}T_{\mathrm{maxc}}}{P_{\mathrm{amax}}+P_{\mathrm{bmax}}+P_{\mathrm{cmax}}}$$

$$T_{\max2}=\frac{P_{\mathrm{bmax}}T_{\mathrm{maxb}}+P_{\mathrm{cmax}}T_{\mathrm{maxc}}}{P_{\mathrm{bmax}}+P_{\mathrm{cmax}}}$$

$$T_{\max3}=T_{\mathrm{maxc}}$$

2. 变压器的电能损耗计算

变压器的电能损耗就是指在变压器的电阻和电导中消耗的电能。在电阻中消耗的电能完全可仿照输电线路的计算，在电导中消耗的电能可用空载损耗直接求出。故以最大负荷损耗时间法为例，双绕组变压器的年电能损耗可用下式计算：

$$\Delta A_{\mathrm{T}}=\Delta P_0 T+\Delta P_{\max}\tau_{\max} \tag{7.6}$$

式中　$\Delta P_0$——变压器的空载损耗，kW；

$T$——变压器的年运行小时数，h；

$\Delta P_{\max}$——最大负荷下变压器电阻消耗的有功功率，kW；

$\tau_{\max}$——最大负荷损耗时间，求法与线路的$\tau_{\max}$相同。

由于变压器在电阻中的有功功率损耗与短路损耗$\Delta P_{\mathrm{k}}$直接有关，即$\Delta P=\Delta P_{\mathrm{k}}\left(\frac{S_{\max}}{S_{\mathrm{N}}}\right)^2\tau_{\max}$，因此将式（7.6）写成如下形式：

$$\Delta A_{\mathrm{T}}=\Delta P_0 T+\Delta P_{\mathrm{k}}\left(\frac{S_{\max}}{S_{\mathrm{N}}}\right)^2\tau_{\max} \tag{7.7}$$

相似地，可直接列出三绕组变压器的电能损耗计算式如下：

$$\Delta A_{\mathrm{T}}=\Delta P_0 T+\Delta P_{\mathrm{k1}}\left(\frac{S_{1\max}}{S_{\mathrm{N}}}\right)^2\tau_{\max1}+\Delta P_{\mathrm{k2}}\left(\frac{S_{2\max}}{S_{\mathrm{N}}}\right)^2\tau_{\max2}+\Delta P_{\mathrm{k3}}\left(\frac{S_{3\max}}{S_{\mathrm{N}}}\right)^2\tau_{\max3} \tag{7.8}$$

式中　$S_{1\max}$、$S_{2\max}$、$S_{3\max}$——变压器一、二、三次侧承担的实际最大负荷；

$\tau_{\max1}$、$\tau_{\max2}$、$\tau_{\max3}$——变压器一、二、三次侧的最大负荷损耗时间；

$\Delta P_{\mathrm{k1}}$、$\Delta P_{\mathrm{k2}}$、$\Delta P_{\mathrm{k3}}$——变压器一、二、三次侧的等放短路损耗。

#### 7.1.3.3　降低电能损耗的措施

电力系统中的电能损耗不仅消耗一定的动力资源，而且还占用一部分发电设备容量。实际中用网损率来描述电能损耗对电力网的影响。称某计量时段（日、月、季、年）内，电力系统中所有发电厂的总发电量减去厂用电量的电量 $A$ 为供电量，称同一计量时段在所有送电、变电和配电环节中所损耗的电量 $\Delta A_{\Sigma}$ 为电力网的损耗电量，则电力网的网损率为

$$\Delta A\% = \frac{\Delta A_{\Sigma}}{A} \times 100\% \tag{7.9}$$

电力网的网损率是考核电力系统运行水平的一项重要经济指标，也是衡量供电企业管理水平的一项主要指标。对电力系统而言，降低网损率具有双重功效：节约投资和减少能源消耗。为了降低电力网的电能损耗，首先要做好供电的技术管理、计量管理和用电管理等管理措施，不断提高电力网的运行水平，同时，还应采取各种技术措施来降低网损。

主要从电力系统的经济调度及降低电力网的损耗两方面着手。

1. 电力系统的经济调度

电力系统的经济调度是一个比较复杂的问题，涉及的因素较多，这里只阐述经济调度的主要内容。

(1) 发电厂内机组的经济组合。发电厂内一般有两台以上的机组，在某一时段内，若满足电力系统给定负荷要求的条件，对水电厂来说，要求耗水量最少；对火电厂来说，要求耗煤量最少。在确定应开的机组台数和号数以后，机组之间还有负荷的经济分配问题。常用煤耗等微增率（水电厂是流量等微增率）的原则或动态规划法来确定。

(2) 纯水电系统的经济调度。目前，为数不少的地方电力系统是单纯由水电站组成的。这些水电站的情况各异，有些是径流电站，有些是有不同调节能力的电站，有些是单纯发电或以发电为主，有些是综合利用电站且不以发电为主等。在满足发电以外其他综合利用各部门要求的条件下，可用系统总的年发电量最大准则进行调度。

(3) 水、火电联合系统的经济调度。有些地方电力系统，除了水电厂以外，还有一些火电厂，可用“耗煤量最小”为准则进行水火联合系统的调度。

(4) 梯级水电厂（站）的经济调度。梯级各水电站之间相互有水力联系，这就存在各水电站开停机组的经济组合和各水电站负荷的经济分配问题。可采用梯级各水电站全日水头加权平均耗水量最小准则进行调度。

2. 降低电力网损的技术措施

电力网的线损可以分为理论线损和管理线损两部分。理论线损是电力网输变电设备真正的电能损耗，降低这部分损耗，需要采取各种技术措施。管理线损的降低，则主要通过管理和组织上的措施来达到。这里只介绍降低线损的技术措施。

(1) 改造电力网。目前，不少地方电力系统中，电网发展的速度与负荷增长的速度不相适应，致使送变电容量不足，出现线路“卡脖子”、供电半径过长等不合理现象。这些状况不但影响供电安全和电压质量，而且增加了线损。因此，应对电力网进行改造以降低线损，具体措施如下：

1) 架设新的输配电线路以及把截面积过小的导线更换为大截面积的导线或加装复导线。

2) 推广使用低损耗配电变压器。低损耗变压器与旧系列变压器比较，线损可减少

40%～60%，推广使用低损耗变压器是降低线损的有效技术措施。新装的配电变压器应予优先采用，对现有的高损耗配电变压器应逐步更换或者改造。我国以提升效率、降低损耗为重点，在电力系统中不断地应用新材料、新结构、新工艺、新控制技术等，使得电力系统在空载损耗、负载损耗、噪声、温升等方面均已接近世界领先水准。

3）电力网升压，简化电压等级和变电层次，减少重复的变电容量。电力网升压是降低线损非常有效的措施。例如，电力网电压由6kV升压至10kV，电能损耗的变动部分可以降低64%；电压由10kV升至35kV，电能损耗的变动部分可降低91.8%。对一些集中而又远离电源点的用户，可采用35kV/0.4kV直配变压器深入，减少10kV电压级，也可以收到良好的降损效果。

（2）提高电力网负荷的功率因数。在电能输送过程中，当线路输送的有功功率和线路电压一定时，线路电流与线路功率因数成反比，而线路功率因数又随线路输送的无功功率的增大而降低，即

$$I=\frac{P}{\sqrt{3}U\cos\varphi},\ \cos\varphi=\frac{P}{\sqrt{P^2+Q^2}} \tag{7.10}$$

可见，要降低线损，就应减少电力网输送的无功功率。用户是电力网输送和分配电能的终点，提高用户的功率因数，减少需要的无功功率，就能有效减少各级电力网输送的无功功率，从而降低线损。

供电部门征收电费，将用户的功率因数高低作为一项重要的经济指标。1983年9月1日水利电力部发布的经济法规《全国供用电规则》规定：高压供电的工业用户和高压供电装有带负荷调整电压装置的电力用户，功率因数为0.90以上；其他100kA（kW）以上电力用户和大、中型电力排灌站，功率因数为0.80。供电部门将根据用户执行的情况，在收取电费时分别作出奖励、不奖不惩、罚款等处理。

综上所述，必须设法提高电力网的功率因数，以充分利用电力系统内各发电设备和变电设备的容量，增加其输电能力，减小供电线路导线的截面积，节约有色金属，减少电力网中的功率损耗和电能损耗。

提高用户的功率因数可以采取两方面的措施：提高用电设备本身的功率因数和利用无功补偿设备就近平衡无功。

1）合理选择异步电动机的容量并调整其运行方式。运行统计数字表明，电力系统中功率损耗及电能损耗，约有65%是在110kV及以下电压等级的电力网中消耗掉的，约有35%是在35 kV及以下电压等级的电力网中消耗掉的。用户是电力网输送和分配电能的终点，提高用户的功率因数，就是提高电力网的功率因数。用户的主要负荷是在工农业生产中广泛用作动力的异步电动机，异步电动机需要有功功率，也需要无功功率。从电机学中知道，异步电动机所需要的无功功率$Q$与有功功率$P$之间有下列关系：

$$Q=Q_k+(Q_N-Q_k)\left(\frac{P}{P_N}\right)^2 \tag{7.11}$$

式中　$Q_k$——电动机在空载时所需的无功功率；

$Q_N$——电动机在额定负荷时所需的无功功率；

$P_N$——电动机在额定负荷时所需的有功功率。

从式（7.11）可知，异步电动机所需的无功功率由两部分组成：一部分是用来建立磁场所需的空载无功功率，为 $Q_N$ 的 60%～70%，它与电动机所带负荷大小无关；另一部分是绕组漏抗中消耗的无功功率，它与电动机负荷系数二次方成正比。所以电动机的负荷系数越小，即所带负荷越小，则电动机用户的功率因数越低。因此，在选择异步电动机时尽量做到异步电动机的容量与所拖动的机械功率相配套，避免“大马拉小车”的现象。另外，应尽量限制异步电动机的空载运行时间，避免大量消耗无功功率。在有条件的企业中，可用同步电动机来代替异步电动机运行，因为同步电动机不需要电网供给无功功率，在过励的情况下，它反而会向电网送出无功功率，这就能显著提高用户的功率因数。

2）合理选择变压器及感应电炉和电焊机设备的容量。合理选择变压器及感应电炉和电焊机设备的容量，使之与实际负荷配套，可避免过多地消耗无功功率。特别是限制变压器空载运行时间和防止变压器轻载运行是提高功率因数的重要措施。例如，农村灌溉专用变压器，当排灌时期过后，应将变压器退出运行；城市中工矿及企事业单位错开上下班时间，实行调荷节电措施，以限制选用过大容量的变压器等。

3）采用并联补偿装置。合理选择异步电动机和变压器等设备容量可以提高功率因数，降低电能损耗，但不能完全限制无功功率在电力网中通过。为此，在用户处或靠近用户的变电所中装设无功补偿设备，如静电电容器、同步调相机或静止补偿器等，可以就地平衡无功功率，限制无功功率在电力网中输送，这也是提高功率因数、降低电能损耗的重要措施，如图 7.2 所示。

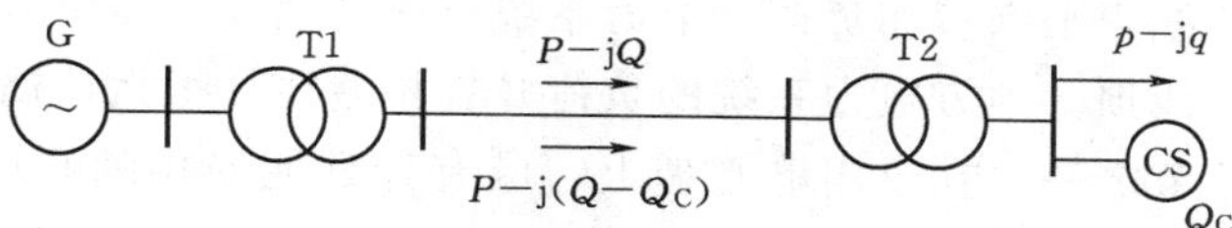


图 7.2　装设并联补偿设备的系统

未装补偿设备前，线路中的电能损耗为

$$\Delta A=\frac{P^2+Q^2}{U^2}R\tau \tag{7.12}$$

加装容量为 $Q_C$ 的补偿设备后，线路中电能损耗为

$$\Delta A=\frac{P^2+(Q-Q_C)^2}{U^2}R\tau \tag{7.13}$$

从式（7.13）可以看出，当 $Q_C$ 越大，接近 $Q$ 时，线路中电能损耗越小；当 $Q_C=Q$ 时，线路中电能损耗最小，这种补偿称为全补偿；当 $Q_C>Q$ 时，称为过补偿；当 $Q_C<Q$ 时，称为欠补偿。在实际工程中，因补偿设备投资大，从经济角度出发，常采用并联欠补偿装置。

从调压降低电能损耗、提高电力系统稳定运行综合考虑，需要较大无功功率补偿容量时，常采用同步调相机；需要较小补偿容量时，常在用户处加装并联静电电容器；对于有较大冲击负荷的地区，宜在变电所中加装静止补偿器。

电力系统的负荷中，异步电动机占有很大比重。异步电动机要实现电能向机械能的转换，除了从电网取用有功功率外，还必须从电网取用无功功率。分析表明，异步电动机的功率因数随着受载系数（实际取用的有功功率和额定有功功率之比）的减小而显著降低。所以，为了提高电动机的功率因数，就应提高电动机的受载系数，这就要正确选择与机械负载相配合的异步电动机的容量，避免“大马拉小车”的现象。

（3）合理调整电力网的运行电压。电力网运行电压的改变，对电力网元件中变动损耗和固定损耗的影响是不同的。运行电压的提高，减少了电力网元件中串联支路的电流，使变动损耗减少；同时使元件中并联支路的电流加大，增加了固定损耗。运行电压降低，结果相反。

在35kV及以上的供电网中，变动损耗约占总损耗的80%，因此提高运行电压1%，总损耗可降低1.2%左右。所以适当提高这些电网的电压水平可以降低线损。

6～10kV配电网情况则不同。在这种配电网中，变压器的固定损耗占配电网总损耗的40%～80%，特别是配电线路在深夜运行时，因负荷小，运行电压较高，变压器的固定损耗更大。因此，在满足用户电压偏移要求的情况下，适当降低供电电压，可以降低线损。

对于变压器，提高变压器运行电压水平，可以达到降低功率损耗和电能损耗的目的。因为当加在变压器的电压高于变压器分接头的额定电压时，虽然变压器绕组中的铜损减少了，但是由于电压的增加使得变压器磁通密度增加，铁损就会相应地增加，这就降低了节约的效果。这里需指出，在提高电力网运行电压水平时，必须满足发电机等设备对电压质量的要求。

（4）调整负荷曲线，平衡三相负荷。电力系统负荷波动大，不仅需要较大的发供电设备容量，而且增加了线损。地方电力系统的负荷峰谷相差往往很大，搞好负荷的调整工作是降损节能的重要环节之一。在供用电管理上，应有计划地安排削峰填谷，并可实行峰、谷不同电价制，使负荷曲线变得较为平坦。

低压配电线路常有大量的单相负荷，各相负荷是否平衡，对线损也有很大影响。因此，应当定期进行三相负荷的测定和调整工作，使三相负荷接近平衡以降低线损。

（5）调整并列运行变压器的运行台数。为了提高供电的可靠性和适应负荷发展的需要，通常在变电所内安装两台或两台以上的变压器并列运行。

在轻载时，若并列运行的变压器台数不变，则变压器的变动损耗很小，而固定损耗在总损耗中所占的比例较大。这时，在变压器不致过负荷的情况下，可以切除一台（或一部分）变压器，以减少变压器的总损耗。通过计算可以得出经济运行的临界负荷，总负荷小于临界负荷时，切除一台变压器可以减少损耗。

（6）合理确定环网的运行方式。随着系统容量的增加和供电范围的扩大，地方电力系统中也会出现各种形式的环形电力网。环形电力网是合环还是开环运行，以及在哪一点开环运行，都是与电力网的安全、可靠和经济性有关的复杂问题。合环运行可以提高供电的可靠性，但又使继电保护复杂化，因此有时环网也开环运行，而采用自动或手动切换方式。从降低线损的观点来看，在均一电网（即各段线路的$R/X$相同）中，同一电压等级的环网，功率分布与各段电阻成反比。此时电网的功率损耗最小，称为经济功率分布，显然合环运行可以降低损耗。但是，一般情况下，环网并不是均一电网，其自然功率分布并不满足经济分布的条件，这时可以在最优解列点将环网开环运行，这对降损是有利的。

#### 7.1.3.4　合理选择电力网导线截面积

导线是输送电能的主要元件，合理地选择导线截面积，对电力网运行的经济性和技术上的合理性具有重要意义。

导线截面积选择过大，将增加投资和有色金属的消耗（在通常 35～110kV 架空线路的造价中，导线的投资约占 30%），且折旧费也增加。导线截面积选择过小，电压损耗和电能损耗增加，将引起电压质量下降和运行费用增加，甚至造成导线接头处的温度过高，引起导线断股和断线等严重事故。此时，对投入运行不久导线截面积过小的线路，将需更换成截面积较大的导线，或加设第二回路，从而增加了投资。

电力网导线截面积的选择，通常根据电力网的性质确定。对于区域电力网线路及有特殊调压设备的地方电力网线路，按经济电流密度选择导线截面积。对于无特殊调压设备的地方电力网线路，则按允许电压损耗选择导线截面积。无论用哪一种方法选择导线截面积，都必须按导线的机械强度要求和发热条件要求来校验导线最小允许截面积。对 110kV 及以上的电力网，导线截面积还必须满足由避免电晕损耗所要求的最小允许截面积。

1. 按机械强度的要求选择导线最小允许截面积

架空线路架设在大气中，导线要经受各种外界不利条件的影响，要求导线必须具备足够的机械强度。为此，对于跨越铁路、通航河流、公路、通信线路以及居民区的线路，规定其导线截面积不得小于 35mm²。通过其他地区的导线截面积与线路类型有关，见表 7.2。

**表 7.2　按机械强度条件导线最小允许截面积**　　单位：mm²

| 导线 | | 架空线等级① | | 导线 | | 架空线等级① | |
|---|---|---|---|---|---|---|---|
| 构造 | 材料 | Ⅰ | Ⅱ | 构造 | 材料 | Ⅰ | Ⅱ |
| 单股 | 铜 | 不许使用 | 10 | 多股 | 铜 | 16 | 10 |
| | 钢、铁 | 不许使有 | $\phi$3.5mm | | 钢、铁 | 16 | 10 |
| | 铝及铝合金 | 不许使用 | 不许使用 | | 铝及铝合金 | 25 | 16 |

① 35kV 以上线路为Ⅰ等线路；1～35kV 线路为Ⅱ等线路。

2. 按发热条件的要求选择导线最小允许截面积

导线通过电流时，产生电能损耗，使导线发热，温度升高，与周围介质的温度间出现温差。温差与通过导线的电流有关，电流越大，导线与周围介质的温差越大。当导线所发出的热量等于向周围介质散发的热量时，导线的温度便稳定到一定数值，此时导线的温度等于周围温度与温差之和。

导线的温度过高，会使导线连接处的氧化加剧，使接触电阻增大。接触电阻增大促使温度上升，形成恶性循环，可能使导线连接处损坏，造成严重事故。对于架空导线，温度升高，使垂度过大，引起振动甚至使导线对地距离不能满足安全距离的要求。对于电缆和其他绝缘导体，温升过高，会加速绝缘介质的老化，甚至损坏。为此规定，铝及钢芯铝绞线在正常情况下的最高温度不超过 70℃，事故情况下不超过 90℃，对各种类型的绝缘导线，其允许工作温度为 65℃。

在热平衡条件下，通过导线的电流与温升关系的表达式为

$$I^2R=KF(\theta_{yx}-\theta_0)$$

$$I=\sqrt{\frac{KF(\theta_{yx}-\theta_0)}{R}} \tag{7.14}$$

式中　$I$——导线长期允许电流，A；

$R$——导线在温度为 $\theta_{yx}$ 时的电阻，Ω；

$K$——散热系数，J/(cm²·℃)，等于当导线和周围介质温差为 1℃时，在 1cm² 导线表面上每秒内散发的热量；

$F$——导体散热表面积，cm²；

$\theta_{yx}$——导线允许的最高温度，℃；

$\theta_0$——周围介质的温度，℃。

利用式（7.14）可以计算导线长期允许通过的电流。导线制造厂已按热平衡方程式计算了各类导线长期允许通过的电流，可参见有关资料。

**【例 7.1】**　某变电站负荷为 10MW，$\cos\varphi=0.8$，$T_{max}=6000$h，由 15km 外的水电站以 35kV 的单回线路供电（图 7.3）。试按发热条件选择钢芯铝绞线的截面积。

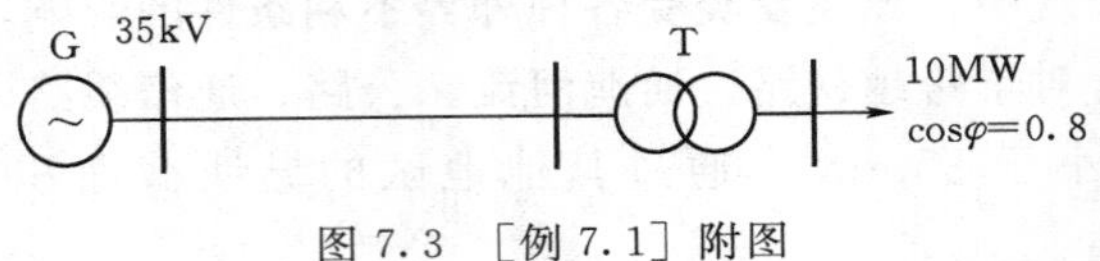


图 7.3　［例 7.1］附图

**解：** 线路需输送电流为

$$I=\frac{10000}{\sqrt{3}\times35\times0.8}=206(\mathrm{A})$$

由相关资料查得，LGJ－50 导线在环境温度为 25℃时的长期允许电流为 220A。因此，选择 LGJ－50 以上导线，均能满足发热条件的要求。

3. 按电晕损耗条件的要求选择导线最小允许截面积

高压架空线路的导线发生电晕时不仅要消耗能量，且对无线电有干扰作用。

选择导线截面积时，要求晴天线路不产生电晕。产生电晕不仅与输入电压有关，且与导线半径有关。表 7.3 列出了可不必验算电晕的导线最小直径。

35kV 以下线路，导线表面电场强度较小，通常不会产生电晕，因此不必验算。

**表 7.3　可不必验算电晕的导线最小外径和相应导线型号**

| 额定电压/kV | 110 | 220 | 330 | |
|---|---|---|---|---|
| | | | 单导线 | 双分裂导线 |
| 导线外径/mm | 9.6 | 21.4 | 33.1 | |
| 相应导线型号 | LGJ－50 | LGJ－240 | LGJ－600 | 2× LGJ－240 |

4. 按经济电流密度选择导线截面积

架空送电线路的导线截面积，通常按经济电流密度选择。

按经济条件选择导线截面积，应权衡两方面。为降低线路的电能损耗，导线截面积越

大越有利。为节省投资和有色金属消耗量，导线截面积越小越有利。综合考虑这些因素定出符合有关指标所规定的导线截面积，称为经济截面积。对应于经济截面积的电流密度称为经济电流密度。

经济电流密度与线路导线的投资、年运行费、计算电价、还本年限、投资等诸因素有关，经济电流密度由国家制定。我国现行的经济电流密度见表 7.4。

**表 7.4** **经济电流密度 $J$ 值**

| 导线材料 | 年最大负荷利用小时数/h | | |
|---|---|---|---|
| | <3000 | 3000～5000 | >5000 |
| | $J/(A/mm^2)$ | | |
| 铜裸导线和母线 | 3.30 | 2.25 | 1.75 |
| 铝裸导线和母线、钢芯铝线 | 1.65 | 1.15 | 0.9 |
| 铜芯电缆 | 2.5 | 2.25 | 2.0 |
| 铝芯电缆 | 1.92 | 1.73 | 1.54 |

按经济电流密度选择导线时，首先必须确定电力网的计算传输容量（电流）及相应的年最大负荷利用小时数。由于电力网的负荷是逐年增长的，确定电力网的计算传输容量，实际上是确定计算年限问题。因此，计算传输容量时，应考虑电力网投入运行后 5～10 年的发展远景。

电力网的年最大负荷利用小时数，通常按电力网输送负荷的性质确定。对于往返输电的电力网，其年最大负荷利用小时数，等于往返输送电量的总和除以输送的最大负荷。

当最大负荷电流 $I_{max}$ 和相应的年最大负荷利用小时数 $T_{max}$ 确定时，从表 7.4 中查出不同材料导线的经济电流密度 $J$，则按下式计算导线的经济截面积：

$$S=\frac{I_{max}}{J} \tag{7.15}$$

按计算的导线截面积，选择导线的标称截面积。

**【例 7.2】** 某水电站送出 35kV、15km 线路至变电站，该变电站负荷为 10MW，试按经济电流密度选择导线截面积。

**解：** 由［例 7.1］计算结果可知 $I_{max}=206A$。

由表 7.4 查得，当 $T_{max}=6000h$ 时，$J=0.9A/mm^2$，代入式（7.15）可得

$$S=\frac{I_{max}}{J}=\frac{206}{0.9}=229(mm^2)$$

故选择 LGJ－240 型钢芯铝绞线。

按发热条件和机械强度检验时，其结果远较［例 7.1］选择的大。因此，能满足发热条件的要求；从表 7.2 可知，也满足机械强度的要求。

5. 按允许电压损耗选择导线截面积

在没有特殊调压设备的地方电力网中，为了保证用电设备的电压偏移不超过允许范围，必须按电压损耗来选择导线截面。一般的配电电力网，特别是农村电力网，其导线截面积均按允许电压损耗选择。

线路电压损耗计算式可写为

$$\begin{aligned}\Delta U &= \sqrt{3}\sum(I_r\cos\varphi + I_x\sin\varphi)\\ &= \sum\frac{PR+QX}{U_N} = \frac{\sum(PR+QX)}{U_N}\\ &= \Delta U_r + \Delta U_x\end{aligned} \tag{7.16}$$

式中　$\Delta U_r$——电阻上的电压损耗；

$\Delta U_x$——电抗上的电压损耗。

分析上式可知，线路中的电压损耗与导线的电阻和电抗有关，电阻与导线截面积成反比，而导线的电抗与导线截面积关系较复杂，直接根据允许电压损耗求出导线截面积是比较困难的。但电抗随导线截面积变化的关系甚小，对一般架空配电线路，平均电抗为每公里 0.35～0.40Ω，可以取为常数，线路电抗中的电压损耗为

$$\begin{aligned}\Delta U_x &= \sqrt{3}X_0\sum Il\cos\varphi\\ &= X_0\frac{\sum Ql}{U_N} = x_0\frac{\sum qL}{U_N}\end{aligned} \tag{7.17}$$

式中　$X_0$——线路中的平均电抗，$X_0=0.35\sim0.40\Omega/\text{km}$；

$I$——线路中通过的电流，A；

$\cos\varphi$——线路功率因数；

$Q$、$q$——各段线路中通过的无功功率和各负荷的无功功率，kvar；

$l$、$L$——各段线路中的长度和各负荷到电源的线路长度，km；

$U_N$——线路额定电压，kV。

如果总的允许电压损耗为 $\Delta U_{yx}$，则电阻上的允许电压损耗为

$$\Delta U_r = \Delta U_{yx} - \Delta U_x \tag{7.18}$$

而

$$\Delta U_r = \sqrt{3}r_0\sum Il\cos\varphi = \frac{\sqrt{3}}{\gamma S}\sum Il\cos\varphi$$

所以，导线截面积为

$$S = \frac{\sqrt{3}}{\gamma\Delta U_r}\sum Il\cos\varphi \tag{7.19}$$

或用功率值表示为

$$S = \frac{\sum Pl}{\gamma\Delta U_r U_N} = \frac{\sum pL}{\gamma\Delta U_r U_N} \tag{7.20}$$

上两式中　$\cos\varphi$——线路功率因数；

$P$、$p$——各段线路中通过的有功功率和各负荷的有功功率，kW；

$\gamma$——导线材料的电导系数，$\text{m}/(\Omega\cdot\text{mm}^2)$。

按上式算出导线截面积后，选一个适当的导线标称截面积，一般应使标称截面积略大于计算截面积，然后按所选标称截面积的参数，计算线路中的实际电压损耗，如果实际电压损耗小于或等于允许电压损耗，则所选的标称截面积可用，否则应改变导线截面积再进行核算，直至求出合适的导线截面积为止。

线路有支线时，可先选择干线截面积，计算干线的实际电压损耗，而后以允许电压损

耗减去电源点至分支点之间的实际电压损耗，得出剩余允许电压损耗，再按上述步骤另行计算分支导线的截面。

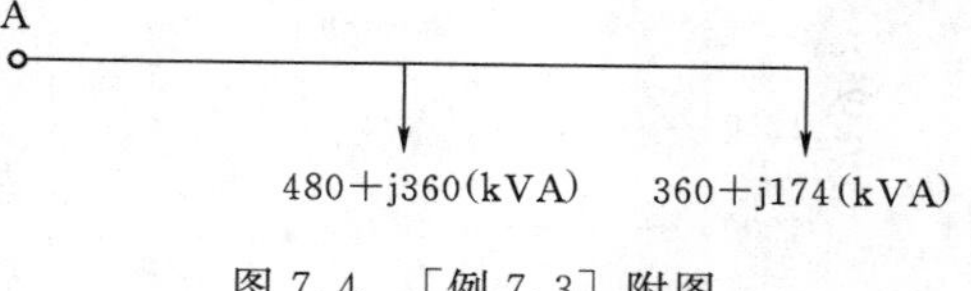


图 7.4　[例 7.3] 附图

**【例 7.3】**　有一条 10kV 架空线路，线间几何均距为 1m，允许电压损耗百分数为 5%，每段线路长度（km）、负荷值（kVA）皆标于图 7.4 中，全线路采用同一截面积的导线，试按允许电压损耗选择导线截面积。

**解：** 把给定负荷分为有功功率和无功功率：

$$\widetilde{S}_a=480+j360(kVA)$$

$$\widetilde{S}_b=\widetilde{S}_{ab}=360+j174(kVA)$$

$$\widetilde{S}_{Aa}=840+j534(kVA)$$

允许电压损耗　$$\Delta U_{yx}=\frac{5\times 10000}{100}=500(V)$$

取电抗的平均值　$$X_0=0.38\Omega/km$$

电抗中的电压损耗为

$$\Delta U_x=X_0\frac{\sum Ql}{U_N}=0.38\times\frac{534\times 3+174\times 4}{10}=87(V)$$

电阻中的电压损耗　$\Delta U_r=\Delta U_{yx}-\Delta U_x=500-87=413(V)$

导线截面积应为

$$S=\frac{\sum Pl}{\gamma\Delta U_r U_N}=\frac{840\times 3+360\times 4}{32\times 413\times 10\times 10^{-3}}=30(mm^2)$$

选用 LGJ－35 导线，其 $r_0=0.89\Omega/km$，$x_0=0.36\Omega/km$。

由于所选标称截面积大于计算截面积（$30mm^2$），而且实际上 $X_0$ 小于所取的平均电抗值，故实际电压损耗小于允许值。

按发热条件进行校验，最大电流出现在 Aa 段，其值为

$$I_{Aa}=\frac{\sqrt{840^2+534^2}}{\sqrt{3}\times 10}=57(A)$$

LGJ－35 导线允许载流量 170A＞57A，故满足条件。

按机械强度进行校验，LGJ－35 导线满足表 7.2 中所列数据的要求。

## 7.1.4　练习

1. 什么是电能损耗？什么是网损率？降低电能损耗的技术措施有哪些？

2. 有一电力网负荷曲线如习题图 7.1.1 所示，已知 $U_N=10kV$，$R=10\Omega$，平均功率因数 $\cos\varphi=0.8$，试计算其一年内电能损耗。

3. 试用 $T_{max}-\tau$ 曲线计算习题图 7.1.1 所示电力网一年内的电能损耗。

4. 按经济电流密度选择导线截面积的技术条件和经济条件是什么？它包括什么内容？有什么关系？

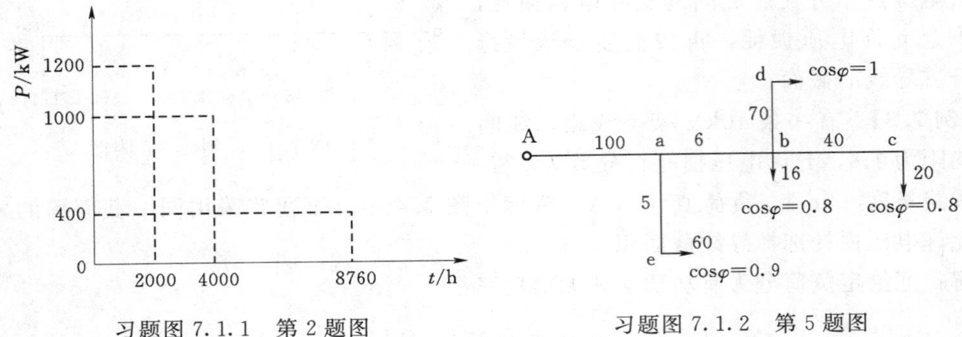


习题图 7.1.1　第 2 题图　　习题图 7.1.2　第 5 题图

5. 额定电压为 380V 的三相架空线路，如习题图 7.1.2 所示，由铝绞线敷设，线间几何均距为 0.6m，各点负荷值（kW）及功率因数、距离（m）都已标在图中，A 为供电点。沿干线 Ac 导线的截面积相等，允许电压损耗为额定电压的 5%，试按允许电压损耗选择干线及支线的截面积。

# 任务 7.2　认识电力系统有功负荷的经济分配

## 7.2.1　学习目标

了解电力系统有功功率电源的最优组合和有功功率负荷的最优分配。通过分析电源有功出力优化组合对损耗的影响，培养学生辩证思维方法，培养学生用全局的观点分析问题的能力。

## 7.2.2　任务分析

电力系统只有在拥有适当的备用容量的基础上，才能进行经济分配。从经济性角度考虑电力系统有功功率的最优分配问题，可以归类为频率的第三次调整。电力系统有功功率的经济分配主要包括有功功率电源的最优组合、有功功率在已运行机组间的最优化分配这两方面。

有功功率电源的最优组合是指系统中发电机组或发电厂的合理组合，也可称为机组的经济组合，即在确保电力系统安全稳定运行的条件下，合理地选择运行的机组和安排其开停计划，使运行周期内系统的运行费用（或燃料耗量）最少。因此，有功功率电源的最优组合问题涉及的是电力系统中冷备用容量的合理分配问题。

有功功率负荷的最优分配，是指电力系统的有功功率负荷在各个正在运行的发电机组或发电厂之间的合理分配。通常就是指电力系统的经济调度，即在满足供电安全和电能质量的前提下，合理利用能源和设备，以最低的发电成本（或燃料费用）保证对用户可靠地供电。有功功率负荷的最优分配问题与机组经济组合问题相对，涉及电力系统中热备用容量的合理分配问题。机组经济组合的方法目前有最优先顺序法、动态规划法、整数规划法等。

## 7.2.3　知识学习

### 7.2.3.1　各类发电厂的运行特点

电力系统中的发电厂主要有火力发电厂、水力发电厂和核能发电厂三类，下面分别介绍其运行特点。

1. 火力发电厂的主要特点

（1）火力发电厂受锅炉、汽轮机技术最小负荷的限制。锅炉的技术最小负荷取决于燃烧的稳定性，为额定负荷的 25%～75%。汽轮机的最小技术负荷为额定负荷的 10%～15%，故其有功功率出力的调节范围较小，其中高温高压设备的效率高，可以灵活调节的范围小；中温中压设备的效率差一些，但其调节的范围稍大。

（2）火力发电厂的锅炉和汽轮机在启动退出和再投入运行、承担急剧变动的负荷时，不仅需要较长的时间，而且消耗较多的能量，还容易损坏设备。

（3）带有热负荷的热电厂由于抽汽供热，总效率高于一般的凝汽式火电厂，但其与热负荷相应的输出功率是不可调节的“强迫功率”。

（4）火力发电厂一次投资相对较小，运行费用大。其运行有时受燃料运输条件的限制，但不受气象等自然条件的限制。

2. 水力发电厂的主要特点

（1）作为水力枢纽的水电厂，其水库一般兼有防洪、发电、航运、灌溉、养殖、供水等多方面的功能，水电厂考虑综合效益后必须向下游释放的水量所发出的功率是强迫功率。

（2）水电厂的水轮机有一个技术最小负荷，因具体条件而定，一般水轮机的调节范围是较大的，而且水电厂根据水库的调节方式可分为无调节、日调节、年调节、多调节和抽水蓄能等几类。无调节水库的水电厂发出的功率由河流的天然流量决定；有调节水库的水电厂运行方式由水库调度给定的耗水量确定，在洪水季节为避免弃水而满负荷运行，在枯水季节耗水量少，可承担急剧变动的负荷；抽水蓄能电厂在上下水库之间进行蓄能、发电的循环。

（3）水电厂的水轮机退出和再投入运行、承担急剧变动的负荷时，不需要花费多少时间，也不需要耗费额外的能量，操作简单，这是水电厂的主要优点之一。

（4）水电厂的水头过低时，水轮机的可发功率降低，不一定能承担额定容量范围内的负荷。

3. 核能发电厂的主要特点

（1）核能发电厂的反应堆基本上没有技术最小负荷的限制，故其技术最小负荷主要取决于汽轮机。

（2）核能发电厂的反应堆、汽轮机在退出和再投入运行、承担急剧变化的负荷时与火力发电厂类似，也需要多花费时间、多耗能量，易于损耗设备，而且其事故影响面极大。

（3）一次投资大、运行费用小。

### 7.2.3.2　各类发电厂的合理组合

在考虑各类发电厂的合理组合问题时，应根据各类发电厂的运行特点，充分合理地利

用各种动力资源。一般按照下列原则安排各类电厂所承担的负荷的顺序：

(1) 由于核能发电厂的一次投资大、运行费用小，应尽可能利用，原则上应持续承担额定容量的负荷，即应带稳定负荷。

(2) 无调节水库的水电厂的全部功率、有调节水库水电厂的强迫功率都不可调，应首先投入。对有调节水库的水电厂，在洪水季节为避免弃水应优先投入；在枯水季节正好相反，应承担高峰负荷。

(3) 应努力降低火力发电的成本或燃烧耗量，优先投入效率高的高温高压电厂。效率较低的中温中压电厂可带基本负荷，也可带变动负荷。效率很低的低温低压电厂应及早淘汰，在淘汰前只在高峰负荷期间发必要的功率。

(4) 抽水蓄能发电厂在低谷负荷时，水轮发电机组作电动机-水泵方式运行，应作为负荷考虑，在高峰负荷时发电，与普通水电厂作用相同。

根据上述原则，在有水电厂和火电厂的电力系统中，可按照冬季枯水季节和夏季丰水季节安排各类发电厂承担负荷的顺序。冬季枯水期和夏季丰水期各类电厂在日负荷曲线中的安排示例如图7.5所示。

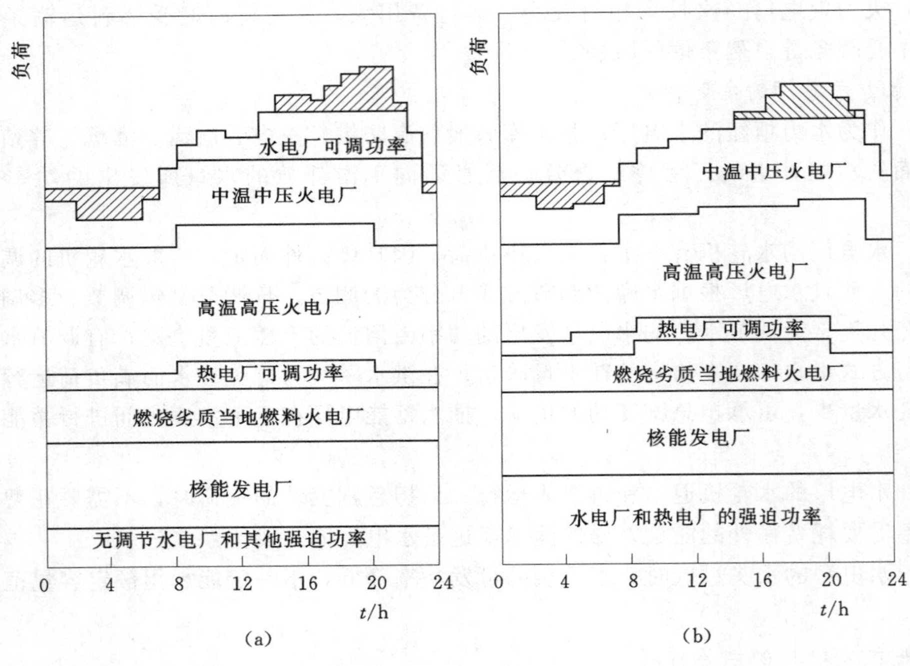


图7.5 各类发电厂组合顺序示意图
(a) 枯水期；(b) 丰水期

在丰水期，因水量充足，为了充分利用水力资源，水电厂功率基本上属于不可调功率。在枯水期，来水较少，水电厂的不可调功率明显减少，仍带基本负荷。水电厂的可调功率应安排在日负荷曲线的尖峰部分，其余各类电厂的安排顺序不变。图7.5 (a) 中的阴影部分说明了抽水蓄能电厂的削峰填谷作用，即在负荷曲线较低区间抽水蓄能，使负荷曲线升高；在负荷曲线最高区间发电。这样使中温中压火电厂与有可调功率的水电厂的功

率变化幅度都降低。

在图 7.5 中，负荷曲线最高部位一般是兼任系统二次调频任务的发电厂的工作位置，系统中的负荷备用就设在这种调频厂内。枯水季节由系统中的大水电厂进行调频，洪水季节由中温中压火电厂调频。抽水蓄能发电厂也应参加调频。

#### 7.2.3.3　有功功率负荷的最优分配

1. 耗量特性

耗量特性是指发电设备在单位时间内能量输入、输出的关系，如图 7.6 所示。图中 $F$ 为火电厂单位时间内消耗的燃料，其单位为 t 标准煤/h；$W$ 为水电厂单位时间内消耗的水量，单位为 $m^3/s$；$P_G$ 为电功率，单位为 kW 或 MW。

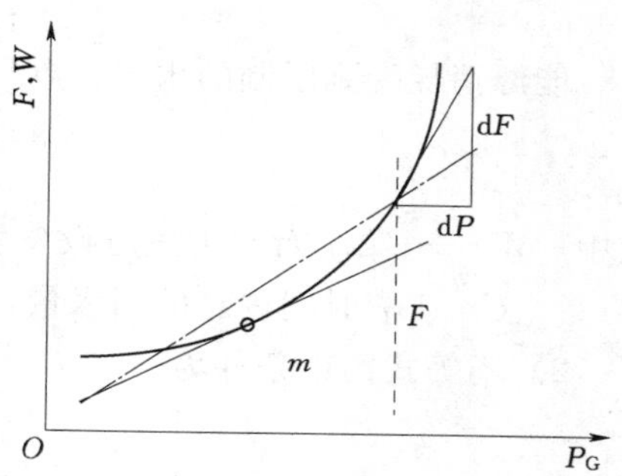


图 7.6　比耗量和耗量微增率

在耗量特性曲线上某点纵坐标与横坐标的比值，即单位时间内能量的输入与输出之比，称为比耗量，$\mu=\dfrac{F}{P}$或$\mu=\dfrac{W}{P}$，其倒数 $\eta=\dfrac{P}{F}$或$\eta=\dfrac{P}{W}$表示发电厂的效率。

在耗量特性曲线上某点切线的斜率称为该点的耗量微增率 $\lambda$，它是单位时间内输入、输出能量的增量之比，即

$$\lambda=\frac{\Delta F}{\Delta P}=\frac{\mathrm{d}F}{\mathrm{d}P}\text{或}\lambda=\frac{\Delta W}{\Delta P}=\frac{\mathrm{d}W}{\mathrm{d}P} \tag{7.21}$$

2. 有功功率负荷最优分配的目标函数和约束条件

在系统中有一定备用容量时，就可考虑负荷在已运行发电设备或发电厂之间的最优分配问题了。

(1) 目标函数。在电力系统中，讨论有功功率负荷的最优分配问题的目的是在供应同样大小的负荷有功功率的条件下，合理分配各机组的出力，使总的能源消耗或成本最少，即目标函数应该是总的能源消耗或总成本。

原则上，电力系统中 $n$ 个发电厂的总耗量与系统中所有的变量都有关，如果不考虑各发电厂耗量的互相影响，则总耗量只是各发电设备所发有功功率的函数，即

$$F_{\Sigma}=F_1(P_{G1})+F_2(P_{G2})+\cdots+F_n(P_{Gn})=\sum_{i=1}^{n}F_i(P_{Gi}) \tag{7.22}$$

式中　$F_i(P_{Gi})$ ——第 $i$ 台发电设备发出有功功率 $P_{Gi}$ 时，单位时间内消耗的能源。

水力发电厂通常要考虑能源消耗会受到的限制，所以其目标函数不再是单位时间内消耗的能源，而应是在一定的运行周期 $\tau$ 内消耗的能源，即水电厂的总耗量可表示为

$$F_{\Sigma}=\sum_{i=1}^{m}\int_0^{\tau}F_i(P_{Gi})\mathrm{d}t \tag{7.23}$$

式中　$m$——系统中火电厂的数目，且顺序编号为 1，2，…，$m$，其余 $m+1$，$m+2$，…，$n$ 为水电厂；

$\tau$——指定运行周期，例如 24h。

（2）约束条件。有功功率负荷最优分配的约束条件包括等式约束条件和不等式约束条件。

1）等式约束条件就是有功功率必须保持平衡的条件，即

$$\sum_{i=1}^{n} P_{Gi} - \sum_{i=1}^{n} P_{Li} - \Delta P_{\Sigma} = 0 \tag{7.24}$$

忽略网络中总损耗 $\Delta P_{\Sigma}$ 时，上式成为

$$\sum_{i=1}^{n} P_{Gi} - \sum_{i=1}^{n} P_{Li} = 0 \tag{7.25}$$

能源消耗受到限制的水力发电厂还有一个指定运行周期 $\tau$ 的等式约束条件，即

$$\int_{0}^{\tau} W_{j}(P_{Gi})\mathrm{d}t = C \tag{7.26}$$

式中　$W_j$——第 $j$ 台水力发电设备发出有功功率 $P_{Gj}$ 时，单位时间内消耗的水量；

$C$——$\tau$ 时间内总的用水量，是一个由水库调度约束的给定值。

2）不等式约束条件为

$$\begin{cases} P_{Gimin} \leqslant P_{Gi} \leqslant P_{Gimax} \\ Q_{Gimin} \leqslant Q_{Gi} \leqslant Q_{Gimax} \\ U_{imin} \leqslant U_{i} \leqslant U_{imax} \end{cases} \tag{7.27}$$

式中　$P_{Gimax}$、$P_{Gimin}$——发电机有功功率上、下限；

$Q_{Gimax}$、$Q_{Gimin}$——发电机无功功率上、下降；

$U_{imax}$、$U_{imin}$——节点电压上、下限。

3. 等耗量微增率准则

为简化分析，先略去网络损耗，并以并列运行的两套发电设备之间的负荷分配为例，说明等耗量微增率准则的基本概念。设两套发电设备的耗量特性已知，总负荷功率为 $P_{LD}$，且机组的能源损耗、输出功率都不受限制。要求确定负荷功率在两套发电设备间的分配。使总的能源消耗量小，即目标函数为

$$F_{\Sigma} = F_{1}(P_{G1}) + F_{2}(P_{G2})\ (\text{为最小}) \tag{7.28}$$

约束条件为

$$P_{G1} + P_{G2} - P_{L} = 0\ (\text{为最小}) \tag{7.29}$$

暂不考虑不等式约束条件时，上述问题可根据目标函数和等式约束条件应用拉格朗日乘数法求解。可构造一个新的、不受约束的拉格朗日函数作为目标函数，即拉格朗日函数：

$$L = F_{1}(P_{G1}) + F_{2}(P_{G2}) - \lambda(P_{G1} + P_{G2} - P_{L})\ (\text{为最小}) \tag{7.30}$$

式中　$\lambda$——拉格朗日乘数。

拉格朗日函数中有三个变量 $P_{G1}$、$P_{G2}$、$\lambda$，求 $L$ 的最小值时应有三个条件：

$$\frac{\partial L}{\partial P_{G1}} = 0$$

$$\frac{\partial L}{\partial P_{G2}} = 0$$

$$\frac{\partial L}{\partial \lambda}=0$$

由于各套设备的耗量是独立的，所以对某一特定的 $P_{G1}$ 求偏导数就变成了求导数，即

$$\begin{cases}\dfrac{\partial L}{\partial P_{G1}}=\dfrac{dF_1(P_{G1})}{dP_{G1}}-\lambda=0\\ \dfrac{\partial L}{\partial P_{G2}}=\dfrac{dF_1(P_{G2})}{dP_{G2}}-\lambda=0\\ P_{G1}+P_{G2}-P_L=0\end{cases} \tag{7.31}$$

而由定义知 $\dfrac{dF_1(P_{G1})}{dP_{G1}}$、$\dfrac{dF_2(P_{G2})}{dP_{G2}}$ 分别为发电设备 $G_1$、$G_2$ 的耗量微增率 $\lambda_1$、$\lambda_2$。由式（7.31）的前两式可得

$$\lambda_1=\lambda_2=\lambda \tag{7.32}$$

这就是著名的等耗量微增率准则。它表明按煤耗量微增率相等的条件分配总负荷功率，总的能源消耗是最少的。

上面方法可推广到设有几台发电设备或 $n$ 个火力发电厂的系统，设 $n$ 个火力发电厂的耗量特性分别为 $F_i(P_{Gi})$（$i=1,2,\cdots,n$），系统中负荷分别为 $P_{Li}$（$i=1,2,\cdots,n$）。可以构造出拉格朗日函数为

$$L=\sum_{i=1}^{n}F_i(P_{Gi})-\lambda\left(\sum_{i=1}^{n}P_{Gi}-\sum_{i=1}^{n}P_{Li}\right) \tag{7.33}$$

拉格朗日函数最小值条件为

$$\begin{cases}\dfrac{dF_i(P_{Gi})}{dP_{Gi}}-\lambda=0\\ \displaystyle\sum_{i=1}^{n}P_{Gi}-\sum_{i=1}^{n}P_{Li}=0\end{cases} \tag{7.34}$$

可得

$$\lambda_1=\lambda_2=\cdots=\lambda_n=\lambda \tag{7.35}$$

以上讨论中都没有涉及式（7.27）中的不等式约束条件，在数学上求解满足不等式约束条件下目标函数的最小值时，常用库恩-塔克（Kuhn - Tucker）乘数法等。工程中常用一种简化的方法即应用等耗量微增率准则进行负荷分配时，可暂时忽略不等式约束条件，待初步计算完成后，再校验这些条件。如果按等耗量微增率准则分配，某发电设备的应发功率则固定为 $P_{Gimin}$ 或 $P_{Gimax}$，剩余的系统负荷由不越限的发电设备重新进行分配。如果无功功率 $Q_{Gi}$ 或电压 $U_i$ 越限时，用其他方法进行补偿。

由此可见，按等耗量微增率准则进行有功功率负荷的经济分配时，应特别注意有功功率的不等式约束条件的处理。

**【例 7.4】** 同一发电厂内两套发电设备共同供电，它们的耗量特性分别为

$$F_1=2.5+0.25P_{G1}+0.0014P_{G1}^2 \quad (\text{t 标准煤/h})$$

$$F_2=5.0+0.18P_{G2}+0.0018P_{G2}^2 \quad (\text{t 标准煤/h})$$

两台机组有功功率极限分别为：$P_{G1min}=20\text{MW}$，$P_{G1max}=100\text{MW}$，$P_{G2min}=20\text{MW}$，

$P_{G2max}=100MW$。试求负荷的最优分配方案。

**解**：由耗量特性得两套发电设备的耗量微增率分别为

$$\lambda_1=0.25+0.0028P_{G1}$$

$$\lambda_2=0.18+0.0036P_{G2}$$

当负荷 $P_L$ 为 40MW 时，两套机组都按下限发电，即各承担 20MW，相应的耗量微增率为

$$\lambda_1=0.25+0.0028\times20=0.306$$

$$\lambda_2=0.18+0.0036\times20=0.252$$

因此，负荷增加时，发电设备 2 应首先增加负荷，而发电设备 1 则仍按下限发电。这时，两台发电设备的综合耗量微增率应取决于发电设备 2。

例如：当负荷 $P_L=50MW$ 时，$P_{G1}=20MW$，$P_{G2}=30MW$，则

$$\lambda_2=0.18+0.0036\times30=0.288$$

负荷增加，致使 $\lambda_2$ 也等于 0.306 并继续增加时，发电设备 1 才开始增加负荷。而$\lambda=0.306$ 时，由

$$0.306=0.18+0.0036P_{G2}$$

可解得 $P_{G2}=35MW$。从而，负荷增加至 $P_L=P_{G1}+P_{G2}=20+35=55(MW)$ 并继续增加时，发电设备 1 才开始增加负荷。换而言之，只有负荷大于 55MW 时，才真正有可能按等耗量微增率准则分配负荷。

按等耗量微增率准则分配负荷时的计算较简单，只要取不同 $\lambda$ 值代入下列计算公式：

$$P_{G1}=\frac{\lambda-0.25}{0.0028}$$

$$P_{G2}=\frac{\lambda-0.18}{0.0036}$$

$$P_{G1}+P_{G2}=P_L$$

分别计算 $P_{G1}$、$P_{G2}$、$P_L$。计算结果见表 7.5。

由表 7.5 可见，$\lambda=0.530$、$P_L=197MW$ 时，发电设备 1 分配的负荷已达它的上限。因此，负荷继续增加时，增加的负荷应由发电设备 2 承担，两套设备的综合耗量微增率也就取决于发电设备 2。

**表 7.5**　　**负荷最优分配方案**

| $\lambda$ | 0.252 | 0.288 | 0.306 | 0.345 | 0.377 | 0.456 | 0.472 | 0.487 | 0.503 | 0.519 | 0.530 | 0.540 |
|---|---|---|---|---|---|---|---|---|---|---|---|---|
| $P_{G1}$/MW | 20 | 20 | 20 | 34 | 45.3 | 73.5 | 79 | 84.6 | 90.4 | 96 | 100 | 100 |
| $P_{G2}$/MW | 20 | 30 | 35 | 46 | 54.7 | 76.5 | 81 | 85.4 | 89.6 | 94 | 97 | 100 |
| $P_L$/MW | 40 | 50 | 55 | 80 | 100 | 150 | 160 | 170 | 180 | 190 | 197 | 200 |

### 7.2.4　练习

1. 什么是电力系统有功电源的最优组合？
2. 电力系统有功功率负荷按什么原则进行分配？

# 任务 7.3　认识电力系统无功功率的最优分布

## 7.3.1　学习目标

了解电力系统无功功率的最优分布和无功功率负荷的最优补偿。通过分析无功潮流分布对损耗的影响，培养学生用联系的观点思考问题的能力，认识事物的因果联系。

## 7.3.2　任务分析

电力系统中无功功率电源的最优分布和有功功率负荷的最优分布问题，均属于优化问题。应注意区别的是，无功功率电源最优分布问题的目标函数和约束条件与有功功率负荷最优分布问题不同。

## 7.3.3　知识学习

1. 无功功率最优分布

电力系统中无功功率的最优分布问题，包括无功功率电源的最优分布和无功功率负荷的最优补偿两个方面。需要强调的是，无功功率的最优分布必须是在负荷的自然功率因数较高的情况下才能进行。因为负荷的自然功率因数越高，则负荷需要的无功功率越小，在电力系统中通过电力网络输送的无功功率越小，由无功功率流动引起的功率损耗也越小。

这时，考虑采用补偿设备人为地提高负荷功率因数，讨论包括补偿设备在内的各种无功功率电源的最优分布问题才有较大的意义。

无功功率电源最优分布的目的是，在有功功率负荷的最优分配方案确定后，调整各无功功率电源的出力，使全网中总的有功功率损耗 $\Delta P_{\Sigma}$ 为最小，这便确定了目标函数。考虑到在除平衡节点外其他节点注入的有功功率 $P_i$ 都已经确定的前提下，可以认为网络总损耗 $\Delta P_{\Sigma}$ 仅与各节点注入的无功功率 $Q_i$ 有关，则 $\Delta P_{\Sigma}$ 与各无功功率电源的功率 $Q_{Gi}$ 有关。因各节点的无功功率负荷已知，这里所指的无功功率电源功率 $Q_{Gi}$ 即可理解为发电机发出的感性无功功率，也可理解为调相机、电容器和静止补偿器等无功补偿设备提供的感性无功功率。于是，$n$ 个节点网络中无功功率电源最优分布的目标函数可写为

$$\Delta P_{\Sigma}(Q_{G1},Q_{G2},\cdots,Q_{Gn})\qquad (为最小) \tag{7.36}$$

无功功率最优分布时的等式约束条件是整个系统的无功功率必须保持平衡，即

$$\sum_{i=1}^{n} Q_{Gi}-\sum_{i=1}^{n} Q_{Li}-\Delta Q_{\Sigma}=0 \tag{7.37}$$

而不等式约束条件只有

$$\begin{cases} Q_{Gimin}\leqslant Q_{Gi}\leqslant Q_{Gimax} \\ U_{imin}\leqslant U_i\leqslant U_{imax} \end{cases} \tag{7.38}$$

如此即可应用拉格朗日乘数法，用目标函数和等式约束条件构造新的拉格朗日函数：

$$L=\Delta P_{\Sigma}(Q_{G1},Q_{G2},\cdots,Q_{Gn})-\lambda\left(\sum_{i=1}^{n} Q_{Gi}-\sum_{i=1}^{n} Q_{Li}-\Delta Q_{\Sigma}\right) \tag{7.39}$$

拉格朗日函数取得最小值的条件为

$$\frac{\partial L}{\partial Q_{\mathrm{Gi}}}=\frac{\partial \Delta P_{\Sigma}}{\partial Q_{\mathrm{Gi}}}=-\lambda\left(1-\frac{\partial \Delta Q_{\Sigma}}{\partial Q_{\mathrm{Gi}}}\right)=0 \quad (i=2,\cdots,n)$$

$$\frac{\partial L}{\partial \lambda}=\sum_{i=1}^{n} Q_{\mathrm{Gi}}-\sum_{i=1}^{n} Q_{\mathrm{Li}}-\Delta Q_{\Sigma}=0 \tag{7.40}$$

上式可改写为

$$\begin{cases}\dfrac{\partial \Delta P_{\Sigma}}{\partial Q_{\mathrm{Gi}}}=\dfrac{1}{1-\partial Q_{\Sigma}/\partial Q_{\mathrm{Gi}}}=\lambda \quad (i=1,2,\cdots,n) \\ \displaystyle\sum_{i=1}^{n} Q_{\mathrm{Gi}}-\sum_{i=1}^{n} Q_{\mathrm{Li}}-\Delta Q_{\Sigma}=0\end{cases} \tag{7.41}$$

式（7.41）中第一式就是等耗量微增率准则，第二式就是无功功率平衡关系式。

以上讨论中没有涉及式（7.27）所示的不等式约束条件，在实际计算时仍可用近似处理方法。例如 $Q_{\mathrm{Gi}}$ 出现越限的情况，$Q_{\mathrm{Gi}}<Q_{\mathrm{Gimin}}$ 或 $Q_{\mathrm{Gi}}>Q_{\mathrm{Gimax}}$ 时，应取 $Q_{\mathrm{Gi}}=Q_{\mathrm{Gimin}}$ 或 $Q_{\mathrm{Gi}}=Q_{\mathrm{Gimax}}$。

2. 实例分析

**【例 7.5】** 某 60kV 的简化等值网络如图 7.7 所示，各负荷节点的无功功率为 $Q_{\mathrm{L1}}=10\mathrm{Mvar}$，$Q_{\mathrm{L2}}=7\mathrm{Mvar}$，$Q_{\mathrm{L3}}=8\mathrm{Mvar}$。各线段电阻值已标在图中。设无功功率补偿设备的总量为 17Mvar，在不计无功功率网损的条件下，试确定这些无功功率补偿设备容量的最优分布。

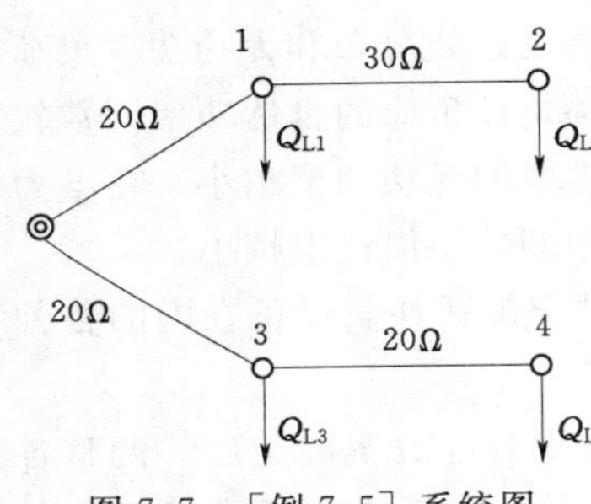

图 7.7 ［例 7.5］系统图

**解：** 无功功率补偿容量分别为 $Q_{\mathrm{C1}}$、$Q_{\mathrm{C2}}$、$Q_{\mathrm{C3}}$、$Q_{\mathrm{C4}}$，在不计各段中功率损耗的情况下，由各元件的功率损耗累计，可得无功功率流动产生有功功率的网损为

$$\begin{aligned}\Delta P_{\Sigma}=\sum\frac{Q^2R}{U_{\mathrm{N}}^2}=\frac{1}{U_{\mathrm{N}}^2}&[30(Q_{\mathrm{L2}}-Q_{\mathrm{C2}})^2+20(Q_{\mathrm{L1}}-Q_{\mathrm{C1}}+Q_{\mathrm{L2}}-Q_{\mathrm{C2}})^2\\&+20(Q_{\mathrm{L4}}-Q_{\mathrm{C4}})^2+20(Q_{\mathrm{L3}}-Q_{\mathrm{C3}}+Q_{\mathrm{L4}}-Q_{\mathrm{L4}})^2]R\\&=\frac{1}{60^2}\times[30\times(7-Q_{\mathrm{C2}})^2+20\times(17-Q_{\mathrm{C1}}-Q_{\mathrm{C2}})^2\\&+20\times(8-Q_{\mathrm{C4}})^2+20\times(13-Q_{\mathrm{C3}}-Q_{\mathrm{C4}})^2]R\end{aligned}$$

网损微增率为

$$\frac{\partial \Delta P_{\Sigma}}{\partial Q_{\mathrm{C1}}}=-\frac{40}{60^2}(17-Q_{\mathrm{C1}}-Q_{\mathrm{C2}})$$

$$\frac{\partial \Delta P_{\Sigma}}{\partial Q_{\mathrm{C2}}}=-\frac{1}{60^2}[60\times(7-Q_{\mathrm{C2}})+40(17-Q_{\mathrm{C1}}-Q_{\mathrm{C2}})]$$

$$\frac{\partial \Delta P_{\Sigma}}{\partial Q_{\mathrm{C3}}}=-\frac{40}{60^2}-(13-Q_{\mathrm{C3}}-Q_{\mathrm{C4}})$$

$$\frac{\partial \Delta P_{\Sigma}}{\partial Q_{\mathrm{C4}}}=-\frac{1}{60^2}[40\times(8-Q_{\mathrm{C4}})+40(13-Q_{\mathrm{C3}}-Q_{\mathrm{C4}})]$$

不计无功功率损耗时，式（7.41）第一式可简化为

$$\frac{\partial \Delta P_{\Sigma}}{\partial Q_{Ci}}=\lambda \quad (i=1,2,3,4)$$

等式约束条件为

$$Q_{C1}+Q_{C2}+Q_{C3}+Q_{C4}=17$$

由上两式联立可解出

$$Q_{C1}=3.5\text{Mvar}$$
$$Q_{C2}=7\text{Mvar}$$
$$Q_{C3}=-1.5\text{Mvar}$$
$$Q_{C4}=8\text{Mvar}$$

$Q_{C3}$ 为负值，表明节点 3 原有无功电源容量可能过大，应该调出－1.5Mvar 至其他节点。现设不能从该节点调出无功补偿设备，置 $Q_{C3}=0$，重新进行分配计算有

$$\Delta P_{\Sigma}=\sum\frac{Q^2R}{U_N^2}=\frac{1}{U_N^2}[30(Q_{L2}-Q_{C2})^2+20(Q_{L1}-Q_{C1}+Q_{L2}-Q_{C2})^2$$
$$+20(Q_{L4}-Q_{C4})^2+20(Q_{L3}-0+Q_{L4}-Q_{C4})^2]R$$
$$=\frac{1}{60^2}\times[30\times(7-Q_{C2})^2+20\times(17-Q_{C1}-Q_{C2})^2$$
$$+20\times(8-Q_{C4})^2+20\times(13-Q_{C4})^2]R$$
$$\frac{\partial \Delta P_{\Sigma}}{\partial Q_{C1}}=-\frac{40}{60^2}\times(17-Q_{C1}-Q_{C2})$$
$$\frac{\partial \Delta P_{\Sigma}}{\partial Q_{C2}}=-\frac{1}{60^2}\times[60\times(7-Q_{C2})+40\times(17-Q_{C1}-Q_{C2})]$$
$$\frac{\partial \Delta P_{\Sigma}}{\partial Q_{C4}}=-\frac{1}{60^2}\times[40\times(8-Q_{C4})+40\times(13-Q_{C4})]$$
$$\frac{\partial \Delta P_{\Sigma}}{\partial Q_{Ci}}=-\lambda \quad (i=1,2,4)$$
$$Q_{C1}+Q_{C2}+Q_{C4}=17$$

重新确定的各节点补偿设备无功功率容量为

$$Q_{C1}=3\text{Mvar}$$
$$Q_{C2}=7\text{Mvar}$$
$$Q_{C3}=0\text{Mvar}$$
$$Q_{C4}=7\text{Mvar}$$

### 7.3.4　练习

1. 考虑电力系统无功电源的最优分布的最终目标是什么？
2. 如何确定电力系统无功功率负荷的最优补偿？

# 项目8　电力系统稳定分析

## 任务8.1　认识电力系统静态稳定

### 8.1.1　学习目标

1. 认识电力系统静态稳定。
2. 了解电力系统静态稳定分析方法。
3. 熟悉提高电力系统稳定性的措施。
4. 培养为人民服务的工作意识。

### 8.1.2　任务分析

为满足人民美好生活的用电需要，做好新形势下电力系统稳定工作，需开展电力系统稳定分析。首先要认识什么是电力系统静态稳定，学会判定电力系统网络结构和系统运行参数是否满足稳定运行要求，从而提出是否加强网络结构、改变运行参数或采取其他提高稳定的措施。

### 8.1.3　知识学习

#### 8.1.3.1　电力系统静态稳定基本概念

静态稳定是指电力系统在遭受小干扰后恢复至稳定运行方式的能力。小干扰是指在这种干扰作用下电力系统参数的变化与参数本身相比可以忽略不计。

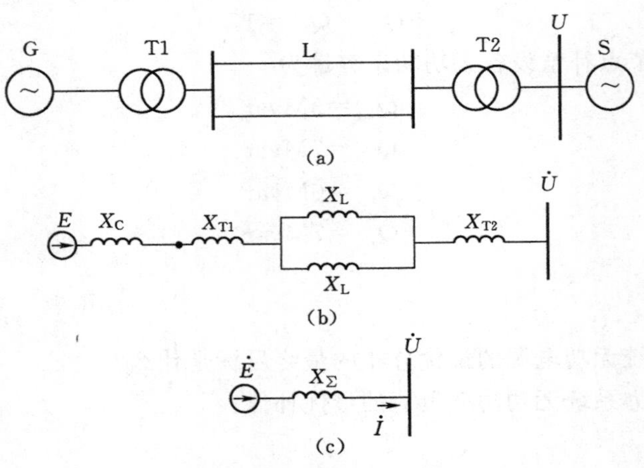


图8.1　简单电力系统

(a) 系统图；(b) 等效电路图；(c) 简化后等效电路图

如图 8.1 所示的简单电力系统，发电机 G 通过升压变压器 T1、输电线路 L、降压变压器 T2 接到受端电力系统 S。假定受端系统容量相对于发电机来说是很大的，则发电机输送任何功率时，受端母线电压的幅值和频率均不变（即所谓无限大容量母线）。当送端发电机为隐极机时，可以做出系统的等效电路如图 8.1 所示。

图中受端系统可以看作内阻抗为零、电势为 $U$ 的发电机。各元件的电阻及导纳均略去不计时，系统的总电抗为

$$X_{\Sigma}=X_{d}+X_{T1}+\frac{1}{2}X_{L}+X_{T2} \tag{8.1}$$

如果采用标幺值表示电力系统的参数，则根据等效电路，可以做出正常运行情况下的相量图（图 8.2）。发电机输送到系统中去的有功功率为

$$P=UI\cos\varphi \tag{8.2}$$

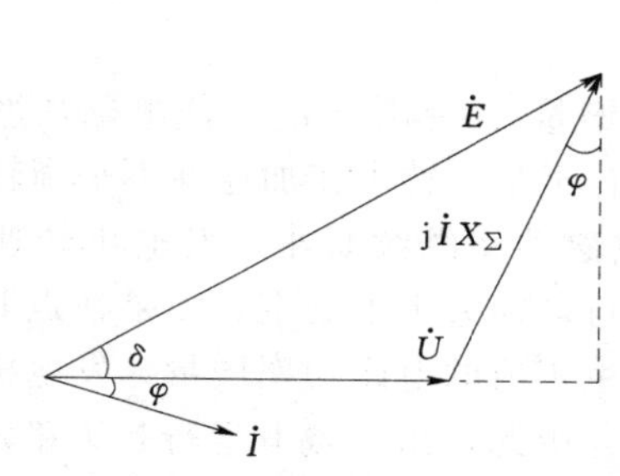


图 8.2　表示 $\dot{E}$ 和 $\dot{U}$ 关系的相量图

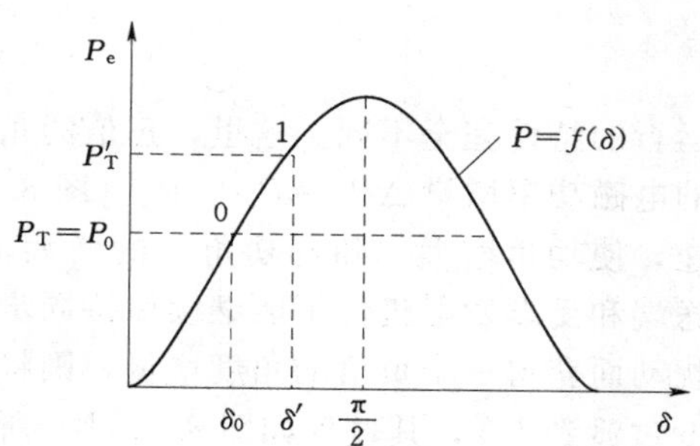


图 8.3　功角特性

由图 8.2 中可以得到

$$I\cos\varphi=\frac{E\sin\delta}{X_{\Sigma}} \tag{8.3}$$

将式（8.3）代入式（8.2）中，可得

$$P=\frac{EU}{X_{\Sigma}}\sin\delta \tag{8.4}$$

当发电机的电势 $E$ 和受端电压 $U$ 均为恒定时，传输功率 $P$ 是角度 $\delta$ 的正弦函数（图 8.3）。因为传输功率的大小与相位角 $\delta$ 密切相关，因此又称 $\delta$ 为功角或功率角。传输功率 $P$ 与功角 $\delta$ 的关系，称为功角特性或功率特性。

假定在某一正常运行情况下，发电机向无限大母线系统输送的功率为 $P_0$，这个功率近似等于原动机输出的机械功率 $P_T$，从图 8.4 可知，平衡点有 a、b 两个。下面进一步分析这两个平衡点的运行特性。在 a 点运行时，假定系统受到某种微小的扰动，使发电机的功角产生了一个微小的增量 $\Delta\delta$，由原来的运行值 $\delta_a$ 变到 $\delta_{a'}$。于是，电磁功率也相应地增加到 $P_{a'}$。从图中可以看到，正的功角增量 $\Delta\delta=\delta_{a'}-\delta_a$ 产生正的电磁功率增量 $\Delta P_e=P_{a'}-P_0$。至于原动机的功率则与功角无关，仍然保持 $P_T=P_0$ 不变。发电机电磁功率的变化，使转子上的转矩平衡受到破坏。由于此时电磁功率大于原动机的功率，转子上产生可制动性的不平衡转矩。在此不平衡转矩作用下，发电机转速开始下降，因而功角开始减小。经过衰减振荡后，发电机恢复到原来的运行点 a［图 8.5（a）］。如果在点 a 运行时受

扰动产生一个负值的角度增量 $\Delta\delta=\delta_{a''}-\delta_a$，则电磁功率的增量 $\Delta P_e=P_{a''}-P_0$ 也是负的，发电机将受到加速性的不平衡转矩作用而恢复到点 a 运行。所以在点 a 的运行是稳定的。

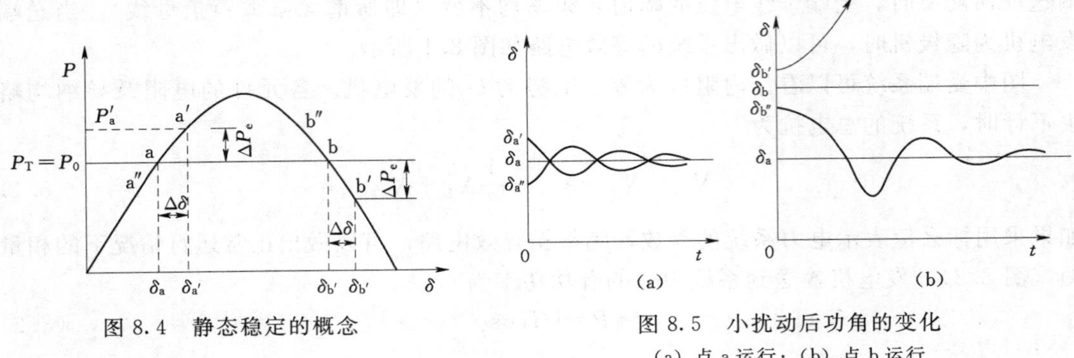


图 8.4 静态稳定的概念

图 8.5 小扰动后功角的变化

(a) 点 a 运行；(b) 点 b 运行

点 b 运行的特性完全不同。这里，正值的角度增量 $\Delta\delta=\delta_{b'}-\delta_b$，使电磁功率减小而产生负值的电磁功率增量 $\Delta P_e=P_{b'}-P_0$（图 8.4）。于是，转子在加速性不平衡转矩作用下开始升速，使功角增大。随着功角 $\delta$ 的增大，电磁功率继续减小，发电机转速继续增加。这样送端和受端发电机便不能继续保持同步运行，即失去了稳定。如果在点 b 运行时受到微小扰动而获得一个负值的角度增量，则将产生正值的电磁功率增量，发电机的工作点将由点 b 过渡到点 a，其过程如图 8.5（b）所示。由此得出，点 b 运行是不稳定的。

由以上的分析，可以得到静态稳定的初步概念。所谓电力系统静态稳定性，一般是指电力系统在运行中受到微小扰动后，独立地恢复到它原来的运行状态的能力。我们看到，对于简单电力系统，要具有运行的静态稳定性，必须运行在功率特性的上升部分。在这部分，电磁功率增量和角度增量总是具有相同的符号。而在功率特性下降部分，$\Delta P_e$ 和 $\Delta\delta$ 总是具有相反的符号。因此，可以用比值的符号来判别系统在给定的平衡点运行时是否具有静态稳定性，即可以用

$$\frac{\Delta P}{\Delta\delta}\geqslant 0$$

作为简单电力系统具有静态稳定性的判据，写成极限的形式为

$$\frac{\mathrm{d}P}{\mathrm{d}\delta}\geqslant 0 \tag{8.5}$$

系统的正常运行功率 $P_0$ 和稳定极限功率 $P_{sl}$ 的差值决定了系统的静态稳定储备，用静态稳定储备系数 $K_p$ 表示，定义为

$$K_p=\frac{P_{sl}-P_0}{P_0}\times 100\% \tag{8.6}$$

《电力系统安全稳定导则》(GB 38755—2019) 规定，正常运行方式下，$K_p$ 应为 15%～20%，在事故后的运行方式下（指事故后尚未恢复到原始的正常状态），$K_p$ 应不小于 10%。

#### 8.1.3.2 静稳定计算方法

1. 实用判据法

常用有功功率对功角的微分$\frac{\mathrm{d}P}{\mathrm{d}\delta}$及无功功率对电压的微分$\frac{\mathrm{d}Q}{\mathrm{d}U}$来判断系统的稳定性。前

者是从系统有功功率储备的角度来校验系统的稳定性，当$\frac{dP}{d\delta}\geqslant 0$时，系统是稳定的；后者是从系统中无功功率储备的角度来校验系统的稳定性，常用于无功功率缺乏、电压水平较低的系统，当$\frac{dQ}{dU}\leqslant 0$时，系统是稳定的。

为了计算静态稳定极限，可逐步改变运行方式使待求输电线路负荷加重，然后对各个加重负荷的运行方式，用$\frac{dP}{d\delta}$判断其稳定性。

当用$\frac{dQ}{dU}$判据来判断电力系统稳定性时，首先确定一个负荷中心为计算点，然后逐步降低该节点的电压进行运行方式计算，用$\frac{dQ}{dU}$判据判断其稳定性。与系统出现不稳定之前的那个运行方式对应的负荷中心节点电压即为临界电压，此时从无功电压角度看已达到稳定极限。

2. 小扰动法

所谓小扰动法，就是首先列出描述系统运动的、通常是非线性的微分方程组，然后将它们线性化，得出近似的线性微分方程组，再根据其特征方程根的性质判断系统的稳定性的一种方法。

简单电力系统如图 8.6 (a) 所示。

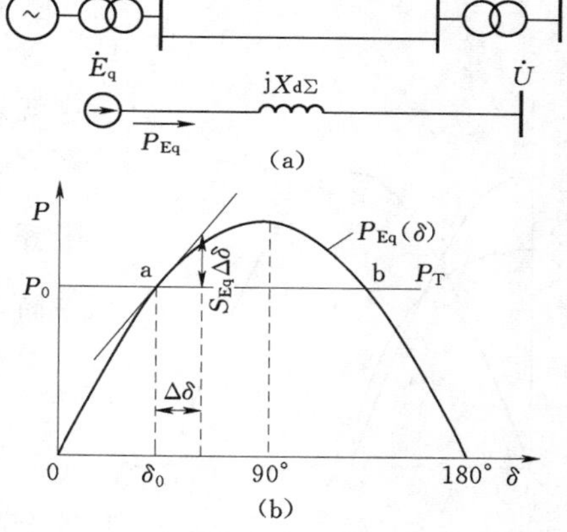


图 8.6　简单电力系统及其功角特性

(a) 简单电力系统；(b) 功角特性

在额定运行情况下，发电机输出的功率为$P_e=P_0$，$\omega=\omega_N$；原动机的功率为$P_T=P_0$。假定原动机的功率$P_T=P_0=$常数；发电机为隐极机，且不计励磁调节作用和发电机各绕组的电磁暂态过程，即$E_q=E_{q0}=$常数。这样作出的发电机的功角特性，如图 8.6 (b) 所示。

不计发电机组的阻尼作用，则转子运动方程为

$$\frac{d\delta}{dt}=\omega-\omega_N$$

$$\frac{d\omega}{dt}=\frac{\omega_N}{T_J}(P_T-P_e)$$

发电机的电磁功率方程为

$$P_e=P_{Eq}=\frac{E_{q0}U_0}{X_{d\Sigma}}\sin\delta=P_{Eq}(\delta)$$

将上式代入转子运动方程，得到简单电力系统的状态方程为

$$\begin{cases}\dfrac{d\delta}{dt}=\omega-\omega_N=f_\delta(\delta,\omega)\\[2ex]\dfrac{d\omega}{dt}=\dfrac{\omega_N}{T_J}[P_T-P_{Eq}(\delta)]=f_\omega(\delta,\omega)\end{cases}\tag{8.7}$$

经分析可知，电力系统受扰动后，功角将在 $\delta_0$ 附近做等幅振荡。从理论上说，系统不具有渐近稳定性，但是考虑到振荡中由于摩擦等原因产生能量消耗，可以认为振荡会逐渐衰减，所以系统是稳定的。

由以上分析可以得出简单电力系统静态稳定的判据为

$$S_{Eq}>0$$

当系统运行参数 $\delta_0<90°$时，系统是稳定的；当 $\delta_0>90°$时，系统是不稳定的。所以用运行参数表示的稳定判据为

$$\delta_0<90°$$

稳定极限情况为

$$S_{Eq}=0$$

与此对应的稳定极限运行角为

$$\delta_{sl}=90°$$

与此运行角对应的发电机输出的电磁功率为

$$P_{Eqsl}=\frac{E_{q0}U_0}{X_{d\Sigma}}\sin\delta_{sl}=\frac{E_{q0}U_0}{X_{d\Sigma}}=P_{Eqm}$$

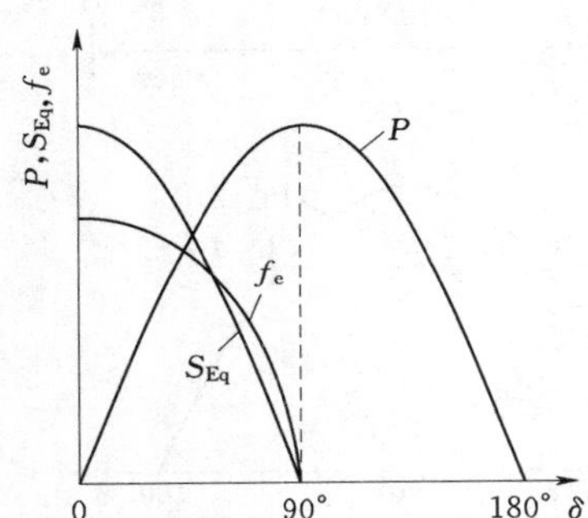

图 8.7　$f_e$、$S_{Eq}$ 随 $\delta$ 的变化

这就是系统保持静态稳定时发电机所能输送的最大功率，把 $P_{Eqsl}$ 称为稳定极限。在上述简单电力系统中，稳定极限等于功率极限。$S_{Eq}=\frac{dP}{d\delta}>0$ 称为实用判据，常被应用于简单电力系统和一些定性分析的实用计算中。

在稳定工作范围内，自由振荡的频率为

$$f_e=\frac{1}{2\pi}\sqrt{\frac{\omega_N S_{Eq}}{T_J}}$$

这个频率通常又称为固有振荡频率。它与运行情况 $S_{Eq}$ 有关，其变化如图 8.7 所示。从图中可以看出，随着功角的增大，$S_{Eq}$ 减小，$f_e$ 减小，当 $\delta=90°$时，$S_{Eq}=0$，$f_e=0$，即电力系统受扰动后功角变化不再具有振荡的性质，因而系统将会非周期地丧失稳定。

#### 8.1.3.3　提高静态稳定的措施

对电力系统静态稳定性的分析表明，发电机可能输送的功率极限越高，则静态稳定性越高。以一机对无限大系统的情况来看，减少发电机与系统之间的联系电抗就可以增加发电机的功率极限。从物理意义上讲，这就是加强发电机与无限大系统的电气联系。联系紧密的系统显然是不容易失去静态稳定的，当然这种系统的短路电流较大。

加强电气联系，即缩短电气距离，也就是减少各元件的阻抗，主要是电抗。以下介绍几种提高静态稳定性的措施，都是直接或间接的减少电抗的措施。

1. 采用自动调节励磁装置

在分析一机对无限大系统的静态稳定时曾经指出，当发电机装设比例型励磁调节器时，发电机可看作是具有 $E_q'$(或 $E'$) 为常数的功率特性，这也就相当于将发电机的电抗从同步电抗 $X_d$ 减小为暂态电抗 $X_d'$了。如果采用按运行参数的变化率调节励磁，则甚至

可以维持发电机端电压为常数，这就相当于将发电机的电抗减小为零。因此，发电机装设先进的调节器就相当于缩短了发电机与系统间的电气距离，从而提高了静态稳定性。因为调节器在总投资中所占的比重很小，所以在各种提高静态稳定性的措施中，总是优先考虑安装自动励磁调节器。

2. 减小元件的电抗

发电机之间的联系电抗总是由发电机、变压器和线路的电抗所组成。这里有实际意义的是减少线路电抗，具体做法有下列几种：

（1）采用分裂导线。高压输电线采用分裂导线的主要目的是避免电晕，同时分裂导线可以减少线路的电抗。分裂根数越多，分裂间距越大，线路的电抗值越小。

（2）提高线路额定电压等级。功率极限和电压的二次方成正比，因此提高线路额定电压等级可以提高功率极限。另外，提高线路额定电压等级也可以等效地看作是减小线路电抗。当用统一的基准值计算时，线路电抗为

$$X_{L*(B)} = Xl\,\frac{S_B}{U_{NL}^2}$$

式中　$U_{NL}$——线路的额定电压。

由此可见，线路电抗标幺值与其电压的二次方成反比。当然，提高线路额定电压势必要加强线路的绝缘、加大杆塔的尺寸并增加变电所的投资。因此，一定的输送功率和输送距离对应一个经济上合理的线路额定电压等级。

（3）采用串联电容补偿。串联电容补偿就是在线路上串联电容器以补偿线路的电抗。一般在较低电压等级的线路上的串联电容补偿主要是用于调压；在较高电压等级的输电线路上的串联电容补偿，则主要是用来提高系统的稳定性。在后一种情况下，补偿度对系统的影响较大。所谓补偿度 $K_C$ 是串联电容器容抗 $X_C$ 和线路感抗 $X_L$ 的比值，即是 $K_C = X_C/X_L$。

一般说，串联电容补偿度 $K_C$ 越大，线路等效电抗越小，对提高稳定性越有利。但 $K_C$ 的增大要受到很多条件的限制。当补偿度过大时，短路电流过大；短路电流会大于发电机端短路时的短路电流，电流、电压相位关系的紊乱将引起某些保护装置的误动作；系统中电阻对感抗的比值增大，阻尼系数可能为负值，造成低频的自发振荡；发电机外部电路的电抗可能呈现容性，电枢反应可能起助磁作用，使发电机的电流和电压无法控制地上升，直至发电机的磁路饱和为止，即所谓的自励磁现象。为保证不发生上述现象，$K_C$ 不能过大，一般不超过 0.5。

当补偿度确定以后，补偿容量即确定，这些电容器是集中在一处还是分散在几处串联接入线路，这要根据经济、技术比较以及维护、检修是否方便等因素来确定。

3. 改善系统结构和采用中间补偿设备

（1）改善系统结构。有多种方法可以改善系统的结构，加强系统的联系。例如增加输电线路的回路数。当输电线路通过的地区原来就有电力系统时，将这些中间电力系统与输电线路连接起来，相当于将输电线路分成两段，缩小了电气距离，使长距离的输电线路中间点的电压得到维持。并且，中间系统还可以与输电线交换有功功率，起到互为备用的作用。

(2) 采用中间补偿设备。如果在输电线路中间的降压变电所内装设同期调相机，而且同期调相机配有先进的自动励磁调节器，则可以维持同期调相机端点电压甚至高压母线电压恒定。这样，输电线路也就等效地分为两段，系统的静态稳定性得到提高。并联电容补偿装置和静止补偿器得到广泛应用。

上面所述措施只是从减小电抗这一点来提高静态稳定性的。在正常运行中提高发电机的电动势和电网的运行电压也可以提高功率极限。为使电网具有较高的电压水平，必须在系统中设置足够的无功功率电源。

# 任务 8.2 认识电力系统暂态稳定

## 8.2.1 学习目标

1. 认识电力系统暂态稳定。
2. 了解电力系统暂态稳定分析计算方法以及提高暂态稳定的措施。
3. 掌握 PWS 软件的暂态稳定计算的方法。
4. 学会利用 PWS 软件解决工程实际问题。

## 8.2.2 任务提出

根据区域电力系统开展如下分析：

(1) 设定扰动 1，对在此扰动作用下的区域电力系统进行暂态稳定计算。

(2) 设定扰动 2，对在此扰动作用下的区域电力系统进行暂态稳定计算。

## 8.2.3 任务分析

为了保证电力系统的安全性，在系统规划、设计和运行过程中都需要进行暂态稳定计算分析。电力系统暂态稳定计算的目的如下：

(1) 确定系统受到大干扰以后，系统各发电机组是否能维持同步运行，分析影响电力系统暂态稳定的各种因素。

(2) 在暂态稳定分析的基础上研究提高电力系统暂态稳定性的措施。

## 8.2.4 知识学习

### 8.2.4.1 电力系统暂态稳定基本概念

电力系统暂态稳定问题是指电力系统受到较大的扰动之后各发电机是否能继续保持同步运行的问题。引起电力系统大扰动的原因主要有下列几种：

(1) 负荷的突然变化，如投入或切除大容量的用户等。

(2) 切除或投入系统的主要元件，如发电机、变压器及线路等。

(3) 发生短路故障。

其中短路故障的扰动最为严重，常以此作为检验系统是否具有暂态稳定的条件。

当电力系统受到大的扰动时，表征系统运行状态的各种电磁参数都要发生急剧的变

化。但是，由于原动机调速器具有相当大的惯性，它必须经过一定时间后才能改变原动机的功率。这样，发电机的电磁功率与原动机的机械功率之间便失去了平衡，于是产生不平衡转矩。在不平衡转矩的作用下，发电机开始改变转速，使各发电机转子间的相对位置发生变化（机械运动）。发电机转子相对位置，即相对角的变化，反过来又影响电力系统中电流、电压和发电机电磁功率的变化。所以，由大扰动引起的电力系统暂态过程是一个电磁暂态过程和发电机转子间机械运动暂态过程交织在一起的复杂过程。如果计及发电机励磁调节器、原动机调速器的暂态过程，则过程更加复杂。

精确地确定所有电磁参数和机械运动参数在暂态过程中的变化是非常困难的，而且对于解决一般的工程实际问题往往也是不必要的。通常，暂态稳定分析计算的目的在于确定系统在给定的大扰动下发电机能否继续保持同步运行。因此，只需研究表征发电机是否同步的转子运动特性，即功角 $\delta$ 随时间变化特性便可以了。据此，要找出暂态过程中对转子机械运动起主要影响的因素，在分析计算中加以考虑，而对于影响不大的因素，则予以忽略或作近似考虑。

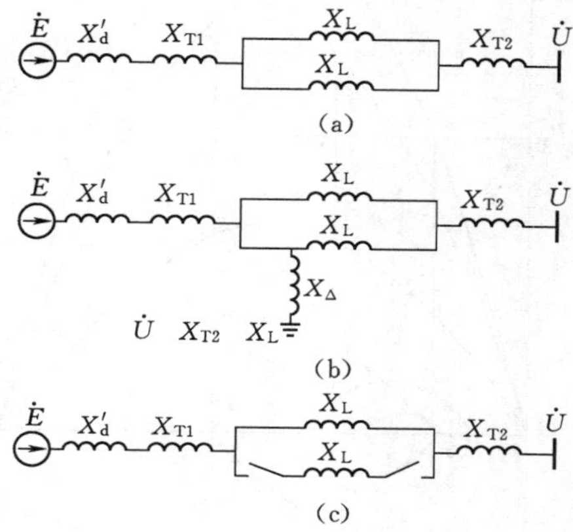

图 8.8　各种运行情况下的等效电路

#### 8.2.4.2　简单电力系统暂态稳定的分析计算方法

假定简单电力系统在正常运行时，输电线路的始端发生短路故障，然后继电保护动作，切除了一回线路，其相应等效电路如图 8.8 所示，下面分析其暂态稳定性。

1. 各种运行情况下的功率特性

系统正常运行情况下的等效电路如图 8.8（a）所示。

系统总电抗为

$$X_{\mathrm{I}}=X'_d+X_{T1}+\frac{1}{2}X_L+X_{T2} \tag{8.8}$$

根据给定的运行条件，可以算出短路前暂态电抗 $X'_d$后的电势值 $E_0$。正常运行时的功率特性为

$$P_{\mathrm{I}}=\frac{E_0U_0}{X_{\mathrm{I}}}\sin\delta=P_{m\mathrm{I}}\sin\delta \tag{8.9}$$

发生短路时根据正序等效定则，应在正序等效电路中的短路点接入附加电抗 $X_\Delta$，如图 8.8（b）所示。此时，发电机与系统间的转移电抗为

$$X_{\mathrm{II}}=X_{\mathrm{I}}+\frac{(X'_d+X_{T1})\left(\frac{1}{2}X_L+X_{T2}\right)}{X_\Delta} \tag{8.10}$$

发电机的功率特性为

$$P_{\mathrm{II}}=\frac{E_0U_0}{X_{\mathrm{II}}}\sin\delta=P_{m\mathrm{II}}\sin\delta \tag{8.11}$$

由于 $X_{\mathrm{II}}>X_{\mathrm{I}}$，短路时的功率特性比正常运行时的要低。故障线路被切除后，如图

8.8（c）所示，系统总电抗为

$$X_{Ⅲ}=X_d'+X_{T1}+X_L+X_{T2} \tag{8.12}$$

此时的功率特性为

$$P_{Ⅲ}=\frac{E_0U_0}{X_{Ⅲ}}\sin\delta=P_{mⅢ}\sin\delta$$

一般情况下，$X_Ⅰ<X_Ⅲ<X_Ⅱ$，因此 $P_Ⅲ$ 也介于 $P_Ⅰ$ 和 $P_Ⅱ$ 之间。

2. 大扰动后发电机转子的相对运动

在正常情况下，若原动机输入功率为 $P_T=P_0$，发电机的工作点为 a，与此对应的功角为 $\delta_0$，如图 8.9 所示。

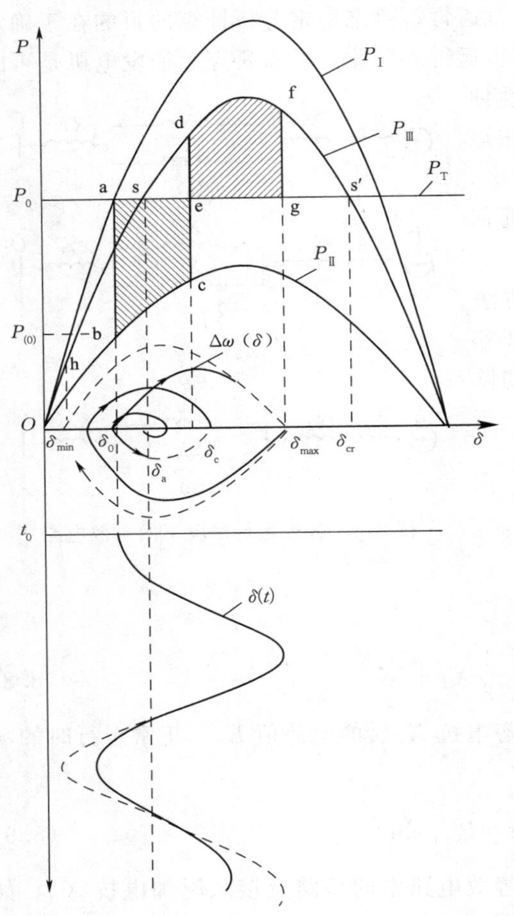


图 8.9 转子相对运动及面积定则

短路瞬间，由于转子具有惯性，功角不能突变，发电机输出的电磁功率（即工作点）应由 $P_Ⅱ$ 上对应于 $\delta_0$ 的点 b 确定，设其值为 $P_{(0)}$。这时原动机的功率 $P_T$ 仍保持不变，于是出现了过剩功率 $\Delta P_{(0)}=P_T-P_e=P_0-P_{(0)}>0$，它是加速性的。

在加速性的过剩功率作用下，发电机获得加速度，使其相对速度 $\Delta\omega=\omega-\omega_N>0$，于是功角 $\delta$ 开始增大。发电机的工作点将沿着 $P_Ⅱ$ 曲线由点 b 向点 c 移动。在移动过程中，随着 $\delta$ 的增大，发电机的电磁功率也增大，过剩功率则减小，但过剩功率仍是加速性的，所以，$\Delta\omega$ 不断增大，如图 8.9 所示。

如果在功角为 $\delta_c$ 时，故障线路被切除，在切除瞬间，由于功角不能突变，发电机的工作点便转移到 $P_Ⅲ$ 曲线对应于 $\delta_c$ 的点 d 上。此时，发电机的电磁功率大于原动机的功率，过剩功率 $\Delta P_a=P_T-P_e<0$，变成了减速性的了。在此过剩功率的作用下，发电机转速开始降低，虽然相对速度 $\Delta\omega$ 开始减小，但它仍大于零，因此功角继续增大，工作点将沿 $P_Ⅲ$ 曲线由点 d 向点 f 变动。发电机则一直受到减速作用而不断减速。

如果到达点 f 时，发电机恢复到同步速度，即 $\Delta\omega=0$，则功角 $\delta$ 抵达它的最大值 $\delta_{max}$。虽然此时发电机恢复了同步，但由于功率平衡尚未恢复，所以不能在点 f 确立同步运行的稳态。发电机在减速性不平衡转矩的作用下，转速继续下降而低于同步速度，相对速度改变符号，即 $\Delta\omega<0$，于是功角 $\delta$ 开始减小，发电机工作点将沿 $P_Ⅲ$ 曲线由点 f 向点 d、点 s 变动。

如果不计能量损失，工作点将沿 $P_Ⅲ$ 曲线在点 f 和点 h 之间来回变动，与此相对应，

功角将在 $\delta_{max}$ 和 $\delta_{min}$ 间变动（图 8.9 虚线）。考虑到过程中的能量损失，振荡将逐渐衰减，最后在点 s 上稳定运行。也就是说，系统在上述大扰动下保持了暂态稳定。

3. 等面积定则

当不考虑震荡中的能量损耗时，可以在功角特性上，根据等面积定则确定最大摇摆角 $\delta_{max}$，并判断系统的稳定性。从前面的分析可知，在功角由 $\delta_0$ 变到 $\delta_c$ 的过程中，原动机输入的能量大于发电机输出的能量，多余的能量将使发电机转速升高并转化为转子的动能而储存在转子中；而当功角由 $\delta_c$ 变到 $\delta_{max}$ 时，原动机输入的能量小于发电机输出的能量，不足部分由发电机转速降低而释放的动能转化为电磁能来补充。

转子由 $\delta_0$ 到 $\delta_c$ 时，过剩转矩所做的功为

$$W_a=\int_{\delta_0}^{\delta_c}\Delta M_a \mathrm{d}\delta=\int_{\delta_0}^{\delta_c}\frac{\Delta P_a}{\omega}\mathrm{d}\delta \tag{8.13}$$

用标幺值计算时，因发电机转速偏离同步速度不大，$\omega\approx 1$，于是

$$W_a=\int_{\delta_0}^{\delta_c}\Delta P_a \mathrm{d}\delta=\int_{\delta_0}^{\delta_c}(P_T-P_{\mathrm{II}})\mathrm{d}\delta \tag{8.14}$$

上式右边的积分，代表 $P-\delta$ 平面上的面积，对应于图 8.9 的情况为画着阴影的面积 $A_{abce}$。在不计能量损失时，加速期间过剩转矩所做的功，将全部转化为转子动能。在标幺值计算中，可以认为转子在加速过程中获得的动能增量就等于面积 $A_{abce}$。这块面积称为加速面积，当转子由 $\delta_c$ 变动到 $\delta_{max}$ 时，转子动能增量为

$$W_b=\int_{\delta_c}^{\delta_{max}}\Delta M_a \mathrm{d}\delta\approx\int_{\delta_c}^{\delta_{max}}\Delta P_a \mathrm{d}\delta=\int_{\delta_c}^{\delta_{max}}(P_T-P_{\mathrm{III}})\mathrm{d}\delta \tag{8.15}$$

由于 $\Delta P_a<0$，上式积分为负值。也就是说，动能增量为负值，这意味着转子储存的动能减小了，即转速下降了，减速过程中动能增量所对应的面积称为减速面积，如图 8.9 中的阴影面积 $A_{edfg}$。

显然，根据能量守恒原理，动能的增量应等于 0，即

$$W_a+W_b=\int_{\delta_0}^{\delta_c}(P_T-P_{\mathrm{II}})\mathrm{d}\delta+\int_{\delta_c}^{\delta_{max}}(P_T-P_{\mathrm{III}})\mathrm{d}\delta=0 \tag{8.16}$$

应用这个条件，并将 $P_T=P_0$ 以及 $P_{\mathrm{II}}$ 和 $P_{\mathrm{III}}$ 的表达式代入，可求得 $\delta_{max}$。式（8.16）也可写成

$$|A_{abce}|=|A_{edfg}| \tag{8.17}$$

即加速面积等于减速面积，这就是等面积定则。同理，根据等面积定则，可以确定摇摆最小角度 $\delta_{min}$，即根据式（8.18）求得

$$\int_{\delta_{max}}^{\delta_s}(P_T-P_{\mathrm{III}})\mathrm{d}\delta+\int_{\delta_s}^{\delta_{min}}(P_T-P_{\mathrm{III}})\mathrm{d}\delta=0 \tag{8.18}$$

由图 8.9 可以看到，在给定的计算条件下，当切除角 $\delta_c$ 一定时，有一个最大可能的减速面积 $A_{dfs'e}$。如果这块面积的数值比加速面积 $A_{abce}$ 小，发电机将失去同步。因为在这种情况下，当功角增至临界角 $\delta_{cr}$ 时，转子在加速过程中所增加的动能未完全耗尽，发电机转速仍高于同步速度，功角继续增大而越过点 $s'$，过剩功率变成加速性的了，使发电机继续加速而失去同步。显然，最大可能的减速面积大于加速面积，是保持暂态稳定的条件。

4. 极限切除角

根据等面积定则可知，若故障切除角 $\delta_c$ 不同（即切除故障的时间不同），在减速部分对应 $\Delta\omega=0$ 的点（在特性曲线 $P_{Ⅲ}$）也不同。随着 $\delta_c$ 的增大，对应 $\Delta\omega=0$ 的点在 $P_{Ⅲ}$ 上会向右移动。假如此点在 s′处的左边，这时由于受减速不平衡转矩的作用，使 $\delta$ 角减小，分析过程同上，最后经衰减震荡稳定在点 $s$ 处工作；假如到了点 s′处，仍然有 $\Delta\omega>0$，它又受到加速不平衡转矩的作用，使 $\delta$ 角不断增大，从而使发电机失去同步。因此，能够使发电机暂态稳定的极限情况是当 $\Delta\omega=0$ 时，处于 s′点，此时对应的故障切除角度称为极限切除角度，用 $\delta_{c.lim}$ 表示，s′点对应的角度称为临界角，用 $\delta_{cr}$ 表示。

应用等面积定则可以方便地确定 $\delta_{c.lim}$。由图 8.9 可求出上式的积分，经整理后可得

$$\delta_{c.lim}=\arccos\frac{P_0(\delta_{cr}-\delta_0)+P_{mⅢ}\cos\delta_{cr}-P_{mⅡ}\sin\delta_0}{P_{mⅢ}-P_{mⅡ}}$$

$$\int_{\delta_0}^{\delta_{c.lim}}(P_0-P_{mⅡ}\sin\delta)d\delta+\int_{\delta_{c.lim}}^{\delta_{cr}}(P_0-P_{mⅢ}\sin\delta)d\delta=0 \tag{8.19}$$

式中所有角度都是用弧度表示的，临界角为

$$\delta_{cr}=\pi-\arcsin\frac{P_0}{P_{mⅢ}} \tag{8.20}$$

5. 电力系统暂态稳定判断的比较法

从上面的分析可得出，暂态稳定的判据是 $\delta_c<\delta_{c.lim}$。$\delta_{c.lim}$ 可由等面积定则求出，而 $\delta_c$ 往往不能直接知道，但我们可通过求解故障时发电机转子运动方程来确定功角随时间变化的特性 $\delta(t)$，并且利用继电保护和断路器切除故障的时间 $t_c$，找到对应的 $\delta_c$；也可以比较时间来判断系统是否暂态稳定，从图 8.10 中找到 $\delta_{c.lim}$ 所对应的时间 $t_{c.lim}$。若实际切除时间 $t_c<t_{c.lim}$，则系统暂态稳定，反之系统是不稳定的。

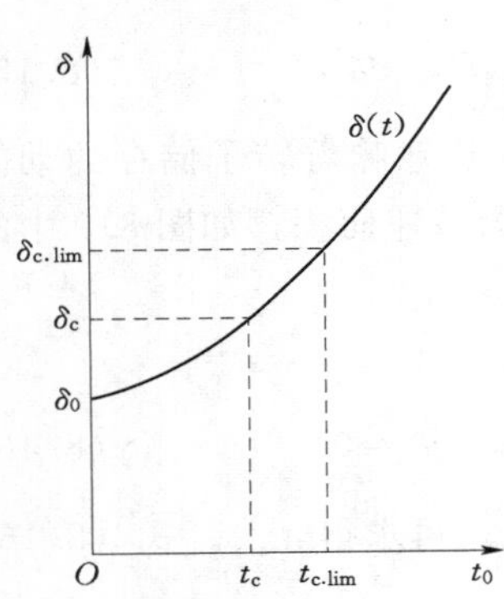

图 8.10 功角随时间变化的特性 $\delta$（$t$）

对于多机电力系统，已不能用等面积定则求 $\delta_{c.lim}$，因此判断系统是否稳定，只能靠功角随时间的变化来判断。

### 8.2.4.3 提高电力系统暂态稳定性的措施

缩短电气距离以提高静态稳定性的某些措施对提高暂态稳定性也是有作用的。但是，提高暂态稳定的措施，一般首先考虑的是减少扰动后功率差额的临时措施，因为在大扰动后发电机机械功率和电磁功率的差额是导致暂态稳定破坏的主要原因。下面介绍几种常用的措施。

1. 故障的快速切除和自动重合闸装置的应用

加速切除故障对于提高系统的暂态稳定性有决定性的作用，因为快速切除故障减小了加速面积，增加了减速面积，提高了发电机之间并列运行的稳定性。另外，快速切除故障也可使负荷中的电动机端电压迅速回升，减少了电动机失速和停顿的危险，提高了负荷的稳定性。切除故障时间是继电保护装置动作时间和断路器动作时间的总和。目前已可做到短路后 0.06s 切除故障线路，其中 0.02s 为保护装置动作时间，0.04s 为断路器动作时间。电力系统的故障特别是高压输电线路的故障大多数是短路故障，而这些短路故障大多数又

是暂时性的。采用自动重合闸装置，在发生故障的线路上，先切除线路，经过一定时间再合上断路器，如果故障消失则重合闸成功。重合闸的成功率是很高的，可达 90%以上。这个措施可以提高供电的可靠性，对于提高系统的暂态稳定性也有十分明显的作用。

超高压输电线路的短路故障大多数是单相接地故障，因此在这些线路上往往采用单相重合闸，这种装置在切除故障相后经过一段时间再将该相重合。由于切除的只是故障相而不是三相，从切除故障相后到重合闸前的一段时间里，即使是单回路输电的场合，送电端的发电厂和受端系统也没有完全失去联系，故可以提高系统的暂态稳定性。

必须指出，采用单相重合闸时，去游离的时间比采用三相重合闸要长，因为切除一相后其余两相仍处在带电状态。尽管故障电流被切断了，带电的两相仍将通过导线之间的电容和电感耦合向故障点继续供给电流（称为潜供电流），因此维持了电弧的燃烧，对于去游离不利。

2. 提高发电机输出的电磁功率

（1）对发电机实行强行励磁。发电机都备有强行励磁装置，以保证当系统发生故障而使发电机端电压低于 85%～90%额定电压时，迅速而大幅度地增大励磁，从而提高发电机的电动势，增大发电机输出的电磁功率。强行励磁对提高发电机并列运行和负荷的暂态稳定性是有利的。

（2）电气制动。电气制动就是当系统发生故障后迅速地投入电阻以消耗发电机的有功功率（增大电磁功率）从而减小功率差额。电气制动的作用也可用等面积定则解释。图 8.11 中比较了有无电气制动的情况。图中假设故障发生后瞬时投入制动电阻，切除故障线路的同时切除制动电阻。若切除故障角 $\delta_c$ 不变，由于采用了电气制动，使得图 8.11（b）减少了加速面积 $bb_1c_1c$，使原来不能保证的暂态稳定得到了保证。

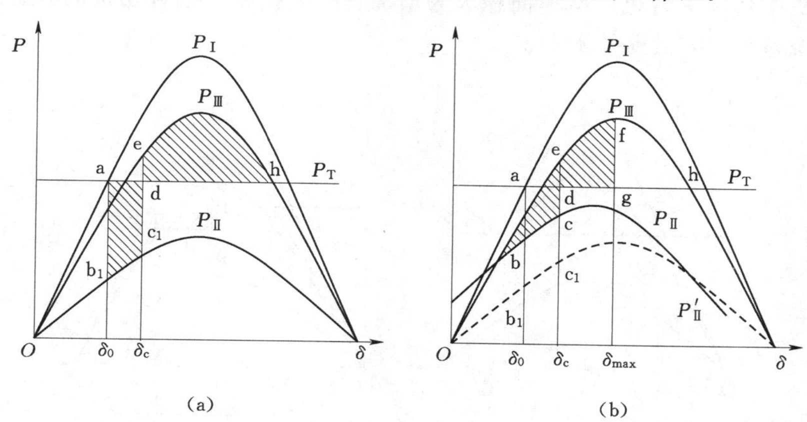


图 8.11 电气制动的作用

（a）无电气制动；（b）有电气制动

运用电气制动提高暂态稳定性时，制动电阻的大小及其投切时间要选择得适当。否则，或者会发生所谓欠制动，即制动作用过小，发电机仍要失步；或者会发生过制动，即制动作用过大，发电机虽在第一次振荡中没有失步，却在切除故障和切除制动电阻后的第二次振荡中失步。

（3）变压器中性点经小电阻接地。变压器中性点经小电阻接地就是短路故障时的电气制

动。图 8.12 所示是一变压器中性点经小电阻接地的系统发生单相接地短路时的情况。因为变压器中性点接了电阻，零序网络中增加了电阻，零序电流流过电阻时引起了附加的功率损耗。这个情况对应于故障期间的功率特性 $P_{\mathrm{II}}$ 升高，因为 $R_{\Sigma(0)}$ 反映在正序增广网络中。

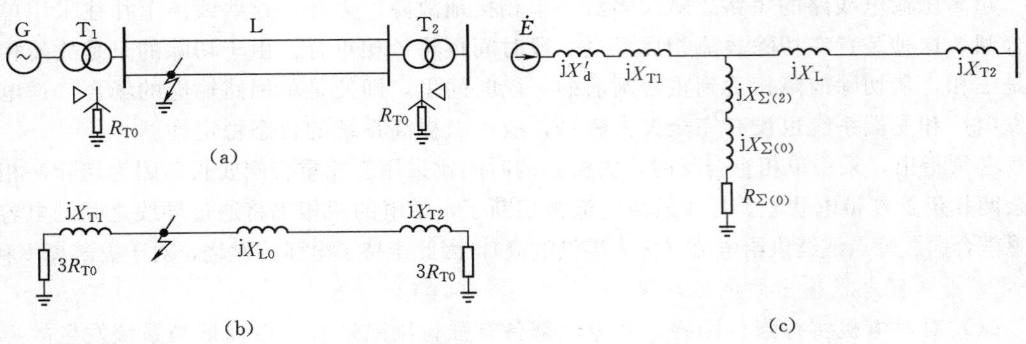


图 8.12 变压器中性点经小电阻接地

(a) 系统图；(b) 零序网络；(c) 正序增广网络

3. 减少原动机输出的机械功率

对于汽轮机可以采用快速的自动调速系统或者快速关闭进气门的措施。水轮机由于水锤现象不能快速关闭进水门，因此有时采用在故障时从送端发电厂中切掉一台发电机的方法，这等值于减少了原动机功率。当然，这时发电厂的电磁功率由于发电机的总的等效阻抗略有增加（切了一台机）而略有减少。如图 8.13（b）所示，在切除故障同时从送端发电厂的四台机中切除一台机后减速面积大为增加。必须指出，这种切机的办法使系统少了一台机，电源减少了，这是不利的。

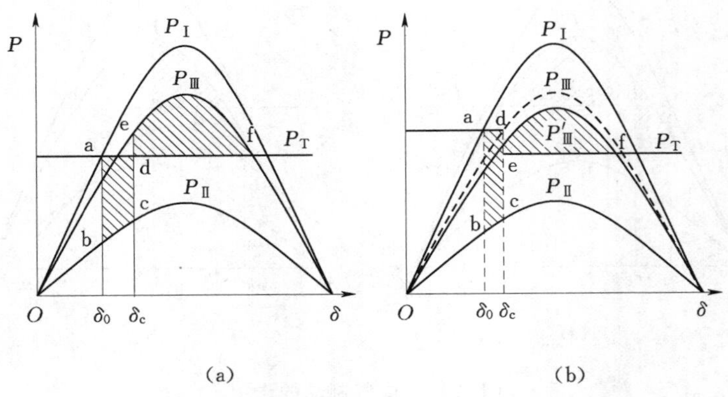


图 8.13 切机对提高暂态稳定性的作用

(a) 不切机；(b) 切去 $\frac{1}{4}$ 台机（$P_{\mathrm{III}}$ 变为 $P'_{\mathrm{III}}$）

除了上述三方面的措施外，还有不少提高系统暂态稳定性的办法。例如，对于已装有串联补偿电容的线路，可考虑为提高系统的暂态稳定性和故障后的静态稳定性而采用强行串联电容补偿。所谓强行补偿就是在切除故障线路的同时切除部分并联的电容器组，以增大串联补偿电容的容抗，部分地甚至全部地抵偿由于切除故障线路而增加的线路感抗。其

他提高暂态稳定的措施就不一一介绍了。

## 8.2.5 任务实施

1. 系统参数

暂态稳定分析计算实例系统网络图如图 8.14 所示，系统参数见表 8.1～表 8.3。

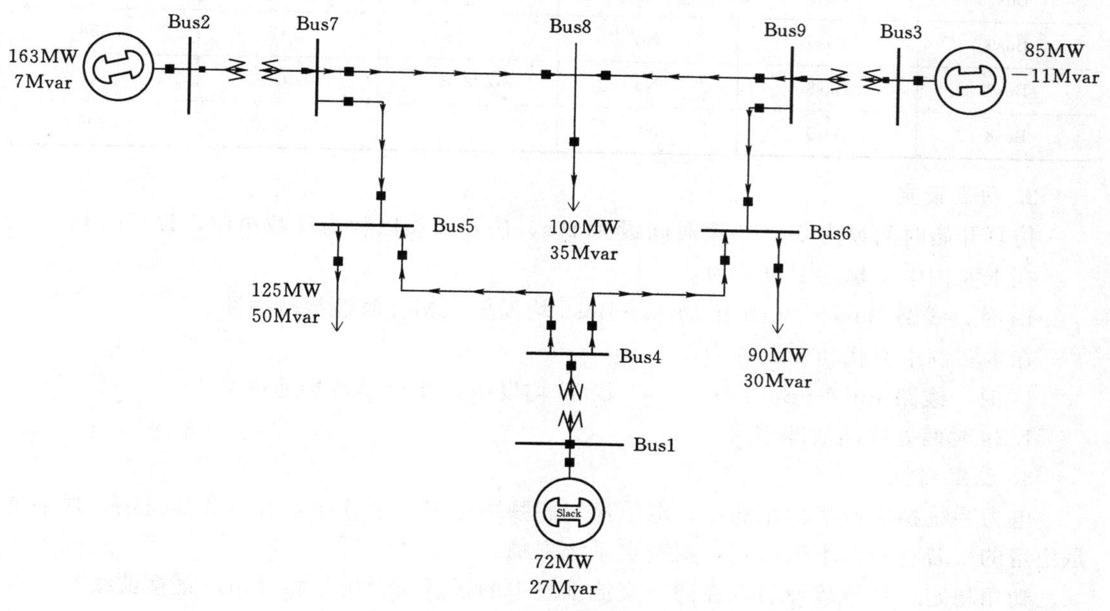


图 8.14 暂态稳定分析计算实例系统网络图

表 8.1 系统参数一

| 节点 | 有功出力/MW | 无功出力/Mvar | 发电机模型 | 励磁系统模型 |
|---|---|---|---|---|
| Bus1 | 72.01 | 27.04 | GENSAL | IEEET1 |
| Bus2 | 163 | 6.65 | GENSAL | IEEET1 |
| Bus3 | 85 | —10.86 | GENSAL | IEEET1 |

表 8.2 系统参数二

| 节点 | 有功/MW | 无功/Mvar |
|---|---|---|
| Bus5 | 125 | 50 |
| Bus6 | 90 | 30 |
| Bus8 | 100 | 45 |

表 8.3 系统参数三

| 首端节点名称 | 末端节点名称 | 是否变压器 | $R$ | $X$ | $B$ |
|---|---|---|---|---|---|
| Bus4 | Bus1 | 是 | 0 | 0.0576 | 0 |
| Bus2 | Bus7 | 是 | 0 | 0.0625 | 0 |
| Bus9 | Bus3 | 是 | 0 | 0.0586 | 0 |

续表

| 首端节点名称 | 末端节点名称 | 是否变压器 | $R$ | $X$ | $B$ |
|---|---|---|---|---|---|
| Bus5 | Bus4 | No | 0.01 | 0.085 | 0.176 |
| Bus6 | Bus4 | No | 0.017 | 0.092 | 0.158 |
| Bus7 | Bus5 | No | 0.032 | 0.161 | 0.306 |
| Bus9 | Bus6 | No | 0.039 | 0.17 | 0.358 |
| Bus7 | Bus8 | No | 0.0085 | 0.072 | 0.149 |
| Bus8 | Bus9 | No | 0.0119 | 0.1008 | 0.209 |

2. 仿真设定

仿真开始时间设为0s，结束时间设为10s，仿真步长以秒为计数单位，设为0.02s。

在本实例中大扰动1设置为：

1s时，线路Bus7－Bus5和Bus9－Bus6均发生三相金属性接地短路。

在本实例中大扰动2设置为：

1s时，线路Bus7－Bus5和Bus9－Bus6均发生三相金属性接地短路。

1.2s时两处线路故障消失。

3. 稳定判据

电力系统稳定包括功角稳定、电压稳定和频率稳定三个方面。若三者都稳定，则系统是稳定的；若有一个不能稳定，则判定系统失稳。

功角稳定：系统故障后，在同一交流系统中的任意两台机组相对角度摇摆曲线呈同步减幅振荡。

电压稳定：系统电压中枢点母线电压下降持续低于0.75倍额定电压的时间不超1s。

频率稳定：在采取切机、切负荷措施后，不发生系统频率崩溃，且能够恢复到正常范围及不影响大机组的正常运行。

4. 暂态稳定分析仿真结果

(1) 发电机功角曲线。如图8.15和图8.16所示。

(2) 母线电压幅值曲线如图8.17和图8.18所示。

(3) 频率曲线。如图8.19和图8.20所示。

根据稳定判据以及本实例两个扰动的暂态稳定仿真结果可知，扰动1发生后系统中发电机1和发电机3的相对角度摇摆曲线呈发散趋势，功角失稳。因此，可以判定扰动1发生后系统不能保持稳定。扰动2发生后，发电机的机组相对角度摇摆曲线呈同步减幅振荡，功角稳定；系统电压中枢点母线电压下降持续低于0.75倍额定电压的时间不超1s，电压稳定；系统频率能够恢复到正常范围及不影响大机组的正常运行，频率稳定。因此，可以判定扰动2发生后系统能保持稳定。

另外，根据扰动1和扰动2的设定可知，与扰动1相比，扰动2在故障发生后，系统通过保护装置将故障快速切除，这个措施是保障本系统扰动发生后暂态稳定的基础。因此，故障的快速切除和自动重合闸装置的应用，可以提高系统的暂态稳定性。

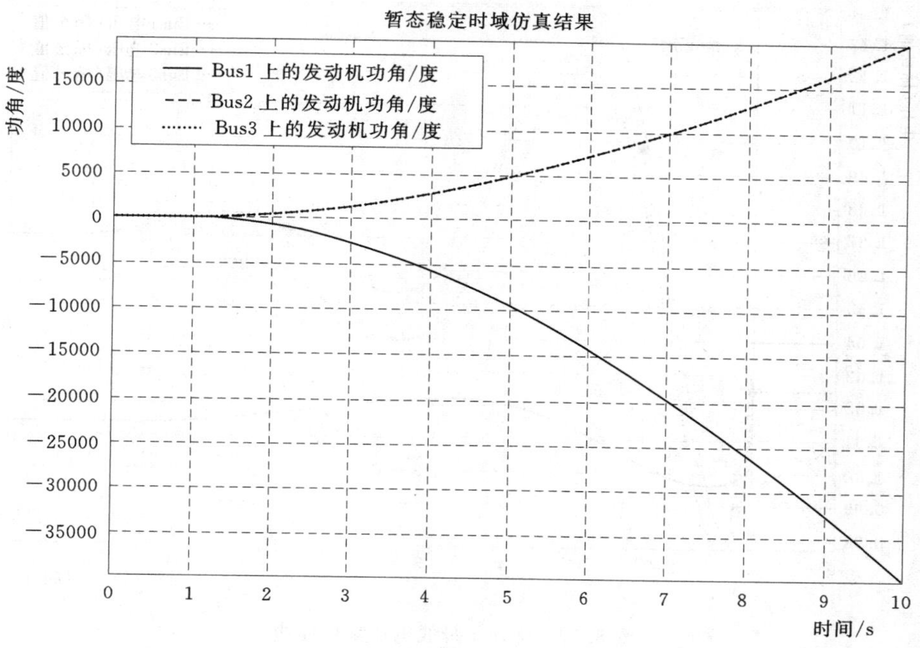


图 8.15 扰动 1 发电机功角曲线

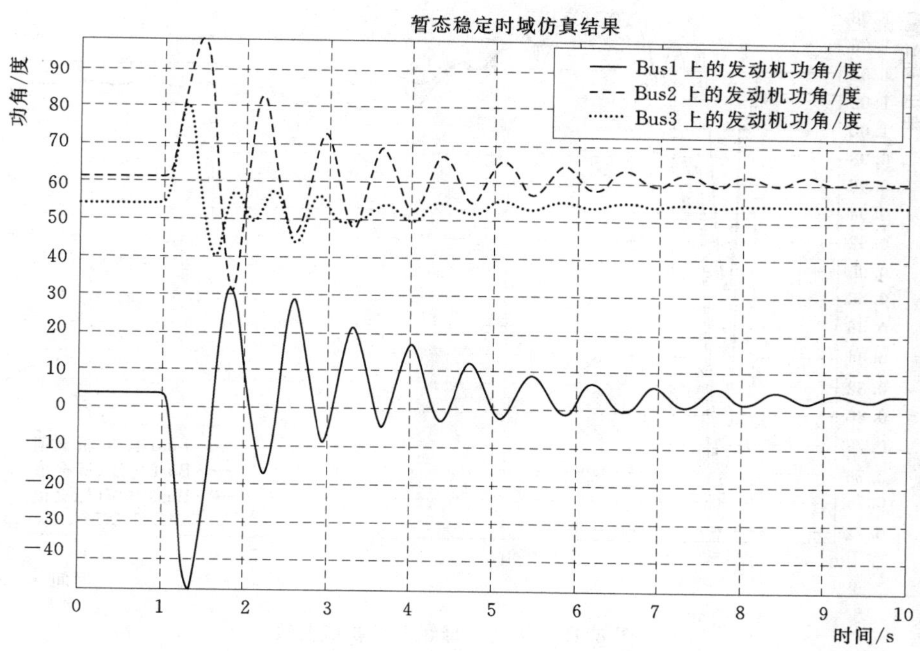


图 8.16 扰动 2 发电机功角曲线

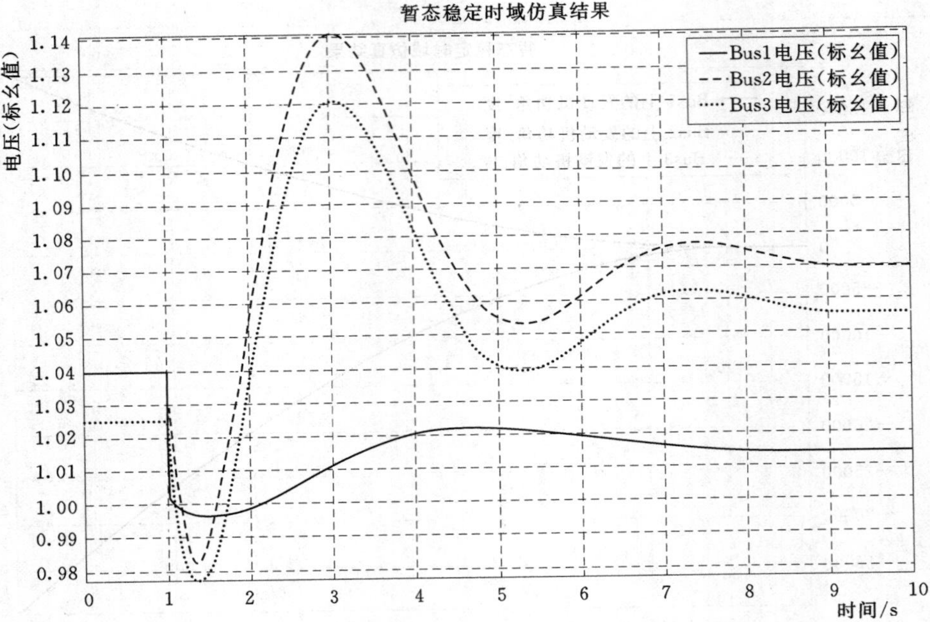


图 8.17 扰动 1 母线电压幅值曲线

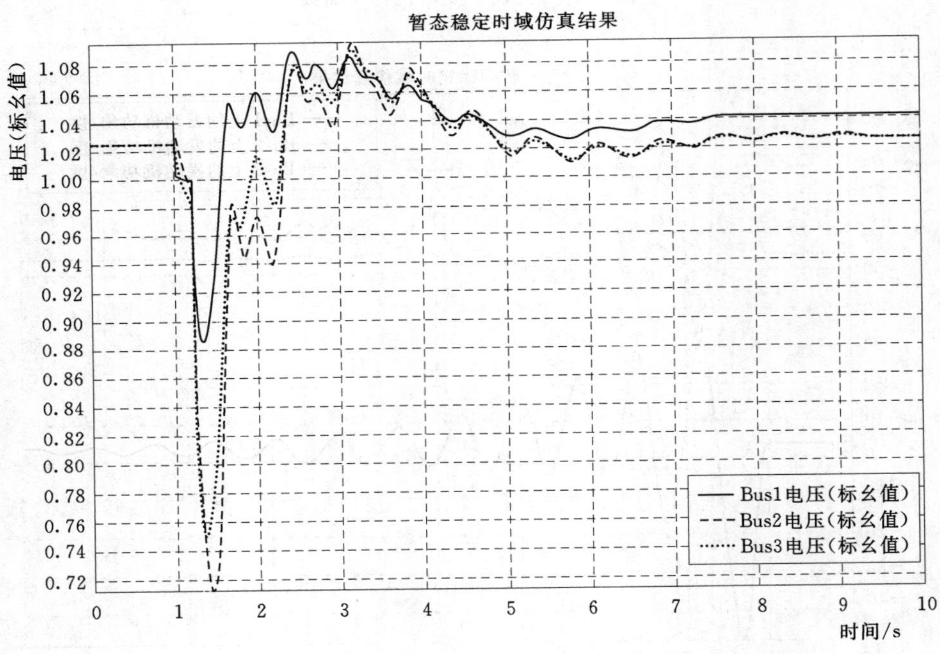


图 8.18 扰动 2 母线电压幅值曲线

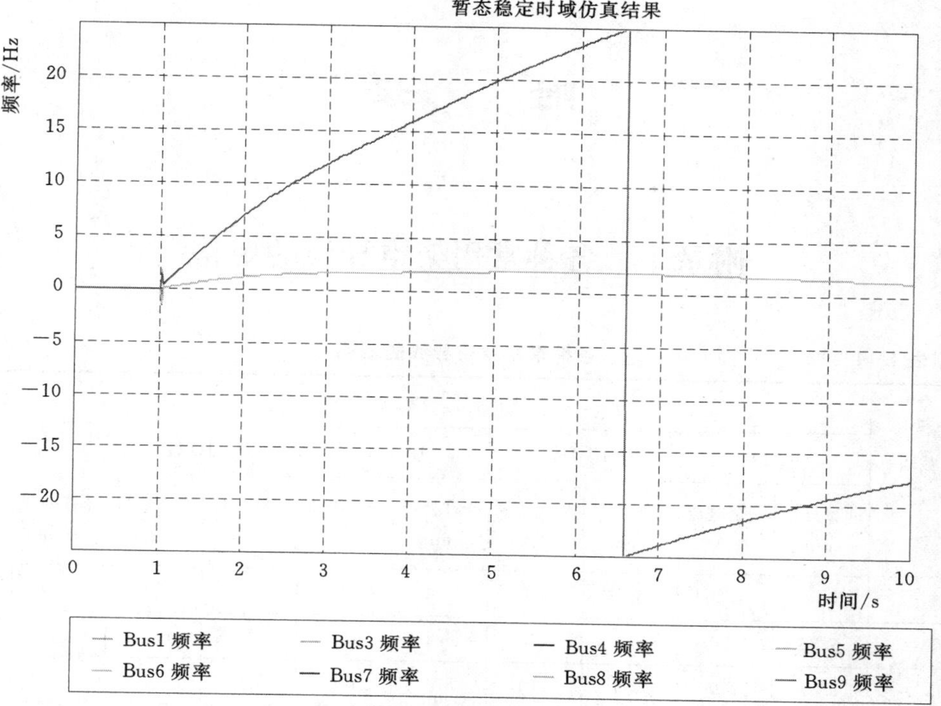


图 8.19　扰动 1 频率曲线

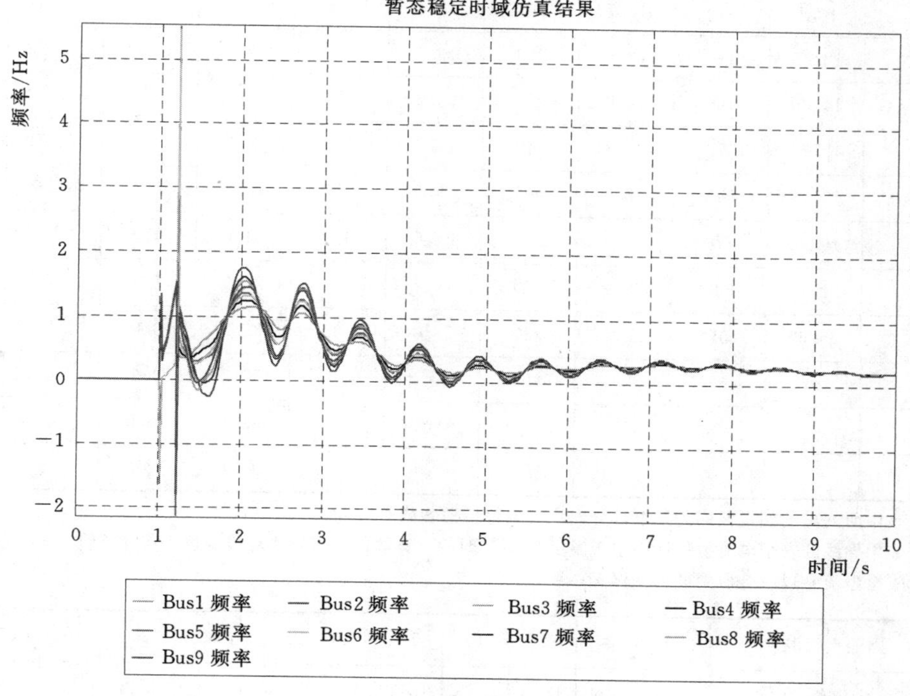


图 8.20　扰动 2 频率曲线

# 附　　录

## 附录Ⅰ　各种常用架空导线的规格

附表Ⅰ-1　　各种常用架空导线的规格

| 额定截面 $/mm^2$ | 导线型号 | | | | | | | | | |
|---|---|---|---|---|---|---|---|---|---|---|
| | TJ 型 | | LJ 型 | | LGJ 型 | | LGJQ 型 | | LGJJ 型 | |
| | 计算外径 /mm | 安全电流 /A | 计算外径 /mm | 安全电流 /A | 计算外径 /mm | 安全电流 /A | 计算外径 /mm | 安全电流 /A | 计算外径 /mm | 安全电流 /A |
| 16 | 5.04 | 1.30 | 5.1 | 105 | 5.4 | 105 | | | | |
| 25 | 6.33 | 180 | 6.4 | 135 | 6.4 | 135 | | | | |
| 35 | 7.47 | 220 | 7.5 | 170 | 8.4 | 170 | | | | |
| 50 | 8.91 | 270 | 9.0 | 215 | 9.6 | 220 | | | | |
| 70 | 10.7 | 340 | 10.7 | 265 | 11.4 | 275 | | | | |
| 95 | 12.45 | 415 | 12.4 | 325 | 13.7 | 335 | | | | |
| 120 | 14.00 | 485 | 14.0 | 375 | 15.2 | 380 | | | 15.5 | |
| 150 | 15.75 | 570 | 15.8 | 440 | 17.0 | 445 | 16.6 | | 17.5 | 464 |
| 185 | 17.43 | 645 | 17.5 | 500 | 19.0 | 515 | 18.4 | 510 | 19.6 | 543 |
| 240 | 19.88 | 770 | 20.0 | 610 | 21.6 | 610 | 21.6 | 610 | 22.4 | 629 |
| 300 | 22.19 | 890 | 22.4 | 680 | 24.2 | 770 | 23.5 | 710 | 25.2 | 710 |
| 400 | 25.62 | 1085 | 25.8 | 830 | 28.0 | 800 | 27.2 | 845 | 29.0 | 865 |
| 500 | | | 29.1 | 980 | | | 30.2 | 966 | | |
| 600 | | | 32.0 | 1100 | | | 33.1 | 1090 | | |
| 700 | | | | | | | 37.1 | 1250 | | |

**注**　1. 表中所列出的额定截面为导电部分面积（不包括钢芯截面）。

2. 表中导线的安全电流值指周围空气温度为 25℃时的计算数值。当导线环境温度不等于 25℃ 时，需将上表的安全电流乘以下表所列的电流修正系数。

| 周围空气温度/℃ | −5 | 0 | 5 | 10 | 15 | 20 | 25 | 30 | 35 | 40 | 45 | 50 |
|---|---|---|---|---|---|---|---|---|---|---|---|---|
| 电流修正系数 | 1.29 | 1.24 | 1.20 | 1.15 | 1.11 | 1.05 | 1.00 | 0.94 | 0.88 | 0.81 | 0.74 | 0.67 |

附表Ⅰ-2　　**LJ 型架空线路导线的电阻及正序电抗（Ω/km）**

| 导线型号 | 电阻 | 电抗（括号内数值为几何均距） | | | | | | | | | | 电阻 | 导线型号 |
|---|---|---|---|---|---|---|---|---|---|---|---|---|---|
| | | (0.6) | (0.8) | (1.0) | (1.25) | (1.5) | (2.0) | (2.5) | (3.0) | (3.5) | (4.0) | | |
| LJ-16 | 1.98 | 0.358 | 0.377 | 0.391 | 0.405 | 0.416 | 0.435 | 0.499 | 0.460 | | | 1.20 | LJ-16 |
| LJ-25 | 1.28 | 0.345 | 0.363 | 0.377 | 0.391 | 0.402 | 0.421 | 0.435 | 0.446 | | | 0.74 | LJ-25 |
| LJ-35 | 0.92 | 0.336 | 0.352 | 0.366 | 0.380 | 0.391 | 0.410 | 0.424 | 0.435 | 0.445 | 0.453 | 0.54 | LJ-35 |
| LJ-50 | 0.64 | 0.325 | 0.341 | 0.355 | 0.365 | 0.380 | 0.398 | 0.413 | 0.423 | 0.433 | 0.441 | 0.39 | LJ-50 |
| LJ-70 | 0.46 | 0.315 | 0.331 | 0.345 | 0.359 | 0.370 | 0.388 | 0.399 | 0.410 | 0.420 | 0.428 | 0.27 | LJ-70 |
| LJ-95 | 0.34 | 0.303 | 0.319 | 0.334 | 0.347 | 0.358 | 0.377 | 0.390 | 0.401 | 0.411 | 0.419 | 0.20 | LJ-95 |
| LJ-120 | 0.27 | 0.297 | 0.313 | 0.327 | 0.341 | 0.352 | 0.368 | 0.382 | 0.393 | 0.403 | 0.411 | 0.158 | LJ-120 |
| LJ-150 | 0.21 | 0.287 | 0.312 | 0.319 | 0.333 | 0.344 | 0.363 | 0.377 | 0.388 | 0.398 | 0.406 | 0.123 | LJ-150 |

附表Ⅰ-3　　**LGJ 型架空线路导线的电阻及正序电抗（Ω/km）**

| 导线型号 | 电阻 | 电抗（括号内数值为几何均距） | | | | | | | | | | | | |
|---|---|---|---|---|---|---|---|---|---|---|---|---|---|---|
| | | (1.0) | (1.5) | (2.0) | (2.5) | (3.0) | (3.5) | (4.0) | (4.5) | (5.0) | (5.5) | (6.0) | (6.5) | (7.0) |
| LGJ-35 | 0.85 | | | | | | | | | | | | | |
| LGJ-50 | 0.65 | | | | 0.417 | 0.429 | 0.438 | 0.446 | | | | | | |
| LGJ-70 | 0.45 | 0.366 | 0.385 | 0.403 | 0.406 | 0.418 | 0.427 | 0.435 | | | 0.466 | | | |
| LGJ-95 | 0.33 | 0.353 | 0.374 | 0.392 | 0.396 | 0.408 | 0.417 | 0.425 | 0.433 | 0.440 | 0.435 | 0.44 | 0.445 | |
| LGJ-120 | 0.27 | 0.343 | 0.364 | 0.382 | 0.385 | 0.397 | 0.406 | 0.414 | 0.416 | 0.429 | 0.429 | 0.433 | 0.438 | |
| LGJ-150 | 0.21 | 0.334 | 0.353 | 0.371 | 0.379 | 0.391 | 0.398 | 0.408 | 0.422 | 0.423 | 0.422 | 0.426 | 0.432 | |
| LGJ-185 | 0.17 | 0.326 | 0.347 | 0.365 | 0.372 | 0.384 | 0.386 | 0.401 | 0.409 | 0.416 | 0.415 | 0.419 | 0.425 | |
| LGJ-240 | 0.132 | 0.319 | 0.340 | 0.358 | 0.365 | 0.377 | 0.378 | 0.394 | 0.402 | 0.409 | 0.407 | 0.412 | 0.416 | 0.421 |
| LGJ-300 | 0.107 | | | | 0.357 | 0.369 | | 0.386 | 0.394 | 0.401 | 0.399 | 0.405 | 0.410 | 0.414 |
| LGJ-400 | 0.08 | | | | | | | | | | 0.391 | 0.397 | 0.402 | 0.406 |

附表Ⅰ-4　　**LGJQ 型架空线路导线的电阻及正序电抗（Ω/km）**

| 导线型号 | 电阻 | 电抗（括号内数值为聚合均距） | | | | | | |
|---|---|---|---|---|---|---|---|---|
| | | (5.0) | (5.5) | (6.0) | (6.5) | (7.0) | (7.5) | (8.0) |
| LGJQ-300 | 0.108 | | 0.401 | 0.406 | 0.411 | 0.416 | 0.420 | 0.424 |
| LGJQ-400 | 0.080 | | 0.391 | 0.397 | 0.402 | 0.406 | 0.410 | 0.414 |
| LGJQ-500 | 0.062 | | 0.384 | 0.390 | 0.395 | 0.400 | 0.404 | 0.408 |
| LGJQ-185 | 0.170 | 0.406 | 0.412 | 0.417 | 0.422 | 0.428 | 0.433 | 0.437 |
| LGJQ-240 | 0.131 | 0.397 | 0.403 | 0.409 | 0.414 | 0.419 | 0.424 | 0.428 |
| LGJQ-300 | 0.106 | 0.390 | 0.396 | 0.402 | 0.407 | 0.411 | 0.417 | 0.421 |
| LGJQ-400 | 0.079 | 0.381 | 0.387 | 0.393 | 0.398 | 0.402 | 0.408 | 0.412 |

附表Ⅰ-5　**LGJ 型架空线路导线的电纳（$\times10^{-6}$S/km）**

| 导线型号 | 截面/mm² | 电纳（括号内数值为几何均距） | | | | | | | | | | | | | | |
|---|---|---|---|---|---|---|---|---|---|---|---|---|---|---|---|---|
| | | (1.5) | (2.0) | (2.5) | (3.0) | (3.5) | (4.0) | (4.5) | (5.0) | (5.5) | (6.0) | (6.5) | (7.0) | (7.5) | (8.0) | (8.5) |
| LGJ | 35 | 2.97 | 2.83 | 2.73 | 2.65 | 2.59 | 2.54 | — | — | — | — | — | — | — | | |
| | 50 | 3.05 | 2.91 | 2.81 | 2.72 | 2.66 | 2.61 | — | — | — | — | — | — | — | | |
| | 70 | 3.15 | 2.99 | 2.88 | 2.79 | 2.73 | 2.68 | 2.62 | 2.58 | 2.54 | — | — | — | — | | |
| | 95 | 3.25 | 3.08 | 2.96 | 2.87 | 2.81 | 2.75 | 2.69 | 2.65 | 2.61 | — | — | — | — | | |
| | 120 | 3.31 | 3.13 | 3.02 | 2.92 | 2.85 | 2.79 | 2.74 | 2.69 | 2.65 | — | — | — | — | | |
| | 150 | 3.38 | 3.20 | 3.07 | 2.97 | 2.90 | 2.85 | 2.79 | 2.74 | 2.71 | — | — | — | — | | |
| | 185 | — | — | 3.13 | 3.03 | 2.96 | 2.90 | 2.84 | 2.79 | 2.74 | — | — | — | — | | |
| | 240 | — | — | 3.21 | 3.10 | 3.02 | 2.96 | 2.89 | 2.85 | 2.80 | 2.76 | — | — | — | | |
| | 300 | — | — | — | — | — | — | — | — | 2.86 | 2.81 | 2.78 | 2.75 | 2.72 | | |
| | 400 | — | — | — | — | — | — | — | — | 2.92 | 2.88 | 2.83 | 2.81 | 2.78 | | |

附表Ⅰ-6　**220～750kV 架空线路导线的电阻及正序电抗（Ω/km）**

| 导线型号 | 220kV | | | | 300kV（双分裂） | | 500kV | | | |
|---|---|---|---|---|---|---|---|---|---|---|
| | 单导线 | | 双分裂 | | | | 三分裂 | | 四分裂 | |
| | 电阻 | 电抗 | 电阻 | 电抗 | 电阻 | 电抗 | 电阻 | 电抗 | 电阻 | 电抗 |
| LGJ-185 | 0.17 | 0.44 | 0.085 | 0.313 | — | — | — | — | — | — |
| LGJ-240 | 0.132 | 0.432 | 0.066 | 0.31 | — | — | — | — | — | — |
| LGJ-300 | 0.107 | 0.427 | 0.054 | 0.308 | 0.054 | 0.321 | 0.036 | 0.302 | — | — |
| LGJ-400 | 0.08 | 0.417 | 0.04 | 0.303 | 0.04 | 0.316 | 0.0266 | 0.299 | 0.02 | 0.289 |
| LGJ-500 | 0.065 | 0.411 | 0.0325 | 0.03 | 0.325 | 0.313 | 0.0216 | 0.297 | 0.0163 | 0.287 |
| LGJ-600 | 0.055 | 0.405 | 0.0275 | 0.297 | 0.0275 | 0.31 | 0.0183 | 0.295 | 0.0138 | 0.286 |
| LGJ-700 | 0.044 | 0.398 | 0.022 | 0.294 | 0.022 | 0.307 | 0.0146 | 0.292 | 0.011 | 0.284 |

**注**　计算条件如下：

| 电压/kV | 110 | 220 | 330 | 500 | 500 |
|---|---|---|---|---|---|
| 线间距离/m | 4 | 6.5 | 8 | 11 | 14 |
| 线分裂距离/cm | | 40 | 40 | 40 | 40 |
| 次导线排列方式 | | 水平二分裂 | 水平二分裂 | 正三角三分裂 | 正三角三分裂 |

附表Ⅰ-7　**铜芯三芯电缆的电抗和电纳**

| 芯线额定截面/$mm^2$ | 电抗/(Ω/km) | | | | 电纳/($\times10^{-6}$S/km) | | | |
|---|---|---|---|---|---|---|---|---|
| | 电缆额定电压/kV | | | | | | | |
| | 6 | 10 | 20 | 35 | 6 | 10 | 20 | 35 |
| 10 | 0.1 | 0.113 | — | — | 60 | 50 | — | — |
| 16 | 0.091 | 0.101 | — | — | 69 | 57 | — | — |
| 25 | 0.085 | 0.094 | 0.135 | — | 91 | 72 | 57 | — |
| 35 | 0.079 | 0.088 | 0.129 | — | 104 | 82 | 63 | — |
| 50 | 0.076 | 0.082 | 0.119 | — | 119 | 94 | 72 | — |
| 70 | 0.072 | 0.079 | 0.116 | 0.132 | 141 | 100 | 82 | 63 |
| 95 | 0.069 | 0.076 | 0.11 | 0.126 | 163 | 119 | 91 | 68 |
| 120 | 0.069 | 0.076 | 0.107 | 0.119 | 179 | 132 | 97 | 72 |
| 150 | 0.066 | 0.072 | 0.104 | 0.116 | 202 | 144 | 107 | 79 |
| 185 | 0.066 | 0.069 | 0.100 | 0.113 | 229 | 163 | 116 | 85 |
| 240 | 0.063 | 0.069 | — | — | — | — | — | — |

附表Ⅰ-8　**钢绞线的电阻及内电抗（Ω/km）**

| 通过电流/A | 钢绞线型号及直径/mm | | | | | | | | | |
|---|---|---|---|---|---|---|---|---|---|---|
| | GL-25ϕ5.6 | | GL-35ϕ7.8 | | GL-50ϕ9.2 | | GL-70ϕ11.5 | | GL-95ϕ12.6 | |
| | 电阻 | 电抗 | 电阻 | 电抗 | 电阻 | 电抗 | 电阻 | 电抗 | 电阻 | 电抗 |
| 1 | 5.25 | 0.54 | 3.66 | 0.32 | 2.75 | 0.23 | 1.7 | 0.16 | 1.55 | 0.08 |
| 2 | 5.27 | 0.55 | 3.66 | 0.35 | 2.75 | 0.24 | 1.7 | 0.17 | 1.55 | 0.08 |
| 3 | 5.28 | 0.56 | 3.67 | 0.36 | 2.75 | 0.25 | 1.7 | 0.17 | 1.55 | 0.08 |
| 4 | 5.30 | 0.59 | 3.69 | 0.37 | 2.75 | 0.25 | 1.7 | 0.18 | 1.55 | 0.08 |
| 5 | 5.32 | 0.63 | 3.70 | 0.40 | 2.75 | 0.26 | 1.7 | 0.18 | 1.55 | 0.08 |
| 6 | 5.35 | 0.67 | 3.71 | 0.42 | 2.75 | 0.27 | 1.7 | 0.19 | 1.55 | 0.08 |
| 7 | 5.37 | 0.70 | 3.73 | 0.45 | 2.75 | 0.27 | 1.7 | 0.19 | 1.55 | 0.08 |
| 8 | 5.40 | 0.77 | 3.75 | 0.48 | 2.76 | 0.28 | 1.7 | 0.20 | 1.55 | 0.08 |
| 9 | 5.45 | 0.84 | 3.77 | 0.51 | 2.77 | 0.29 | 1.7 | 0.20 | 1.55 | 0.08 |
| 10 | 5.50 | 0.93 | 3.80 | 0.55 | 2.78 | 0.30 | 1.7 | 0.21 | 1.55 | 0.08 |
| 15 | 5.97 | 1.33 | 4.02 | 0.75 | 2.8 | 0.35 | 1.7 | 0.23 | 1.55 | 0.08 |
| 20 | 6.70 | 1.63 | 4.4 | 1.04 | 2.85 | 0.42 | 1.72 | 0.25 | 1.55 | 0.09 |
| 25 | 6.97 | 1.91 | 4.89 | 1.32 | 2.95 | 0.49 | 1.74 | 0.27 | 1.55 | 0.09 |
| 30 | 7.1 | 2.01 | 5.21 | 1.56 | 3.10 | 0.59 | 1.77 | 0.30 | 1.56 | 0.09 |
| 35 | 7.1 | 2.06 | 5.36 | 1.64 | 3.25 | 0.69 | 1.79 | 0.33 | 1.56 | 0.09 |
| 40 | 7.02 | 2.00 | 5.35 | 1.69 | 3.40 | 0.80 | 1.83 | 0.37 | 1.57 | 0.10 |
| 45 | 6.92 | 2.08 | 5.30 | 1.71 | 3.52 | 0.91 | 1.93 | 0.41 | 1.57 | 0.11 |

续表

| 通过电流/A | 钢绞线型号及直径/mm | | | | | | | | | |
|---|---|---|---|---|---|---|---|---|---|---|
| | GL－25$\phi$5.6 | | GL－35$\phi$7.8 | | GL－50$\phi$9.2 | | GL－70$\phi$11.5 | | GL－95$\phi$12.6 | |
| | 电阻 | 电抗 | 电阻 | 电抗 | 电阻 | 电抗 | 电阻 | 电抗 | 电阻 | 电抗 |
| 50 | 6.85 | 2.07 | 5.25 | 1.72 | 3.61 | 1.00 | 2.07 | 0.4 | 1.58 | 0.11 |
| 60 | 6.70 | 2.00 | 5.13 | 1.70 | 3.99 | 1.10 | 2.21 | 0.55 | 1.58 | 0.13 |
| 70 | 6.6 | 1.90 | 5.0 | 1.64 | 3.73 | 1.14 | 2.27 | 0.65 | 1.61 | 0.15 |
| 80 | 6.3 | 1.79 | 4.89 | 1.57 | 3.7 | 1.15 | 2.29 | 0.70 | 1.63 | 0.17 |
| 90 | 6.4 | 1.73 | 4.78 | 1.50 | 3.68 | 1.14 | 2.33 | 0.72 | 1.67 | 0.20 |
| 100 | 6.32 | 1.67 | 4.71 | 1.43 | 3.65 | 1.13 | 2.33 | 0.73 | 1.71 | 0.22 |
| 125 | — | — | 4.6 | 1.29 | 3.58 | 1.04 | 2.33 | 0.73 | 1.83 | 0.31 |
| 150 | — | — | 4.47 | 1.27 | 3.50 | 0.95 | 2.38 | 0.73 | 1.87 | 0.34 |
| 175 | — | — | — | — | 3.45 | 0.94 | 2.23 | 0.71 | 1.89 | 0.35 |
| 200 | — | — | — | — | — | — | 2.19 | 0.69 | 1.88 | 0.35 |

# 附录Ⅱ　汽轮发电机和水轮发电机的运算曲线

附表Ⅱ－1　　汽轮发电机的运算曲线

| $X_{js*}$ | 时　间/s | | | | | | | | | |
|---|---|---|---|---|---|---|---|---|---|---|
| | 0.000 | 0.010 | 0.060 | 0.100 | 0.200 | 0.400 | 0.500 | 0.600 | 1.000 | 2.000 | 4.000 |
| 0.120 | 8.963 | 8.603 | 7.186 | 6.400 | 5.220 | 4.252 | 4.006 | 3.821 | 3.344 | 2.795 | 2.512 |
| 0.140 | 7.718 | 7.467 | 6.441 | 5.839 | 4.878 | 4.040 | 3.829 | 3.673 | 3.280 | 2.808 | 2.526 |
| 0.160 | 6.763 | 6.545 | 5.660 | 5.146 | 4.336 | 3.649 | 3.481 | 3.359 | 3.060 | 2.706 | 2.490 |
| 0.180 | 6.020 | 5.844 | 5.122 | 4.697 | 4.016 | 3.429 | 3.288 | 3.186 | 2.944 | 2.659 | 2.476 |
| 0.200 | 5.432 | 5.280 | 4.661 | 4.297 | 3.715 | 3.217 | 3.099 | 3.016 | 2.825 | 2.607 | 2.462 |
| 0.220 | 4.938 | 4.813 | 4.296 | 3.988 | 3.487 | 3.052 | 2.951 | 2.882 | 2.729 | 2.561 | 2.444 |
| 0.240 | 4.526 | 4.421 | 3.984 | 3.721 | 3.286 | 2.904 | 2.816 | 2.758 | 2.638 | 2.515 | 2.425 |
| 0.260 | 4.178 | 4.088 | 3.714 | 3.486 | 3.106 | 2.769 | 2.693 | 2.644 | 2.551 | 2.467 | 2.404 |
| 0.280 | 3.872 | 3.705 | 3.472 | 3.274 | 2.939 | 2.641 | 2.575 | 2.534 | 2.464 | 2.415 | 2.378 |
| 0.300 | 3.603 | 3.536 | 3.255 | 3.081 | 2.785 | 2.520 | 2.463 | 2.429 | 2.379 | 2.360 | 2.347 |
| 0.320 | 3.368 | 3.310 | 3.063 | 2.909 | 2.646 | 2.410 | 2.360 | 2.332 | 2.299 | 2.306 | 2.316 |
| 0.340 | 3.159 | 3.108 | 2.891 | 2.754 | 2.519 | 2.308 | 2.264 | 2.241 | 2.222 | 2.252 | 2.283 |
| 0.360 | 2.975 | 2.930 | 2.736 | 2.614 | 2.403 | 2.213 | 2.175 | 2.156 | 2.149 | 2.109 | 2.250 |
| 0.380 | 2.811 | 2.770 | 2.597 | 2.487 | 2.297 | 2.125 | 2.093 | 2.077 | 2.081 | 2.148 | 2.217 |
| 0.400 | 2.664 | 2.628 | 2.471 | 2.372 | 2.199 | 2.045 | 2.017 | 2.004 | 2.017 | 2.099 | 2.184 |
| 0.420 | 2.531 | 2.499 | 2.357 | 2.267 | 2.110 | 1.970 | 1.946 | 1.936 | 1.956 | 2.052 | 2.151 |
| 0.440 | 2.411 | 2.382 | 2.253 | 2.170 | 2.027 | 1.900 | 1.879 | 1.872 | 1.899 | 2.006 | 2.119 |

续表

| $X_{js*}$ | 时　间/s | | | | | | | | | | |
|---|---|---|---|---|---|---|---|---|---|---|---|
| | 0.000 | 0.010 | 0.060 | 0.100 | 0.200 | 0.400 | 0.500 | 0.600 | 1.000 | 2.000 | 4.000 |
| 0.460 | 2.302 | 2.275 | 2.157 | 2.082 | 1.950 | 1.835 | 1.817 | 1.812 | 1.845 | 1.963 | 2.088 |
| 0.480 | 2.203 | 2.178 | 2.069 | 2.000 | 1.879 | 1.774 | 1.759 | 1.756 | 1.794 | 1.921 | 2.057 |
| 0.500 | 2.111 | 2.088 | 1.988 | 1.924 | 1.813 | 1.717 | 1.704 | 1.703 | 1.746 | 1.880 | 2.027 |
| 0.550 | 1.913 | 1.894 | 1.810 | 1.757 | 1.665 | 1.589 | 1.581 | 1.583 | 1.635 | 1.785 | 1.953 |
| 0.600 | 1.748 | 1.732 | 1.662 | 1.617 | 1.539 | 1.478 | 1.474 | 1.470 | 1.538 | 1.699 | 1.884 |
| 0.650 | 1.610 | 1.596 | 1.535 | 1.497 | 1.431 | 1.382 | 1.381 | 1.388 | 1.452 | 1.621 | 1.819 |
| 0.700 | 1.492 | 1.479 | 1.426 | 1.393 | 1.336 | 1.297 | 1.298 | 1.307 | 1.375 | 1.549 | 1.734 |
| 0.750 | 1.390 | 1.379 | 1.332 | 1.302 | 1.253 | 1.221 | 1.225 | 1.235 | 1.305 | 1.484 | 1.596 |
| 0.800 | 1.301 | 1.291 | 1.249 | 1.223 | 1.179 | 1.154 | 1.159 | 1.171 | 1.243 | 1.424 | 1.474 |
| 0.850 | 1.222 | 1.214 | 1.176 | 1.152 | 1.114 | 1.094 | 1.100 | 1.112 | 1.186 | 1.358 | 1.370 |
| 0.900 | 1.153 | 1.145 | 1.110 | 1.089 | 1.055 | 1.039 | 1.047 | 1.060 | 1.134 | 1.279 | 1.279 |
| 0.950 | 1.091 | 1.084 | 1.052 | 1.032 | 1.002 | 0.990 | 0.998 | 1.012 | 1.087 | 1.200 | 1.200 |
| 1.000 | 1.035 | 1.028 | 0.999 | 0.981 | 0.954 | 0.945 | 0.954 | 0.968 | 1.043 | 1.129 | 1.129 |
| 1.050 | 0.985 | 0.979 | 0.952 | 0.935 | 0.910 | 0.904 | 0.914 | 0.928 | 1.003 | 1.067 | 1.067 |
| 1.100 | 0.940 | 0.934 | 0.908 | 0.893 | 0.870 | 0.866 | 0.876 | 0.891 | 0.966 | 1.011 | 1.011 |
| 1.150 | 0.898 | 0.892 | 0.869 | 0.854 | 0.833 | 0.320 | 0.842 | 0.857 | 0.932 | 0.961 | 0.961 |
| 1.200 | 0.860 | 0.855 | 0.832 | 0.819 | 0.800 | 0.800 | 0.811 | 0.825 | 0.898 | 0.915 | 0.915 |
| 1.250 | 0.825 | 0.820 | 0.799 | 0.786 | 0.769 | 0.770 | 0.781 | 0.796 | 0.864 | 0.874 | 0.874 |
| 1.300 | 0.793 | 0.788 | 0.768 | 0.756 | 0.740 | 0.743 | 0.754 | 0.769 | 0.831 | 0.836 | 0.836 |
| 1.350 | 0.763 | 0.758 | 0.739 | 0.728 | 0.713 | 0.717 | 0.728 | 0.743 | 0.800 | 0.802 | 0.802 |
| 1.400 | 0.735 | 0.731 | 0.713 | 0.703 | 0.688 | 0.693 | 0.705 | 0.720 | 0.769 | 0.770 | 0.770 |
| 1.450 | 0.710 | 0.705 | 0.688 | 0.678 | 0.665 | 0.671 | 0.682 | 0.697 | 0.740 | 0.740 | 0.740 |
| 1.500 | 0.686 | 0.682 | 0.665 | 0.656 | 0.644 | 0.650 | 0.652 | 0.676 | 0.713 | 0.713 | 0.713 |
| 1.550 | 0.663 | 0.659 | 0.644 | 0.635 | 0.623 | 0.630 | 0.642 | 0.657 | 0.687 | 0.687 | 0.687 |
| 1.600 | 0.642 | 0.639 | 0.623 | 0.615 | 0.604 | 0.612 | 0.624 | 0.638 | 0.664 | 0.664 | 0.664 |
| 1.650 | 0.622 | 0.619 | 0.605 | 0.596 | 0.585 | 0.594 | 0.606 | 0.621 | 0.642 | 0.642 | 0.642 |
| 1.700 | 0.604 | 0.601 | 0.587 | 0.579 | 0.570 | 0.578 | 0.590 | 0.604 | 0.621 | 0.621 | 0.621 |
| 1.750 | 0.586 | 0.583 | 0.570 | 0.562 | 0.554 | 0.562 | 0.574 | 0.589 | 0.602 | 0.602 | 0.602 |
| 1.800 | 0.570 | 0.567 | 0.554 | 0.547 | 0.539 | 0.548 | 0.559 | 0.573 | 0.584 | 0.584 | 0.584 |
| 1.850 | 0.554 | 0.551 | 0.539 | 0.532 | 0.524 | 0.534 | 0.545 | 0.559 | 0.566 | 0.566 | 0.566 |
| 1.900 | 0.540 | 0.537 | 0.525 | 0.518 | 0.511 | 0.521 | 0.532 | 0.544 | 0.550 | 0.550 | 0.550 |
| 1.950 | 0.526 | 0.523 | 0.511 | 0.505 | 0.498 | 0.508 | 0.520 | 0.530 | 0.535 | 0.535 | 0.535 |
| 2.000 | 0.512 | 0.510 | 0.498 | 0.492 | 0.486 | 0.496 | 0.508 | 0.517 | 0.521 | 0.521 | 0.521 |
| 2.050 | 0.500 | 0.497 | 0.586 | 0.480 | 0.474 | 0.485 | 0.496 | 0.504 | 0.507 | 0.507 | 0.507 |
| 2.100 | 0.488 | 0.485 | 0.475 | 0.469 | 0.463 | 0.474 | 0.485 | 0.492 | 0.494 | 0.494 | 0.494 |

续表

| $X_{js*}$ | 时　间/s | | | | | | | | | | |
|---|---|---|---|---|---|---|---|---|---|---|---|
| | 0.000 | 0.010 | 0.060 | 0.100 | 0.200 | 0.400 | 0.500 | 0.600 | 1.000 | 2.000 | 4.000 |
| 2.150 | 0.476 | 0.474 | 0.464 | 0.458 | 0.453 | 0.463 | 0.474 | 0.481 | 0.482 | 0.482 | 0.482 |
| 2.200 | 0.465 | 0.463 | 0.453 | 0.448 | 0.443 | 0.453 | 0.464 | 0.470 | 0.470 | 0.470 | 0.470 |
| 2.250 | 0.455 | 0.458 | 0.443 | 0.438 | 0.433 | 0.444 | 0.454 | 0.459 | 0.459 | 0.459 | 0.459 |
| 2.300 | 0.445 | 0.443 | 0.433 | 0.428 | 0.424 | 0.435 | 0.444 | 0.448 | 0.448 | 0.448 | 0.448 |
| 2.350 | 0.435 | 0.433 | 0.424 | 0.419 | 0.415 | 0.426 | 0.435 | 0.438 | 0.438 | 0.438 | 0.438 |
| 2.400 | 0.426 | 0.424 | 0.415 | 0.411 | 0.407 | 0.418 | 0.426 | 0.428 | 0.428 | 0.428 | 0.428 |
| 2.450 | 0.417 | 0.415 | 0.407 | 0.402 | 0.399 | 0.410 | 0.417 | 0.419 | 0.419 | 0.419 | 0.419 |
| 2.500 | 0.409 | 0.407 | 0.399 | 0.394 | 0.391 | 0.402 | 0.409 | 0.410 | 0.410 | 0.410 | 0.410 |
| 2.550 | 0.400 | 0.399 | 0.391 | 0.387 | 0.383 | 0.394 | 0.401 | 0.402 | 0.402 | 0.402 | 0.402 |
| 2.600 | 0.392 | 0.391 | 0.383 | 0.379 | 0.376 | 0.387 | 0.393 | 0.393 | 0.393 | 0.393 | 0.393 |
| 2.650 | 0.385 | 0.384 | 0.376 | 0.372 | 0.369 | 0.380 | 0.385 | 0.386 | 0.386 | 0.386 | 0.386 |
| 2.700 | 0.377 | 0.377 | 0.369 | 0.365 | 0.362 | 0.373 | 0.378 | 0.378 | 0.378 | 0.378 | 0.378 |
| 2.750 | 0.370 | 0.370 | 0.362 | 0.359 | 0.356 | 0.367 | 0.371 | 0.371 | 0.371 | 0.371 | 0.371 |
| 2.800 | 0.363 | 0.363 | 0.356 | 0.352 | 0.350 | 0.361 | 0.364 | 0.364 | 0.364 | 0.364 | 0.364 |
| 2.850 | 0.357 | 0.356 | 0.350 | 0.346 | 0.344 | 0.354 | 0.357 | 0.357 | 0.357 | 0.357 | 0.357 |
| 2.900 | 0.350 | 0.350 | 0.344 | 0.340 | 0.339 | 0.348 | 0.351 | 0.351 | 0.351 | 0.351 | 0.351 |
| 2.950 | 0.344 | 0.344 | 0.338 | 0.335 | 0.333 | 0.343 | 0.344 | 0.344 | 0.344 | 0.344 | 0.344 |
| 3.000 | 0.338 | 0.338 | 0.332 | 0.329 | 0.327 | 0.337 | 0.338 | 0.338 | 0.338 | 0.338 | 0.338 |
| 3.050 | 0.332 | 0.332 | 0.327 | 0.324 | 0.322 | 0.331 | 0.332 | 0.332 | 0.332 | 0.332 | 0.332 |
| 3.100 | 0.327 | 0.326 | 0.322 | 0.319 | 0.317 | 0.326 | 0.327 | 0.327 | 0.327 | 0.327 | 0.327 |
| 3.150 | 0.321 | 0.321 | 0.317 | 0.314 | 0.312 | 0.321 | 0.321 | 0.321 | 0.321 | 0.321 | 0.321 |
| 3.200 | 0.316 | 0.316 | 0.312 | 0.309 | 0.307 | 0.316 | 0.316 | 0.316 | 0.316 | 0.316 | 0.316 |
| 3.250 | 0.311 | 0.311 | 0.307 | 0.304 | 0.303 | 0.311 | 0.311 | 0.311 | 0.311 | 0.311 | 0.311 |
| 3.300 | 0.306 | 0.306 | 0.302 | 0.300 | 0.298 | 0.306 | 0.306 | 0.306 | 0.306 | 0.306 | 0.306 |
| 3.350 | 0.301 | 0.301 | 0.298 | 0.295 | 0.294 | 0.301 | 0.301 | 0.301 | 0.301 | 0.301 | 0.301 |
| 3.400 | 0.297 | 0.297 | 0.293 | 0.291 | 0.290 | 0.297 | 0.297 | 0.297 | 0.297 | 0.297 | 0.297 |
| 3.450 | 0.292 | 0.292 | 0.289 | 0.287 | 0.286 | 0.292 | 0.292 | 0.292 | 0.292 | 0.292 | 0.292 |

**附表Ⅱ-2**　　**水轮发电机的运算曲线**

| $X_{js*}$ | 时　间/s | | | | | | | | | | |
|---|---|---|---|---|---|---|---|---|---|---|---|
| | 0.000 | 0.010 | 0.060 | 0.100 | 0.200 | 0.400 | 0.500 | 0.600 | 1.000 | 2.000 | 4.000 |
| 0.18 | 6.127 | 5.695 | 4.623 | 4.331 | 4.100 | 3.933 | 3.867 | 3.807 | 3.605 | 3.300 | 3.081 |
| 0.20 | 5.526 | 5.184 | 4.297 | 4.045 | 3.856 | 3.754 | 3.716 | 3.681 | 3.563 | 3.378 | 3.234 |
| 0.22 | 5.055 | 4.767 | 4.026 | 3.806 | 3.633 | 3.556 | 3.531 | 3.508 | 3.430 | 3.302 | 3.191 |
| 0.24 | 4.647 | 4.402 | 3.764 | 3.575 | 3.433 | 3.378 | 3.363 | 3.348 | 3.300 | 3.220 | 3.151 |
| 0.26 | 4.290 | 4.083 | 3.538 | 3.375 | 3.253 | 3.216 | 3.208 | 3.200 | 3.174 | 3.133 | 3.098 |

续表

| $X_{js*}$ | 时 间/s | | | | | | | | | | |
|---|---|---|---|---|---|---|---|---|---|---|---|
| | 0.000 | 0.010 | 0.060 | 0.100 | 0.200 | 0.400 | 0.500 | 0.600 | 1.000 | 2.000 | 4.000 |
| 0.28 | 3.993 | 3.816 | 3.343 | 3.200 | 3.096 | 3.073 | 3.070 | 3.067 | 3.060 | 3.049 | 3.043 |
| 0.30 | 3.727 | 3.574 | 3.163 | 3.039 | 2.950 | 2.938 | 2.941 | 2.943 | 2.952 | 2.970 | 2.993 |
| 0.32 | 3.494 | 3.360 | 3.001 | 2.892 | 2.817 | 2.815 | 2.822 | 2.282 | 2.851 | 2.895 | 2.943 |
| 0.34 | 3.285 | 3.168 | 2.851 | 2.755 | 2.692 | 2.699 | 2.709 | 2.719 | 2.754 | 2.820 | 2.891 |
| 0.36 | 3.095 | 2.991 | 2.712 | 2.627 | 2.574 | 2.589 | 2.602 | 2.614 | 2.660 | 2.745 | 2.837 |
| 0.38 | 2.922 | 2.831 | 2.583 | 2.508 | 2.464 | 2.484 | 2.500 | 2.515 | 2.569 | 2.671 | 2.782 |
| 0.40 | 2.767 | 2.685 | 2.464 | 2.398 | 2.361 | 2.388 | 2.405 | 2.422 | 2.484 | 2.600 | 2.728 |
| 0.42 | 2.627 | 2.554 | 2.356 | 2.297 | 2.267 | 2.297 | 2.317 | 2.336 | 2.404 | 2.532 | 2.675 |
| 0.44 | 2.500 | 2.434 | 2.256 | 2.204 | 2.179 | 2.214 | 2.235 | 2.255 | 2.329 | 2.467 | 2.624 |
| 0.46 | 2.385 | 2.325 | 2.164 | 2.117 | 2.098 | 2.136 | 2.158 | 2.180 | 2.258 | 2.406 | 2.575 |
| 0.48 | 2.280 | 2.225 | 2.079 | 2.038 | 2.023 | 2.064 | 2.087 | 2.110 | 2.192 | 2.348 | 2.527 |
| 0.50 | 2.183 | 2.134 | 2.001 | 1.964 | 1.953 | 1.996 | 2.021 | 2.044 | 2.130 | 2.293 | 2.482 |
| 0.52 | 2.095 | 2.050 | 1.928 | 1.895 | 1.887 | 1.933 | 1.958 | 1.983 | 2.071 | 2.241 | 2.438 |
| 0.54 | 2.013 | 1.972 | 1.861 | 1.831 | 1.826 | 1.874 | 1.900 | 1.925 | 2.015 | 2.191 | 2.396 |
| 0.56 | 1.938 | 1.899 | 1.798 | 1.771 | 1.769 | 1.818 | 1.845 | 1.870 | 1.963 | 2.143 | 2.355 |
| 0.60 | 1.802 | 1.770 | 1.683 | 1.662 | 1.665 | 1.717 | 1.744 | 1.770 | 1.866 | 2.054 | 2.263 |
| 0.65 | 1.658 | 1.630 | 1.559 | 1.543 | 1.550 | 1.605 | 1.633 | 1.660 | 1.759 | 1.950 | 2.137 |
| 0.70 | 1.534 | 1.511 | 1.452 | 1.440 | 1.451 | 1.507 | 1.535 | 1.562 | 1.663 | 1.846 | 1.964 |
| 0.75 | 1.428 | 1.408 | 1.358 | 1.439 | 1.363 | 1.420 | 1.449 | 1.476 | 1.578 | 1.741 | 1.794 |
| 0.80 | 1.336 | 1.318 | 1.276 | 1.270 | 1.286 | 1.343 | 1.372 | 1.400 | 1.498 | 1.620 | 1.642 |
| 0.85 | 1.254 | 1.239 | 1.203 | 1.199 | 1.217 | 1.274 | 1.303 | 1.331 | 1.423 | 1.507 | 1.513 |
| 0.90 | 1.182 | 1.169 | 1.138 | 1.135 | 1.155 | 1.212 | 1.241 | 1.268 | 1.352 | 1.403 | 1.403 |
| 0.95 | 1.118 | 1.106 | 1.080 | 1.078 | 1.099 | 1.156 | 1.185 | 1.210 | 1.282 | 1.308 | 1.308 |
| 1.00 | 1.061 | 1.050 | 1.027 | 1.027 | 1.048 | 1.105 | 1.132 | 1.156 | 1.211 | 1.225 | 1.225 |
| 1.05 | 1.009 | 0.999 | 0.979 | 0.980 | 1.002 | 1.058 | 1.084 | 1.105 | 1.146 | 1.152 | 1.152 |
| 1.10 | 0.962 | 0.953 | 0.936 | 0.937 | 0.959 | 1.015 | 1.038 | 1.057 | 1.085 | 1.087 | 1.087 |
| 1.15 | 0.919 | 0.911 | 0.896 | 0.898 | 0.920 | 0.974 | 0.995 | 1.011 | 1.029 | 1.029 | 1.029 |
| 1.20 | 0.880 | 0.872 | 0.859 | 0.862 | 0.885 | 0.936 | 0.955 | 0.966 | 0.977 | 0.977 | 0.977 |
| 1.25 | 0.843 | 0.837 | 0.825 | 0.829 | 0.852 | 0.900 | 0.916 | 0.923 | 0.930 | 0.930 | 0.930 |
| 1.30 | 0.810 | 0.804 | 0.794 | 0.798 | 0.821 | 0.866 | 0.878 | 0.884 | 0.888 | 0.888 | 0.888 |
| 1.35 | 0.780 | 0.774 | 0.765 | 0.769 | 0.792 | 0.834 | 0.843 | 0.847 | 0.849 | 0.849 | 0.849 |
| 1.40 | 0.751 | 0.746 | 0.738 | 0.743 | 0.766 | 0.803 | 0.810 | 0.812 | 0.813 | 0.813 | 0.813 |
| 1.45 | 0.725 | 0.720 | 0.713 | 0.718 | 0.740 | 0.774 | 0.778 | 0.780 | 0.780 | 0.780 | 0.780 |
| 1.50 | 0.700 | 0.696 | 0.690 | 0.695 | 0.717 | 0.746 | 0.749 | 0.750 | 0.750 | 0.750 | 0.750 |
| 1.55 | 0.677 | 0.673 | 0.668 | 0.673 | 0.694 | 0.719 | 0.722 | 0.722 | 0.722 | 0.722 | 0.722 |
| 1.60 | 0.655 | 0.652 | 0.647 | 0.652 | 0.673 | 0.694 | 0.696 | 0.696 | 0.696 | 0.696 | 0.696 |

续表

| $X_{js*}$ | 时　间/s | | | | | | | | | | |
|---|---|---|---|---|---|---|---|---|---|---|---|
| | 0.000 | 0.010 | 0.060 | 0.100 | 0.200 | 0.400 | 0.500 | 0.600 | 1.000 | 2.000 | 4.000 |
| 1.65 | 0.635 | 0.632 | 0.628 | 0.633 | 0.653 | 0.671 | 0.672 | 0.672 | 0.672 | 0.672 | 0.672 |
| 1.70 | 0.616 | 0.613 | 0.610 | 0.615 | 0.634 | 0.649 | 0.649 | 0.649 | 0.649 | 0.649 | 0.649 |
| 1.75 | 0.598 | 0.595 | 0.592 | 0.598 | 0.616 | 0.628 | 0.628 | 0.628 | 0.628 | 0.628 | 0.628 |
| 1.80 | 0.581 | 0.578 | 0.576 | 0.582 | 0.599 | 0.608 | 0.608 | 0.608 | 0.608 | 0.608 | 0.608 |
| 1.85 | 0.565 | 0.563 | 0.561 | 0.566 | 0.582 | 0.590 | 0.590 | 0.590 | 0.590 | 0.590 | 0.590 |
| 1.90 | 0.550 | 0.548 | 0.546 | 0.552 | 0.566 | 0.572 | 0.572 | 0.572 | 0.572 | 0.572 | 0.572 |
| 1.95 | 0.536 | 0.533 | 0.532 | 0.538 | 0.551 | 0.556 | 0.556 | 0.556 | 0.556 | 0.556 | 0.566 |
| 2.00 | 0.522 | 0.520 | 0.519 | 0.524 | 0.537 | 0.540 | 0.540 | 0.540 | 0.540 | 0.540 | 0.540 |
| 2.05 | 0.509 | 0.507 | 0.507 | 0.512 | 0.523 | 0.525 | 0.525 | 0.525 | 0.525 | 0.525 | 0.525 |
| 2.10 | 0.497 | 0.495 | 0.495 | 0.500 | 0.510 | 0.512 | 0.512 | 0.512 | 0.512 | 0.512 | 0.512 |
| 2.15 | 0.485 | 0.483 | 0.483 | 0.488 | 0.497 | 0.498 | 0.498 | 0.498 | 0.498 | 0.498 | 0.498 |
| 2.20 | 0.474 | 0.472 | 0.472 | 0.477 | 0.485 | 0.486 | 0.486 | 0.486 | 0.486 | 0.486 | 0.486 |
| 2.25 | 0.463 | 0.462 | 0.462 | 0.466 | 0.473 | 0.474 | 0.474 | 0.474 | 0.474 | 0.474 | 0.474 |
| 2.30 | 0.453 | 0.452 | 0.452 | 0.456 | 0.462 | 0.462 | 0.462 | 0.462 | 0.462 | 0.462 | 0.462 |
| 2.35 | 0.443 | 0.442 | 0.442 | 0.446 | 0.452 | 0.452 | 0.452 | 0.452 | 0.452 | 0.452 | 0.452 |
| 2.40 | 0.434 | 0.433 | 0.433 | 0.436 | 0.441 | 0.441 | 0.441 | 0.441 | 0.441 | 0.441 | 0.441 |
| 2.45 | 0.425 | 0.424 | 0.424 | 0.427 | 0.431 | 0.431 | 0.431 | 0.431 | 0.431 | 0.431 | 0.431 |
| 2.50 | 0.416 | 0.415 | 0.415 | 0.419 | 0.422 | 0.442 | 0.422 | 0.422 | 0.422 | 0.422 | 0.422 |
| 2.55 | 0.408 | 0.407 | 0.407 | 0.410 | 0.413 | 0.413 | 0.413 | 0.413 | 0.413 | 0.413 | 0.413 |
| 2.60 | 0.400 | 0.399 | 0.399 | 0.402 | 0.404 | 0.404 | 0.404 | 0.404 | 0.404 | 0.404 | 0.404 |
| 2.65 | 0.392 | 0.391 | 0.392 | 0.394 | 0.396 | 0.396 | 0.396 | 0.396 | 0.396 | 0.396 | 0.396 |
| 2.70 | 0.385 | 0.384 | 0.384 | 0.387 | 0.388 | 0.388 | 0.388 | 0.388 | 0.388 | 0.388 | 0.388 |
| 2.75 | 0.378 | 0.377 | 0.377 | 0.379 | 0.380 | 0.380 | 0.380 | 0.380 | 0.380 | 0.380 | 0.380 |
| 2.80 | 0.371 | 0.370 | 0.370 | 0.372 | 0.373 | 0.373 | 0.373 | 0.373 | 0.373 | 0.373 | 0.373 |
| 2.85 | 0.364 | 0.363 | 0.364 | 0.365 | 0.366 | 0.366 | 0.366 | 0.366 | 0.366 | 0.366 | 0.366 |
| 2.90 | 0.358 | 0.357 | 0.357 | 0.359 | 0.359 | 0.359 | 0.359 | 0.359 | 0.359 | 0.359 | 0.359 |
| 2.95 | 0.351 | 0.351 | 0.351 | 0.352 | 0.353 | 0.353 | 0.353 | 0.353 | 0.353 | 0.353 | 0.353 |
| 3.00 | 0.345 | 0.345 | 0.345 | 0.346 | 0.346 | 0.346 | 0.346 | 0.346 | 0.346 | 0.346 | 0.346 |
| 3.05 | 0.339 | 0.339 | 0.339 | 0.340 | 0.340 | 0.340 | 0.340 | 0.340 | 0.340 | 0.340 | 0.340 |
| 3.10 | 0.334 | 0.333 | 0.333 | 0.334 | 0.334 | 0.334 | 0.334 | 0.334 | 0.334 | 0.334 | 0.334 |
| 3.15 | 0.328 | 0.328 | 0.328 | 0.329 | 0.329 | 0.329 | 0.329 | 0.329 | 0.329 | 0.329 | 0.329 |
| 3.20 | 0.323 | 0.322 | 0.322 | 0.323 | 0.323 | 0.323 | 0.323 | 0.323 | 0.323 | 0.323 | 0.323 |
| 3.25 | 0.317 | 0.317 | 0.317 | 0.318 | 0.318 | 0.318 | 0.318 | 0.318 | 0.318 | 0.318 | 0.318 |
| 3.30 | 0.312 | 0.312 | 0.312 | 0.313 | 0.313 | 0.313 | 0.313 | 0.313 | 0.313 | 0.313 | 0.313 |
| 3.35 | 0.307 | 0.307 | 0.307 | 0.308 | 0.308 | 0.308 | 0.308 | 0.308 | 0.308 | 0.308 | 0.308 |
| 3.40 | 0.303 | 0.302 | 0.302 | 0.303 | 0.303 | 0.303 | 0.303 | 0.303 | 0.303 | 0.303 | 0.303 |
| 3.45 | 0.298 | 0.298 | 0.298 | 0.298 | 0.298 | 0.298 | 0.298 | 0.298 | 0.298 | 0.298 | 0.298 |

# 附录Ⅲ　项目案例介绍

1. 线路参数

| 线路名称 | 导线型号 | $r_0$/(Ω/km) | $x_0$/(Ω/km) | $b_0$/(S/km) |
|---|---|---|---|---|
| 110kV 线路 | | | | |
| 乐清—马龙 | LGJ-240 | 0.1198 | 0.41413407 | $2.74904\times10^{-6}$ |
| 35kV 线路 | | | | |
| 火电站—足青 | LGJ-70 | 0.4217 | 0.438792502 | $2.58882\times10^{-6}$ |
| 足青—马龙 | LGJ-70 | 0.4217 | 0.438792502 | $2.58882\times10^{-6}$ |
| 火电站—都昌 | LGJ-70 | 0.4217 | 0.438792502 | $2.58882\times10^{-6}$ |
| 都昌—马龙 | LGJ-70 | 0.4217 | 0.438792502 | $2.58882\times10^{-6}$ |
| 燕原—马龙 | LGJ-70 | 0.1989 | 0.446184042 | $2.54437\times10^{-6}$ |
| 城西—马龙 | LGJ-185 | 0.1572 | 0.415689218 | $2.73835\times10^{-6}$ |
| 城西—汉临 | LGJ-185 | 0.1592 | 0.415689218 | $2.73835\times10^{-6}$ |
| 汉临—乐清 | LGJ-185 | 0.1592 | 0.415689218 | $2.73835\times10^{-6}$ |
| 乐清—华银铝Ⅰ | LGJ-120 | 0.2345 | 0.42927153 | $2.64842\times10^{-6}$ |
| 乐清—华银铝Ⅱ | LGJ-120 | 0.2345 | 0.42927153 | $2.64842\times10^{-6}$ |
| 古宜—乐清 | LGJ-95 | 0.3019 | 0.436601845 | $2.60229\times10^{-6}$ |
| 古宜—敬州 | LGJ-95 | 0.3019 | 0.436601845 | $2.60229\times10^{-6}$ |
| 南浪—敬州 | LGJ-70 | 0.4217 | 0.438792502 | $2.58882\times10^{-6}$ |
| 水电站—南浪 | LGJ-95 | 0.3019 | 0.436601845 | $2.60229\times10^{-6}$ |
| 东里—南浪 | LGJ-70 | 0.4217 | 0.438792502 | $2.58882\times10^{-6}$ |
| 东里—灵山 | LGJ-70 | 0.4217 | 0.438792502 | $2.58882\times10^{-6}$ |

2. 35kV 变电站变压器参数（均为两绕组变压器）

| 站　名 | 编号 | 高压侧额定电压/kV | 低压侧额定电压/kV | 容量/MVA | 接线方式 | 短路损耗/kW | 空载损耗/kW | 空载电流/% | 短路电压/% |
|---|---|---|---|---|---|---|---|---|---|
| 城西变电站 | 1 | 35 | 10.5 | 10 | Yd11 | 53 | 13.6 | 0.8 | 7.5 |
| | 2 | 35 | 10.5 | 10 | Yd11 | 53 | 13.6 | 0.8 | 7.5 |
| 汉临变电站 | 1 | 35 | 10.5 | 6.3 | Yd11 | 41 | 8.2 | 0.9 | 7.5 |
| 足青变电站 | 1 | 35 | 10.5 | 3.15 | Yd11 | 36.7 | 6.75 | 0.9 | 7 |
| 敬州变电站 | 1 | 35 | 10.5 | 3.15 | Yd11 | 27 | 4.75 | 1 | 7 |
| 古宜变电站 | 1 | 35 | 10.5 | 3.15 | Yd11 | 27 | 4.75 | 1 | 7 |
| 巴头变电站 | 1 | 35 | 10.5 | 3.15 | Yd11 | 27 | 4.75 | 1 | 7 |
| 都昌变电站 | 1 | 35 | 10.5 | 3.15 | Yd11 | 27 | 4.75 | 1 | 7 |
| 灵山变电站 | 1 | 35 | 10.5 | 3.15 | Yd11 | 27 | 4.75 | 1 | 7 |
| 南浪变电站 | 1 | 35 | 10.5 | 5 | Yd11 | 36.7 | 6.75 | 0.9 | 7 |

续表

| 站　名 | 编号 | 高压侧额定电压/kV | 低压侧额定电压/kV | 容量/MVA | 接线方式 | 短路损耗/kW | 空载损耗/kW | 空载电流/% | 短路电压/% |
|---|---|---|---|---|---|---|---|---|---|
| 东里变电站 | 1 | 35 | 10.5 | 5 | Yd11 | 36.7 | 6.75 | 0.9 | 7 |
| 华银铝变电站 | 1 | 35 | 10.5 | 10 | Yd11 | 53 | 13.6 | 0.8 | 7.5 |
| | 2 | 35 | 10.5 | 10 | Yd11 | 53 | 13.6 | 0.8 | 7.5 |
| 燕原变电站 | 1 | 35 | 10.5 | 3.15 | Yd11 | 27 | 4.75 | 1 | 7 |
| 火电站 | 1 | 38.5 | 10.5 | 6.3 | Yd11 | 41 | 8.2 | 0.9 | 7.5 |
| 水电站 | 1 | 38.5 | 10.5 | 6.3 | Yd11 | 41 | 8.2 | 0.9 | 7.5 |
| | 2 | 38.5 | 10.5 | 6.3 | Yd11 | 41 | 8.2 | 0.9 | 7.5 |

3. 110kV 变电站变压器参数（均为三绕组变压器）

| 站名 | 编号 | 额定电压/kV | 容量/MVA | 接线方式 | 短路损耗-高中/kW | 短路损耗-高低/kW | 短路损耗-中低/kW | 空载损耗/kW | 空载电流/% | 短路电压-高中/% | 短路电压-高低/% | 短路电压-中低/% |
|---|---|---|---|---|---|---|---|---|---|---|---|---|
| 乐清变电站 | 1 | 110/38.5/10.5 | 50/50/50 | YN，yn0，d11 | 300 | 350 | 255 | 59.2 | 0.8 | 10.5 | 17.5 | 6.5 |
| | 2 | 110/38.5/10.5 | 50/50/50 | YN，yn0，d11 | 300 | 350 | 255 | 59.2 | 0.8 | 10.5 | 17.5 | 6.5 |
| 马龙变电站 | 1 | 110/38.5/10.5 | 50/50/50 | YN，yn0，d11 | 300 | 350 | 255 | 59.2 | 0.8 | 10.5 | 17.5 | 6.5 |

4. 发电机参数

水力发电机丰大出力 100%，枯大出力 20%；

火力发电机丰大出力 100%，枯大出力 100%；

功率因素均取 0.9，$X''_d=0.105$，$X_2=0.128$。

5. 负荷参数

| 站　名 | 丰　大 | | 枯　大 | |
|---|---|---|---|---|
| | *P* | *Q* | *P* | *Q* |
| 乐清变电站 | 20.0 | 9.7 | 25.0 | 12.1 |
| 马龙变电站 | 10.0 | 4.8 | 12.5 | 6.1 |
| 城西变电站 | 10.0 | 4.8 | 12.0 | 5.8 |
| 汉临变电站 | 3.2 | 1.5 | 3.8 | 1.8 |
| 足青变电站 | 1.6 | 0.8 | 1.9 | 0.9 |
| 敬州变电站 | 1.6 | 0.8 | 1.9 | 0.9 |
| 古宜变电站 | 1.6 | 0.8 | 1.9 | 0.9 |
| 巴头变电站 | 1.6 | 0.8 | 1.9 | 0.9 |
| 都昌变电站 | 1.6 | 0.8 | 1.9 | 0.9 |
| 灵山变电站 | 1.6 | 0.8 | 1.9 | 0.9 |

续表

| 站　名 | 丰　大 | | 枯　大 | |
|---|---|---|---|---|
| | *P* | *Q* | *P* | *Q* |
| 南浪变电站 | 2.5 | 1.2 | 3.0 | 1.5 |
| 东里变电站 | 2.5 | 1.2 | 3.0 | 1.5 |
| 华银铝变电站 | 16.0 | 5.3 | 16.0 | 5.3 |
| 燕原变电站 | 1.6 | 0.8 | 1.9 | 0.9 |

6. 外网短路阻抗

| 归算至母线名称 | 阻抗类型 | 阻抗数值 |
|---|---|---|
| 110kV 乐清变 110kV 母线 | 大方式正序 | 0.14675 |
| | 大方式零序 | 0.22726 |
| | 小方式正序 | 0.18907 |
| | 小方式零序 | 0.22750 |

# 附录Ⅳ　电网地理接线图

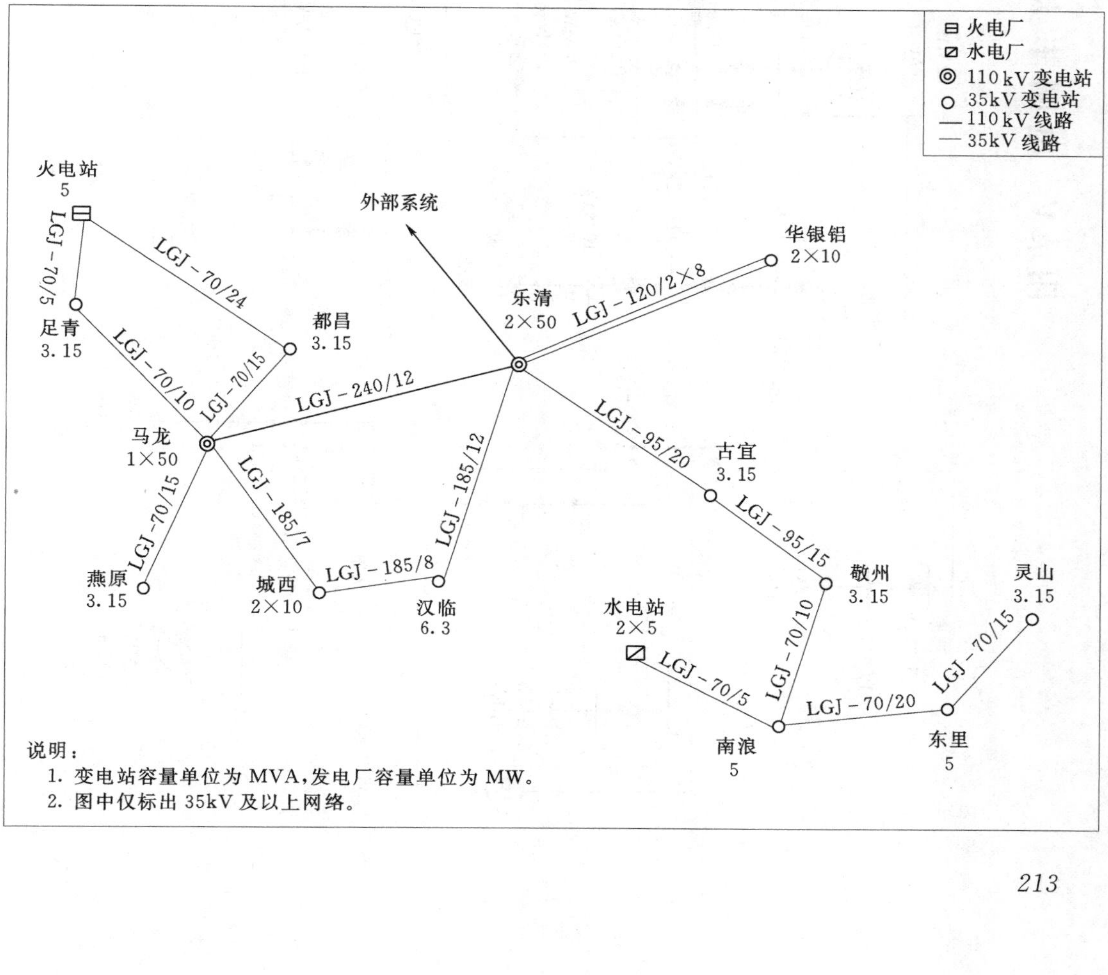

⊟ 火电厂
▨ 水电厂
◎ 110kV 变电站
○ 35kV 变电站
— 110kV 线路
— 35kV 线路

火电站
5
LGJ－70/5
LGJ－70/24
外部系统
华银铝
2×10
乐清
2×50
LGJ－120/2×8
足青
3.15
都昌
3.15
LGJ－70/10
LGJ－70/15
LGJ－240/12
LGJ－95/20
马龙
1×50
古宜
3.15
LGJ－185/7
LGJ－185/12
LGJ－70/15
LGJ－95/15
燕原
3.15
城西
2×10
LGJ－185/8
汉临
6.3
敬州
3.15
灵山
3.15
水电站
2×5
LGJ－70/5
LGJ－70/10
LGJ－70/15
LGJ－70/20
南浪
5
东里
5

说明：
1. 变电站容量单位为 MVA，发电厂容量单位为 MW。
2. 图中仅标出 35kV 及以上网络。

# 附录Ⅴ　电网丰大潮流图

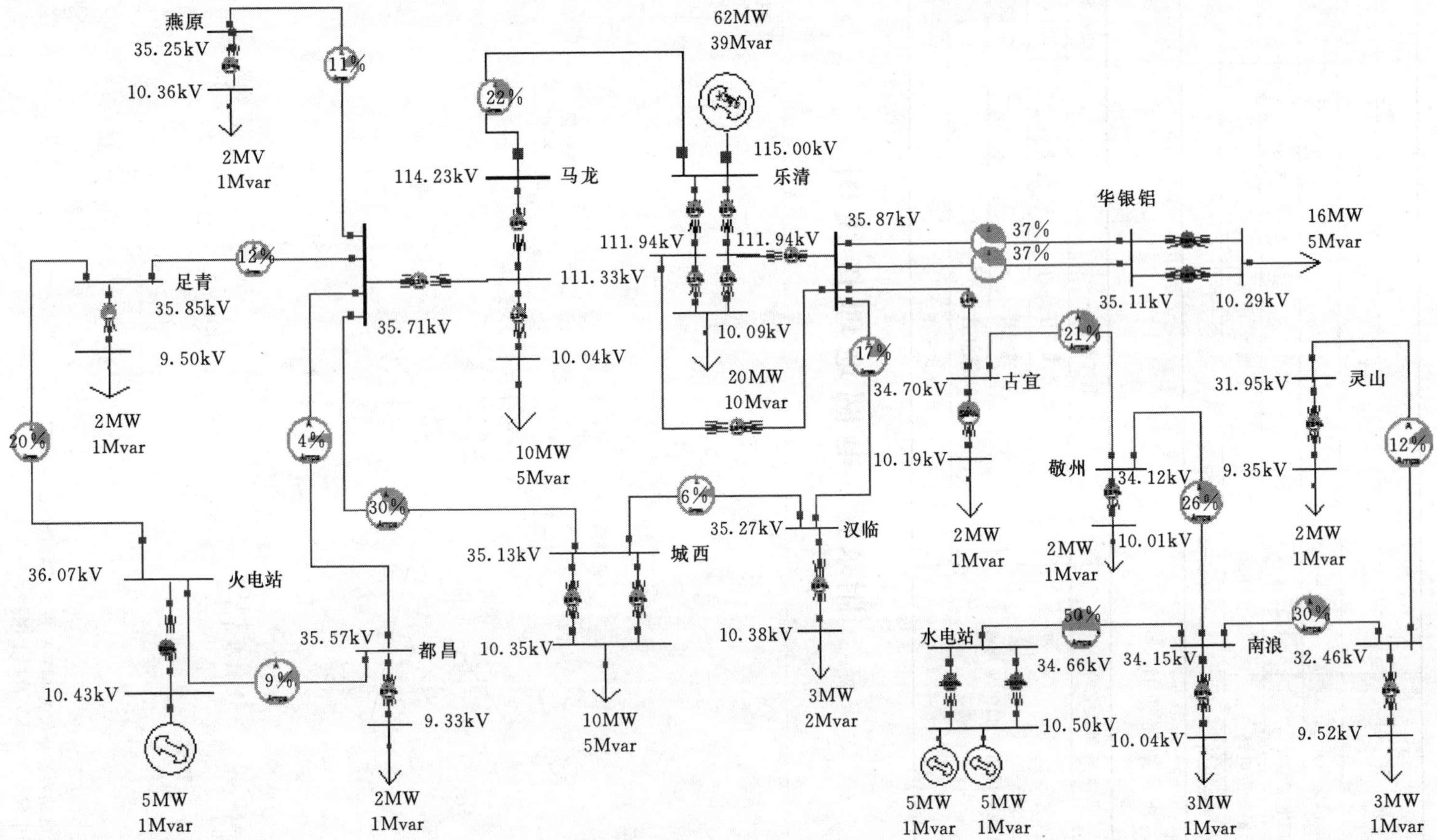

62MW
39Mvar
115.00kV
乐清
111.94kV
111.94kV
10.09kV
20MW
10Mvar
111.33kV
马龙
114.23kV
22%
10.04kV
10MW
5Mvar
35.71kV
35.87kV
37%
37%
华银铝
35.11kV
10.29kV
16MW
5Mvar
21%
古宜
34.70kV
10.19kV
2MW
1Mvar
17%
敬州
34.12kV
10.01kV
2MW
1Mvar
26%
灵山
31.95kV
9.35kV
2MW
1Mvar
12%
30%
南浪
32.46kV
9.52kV
3MW
1Mvar
34.15kV
10.04kV
3MW
1Mvar
50%
34.66kV
10.50kV
水电站
5MW
1Mvar
5MW
1Mvar
汉临
35.27kV
10.38kV
3MW
2Mvar
6%
城西
35.13kV
10.35kV
10MW
5Mvar
30%
都昌
35.57kV
9.33kV
2MW
1Mvar
4%
9%
火电站
36.07kV
10.43kV
5MW
1Mvar
11%
燕原
35.25kV
10.36kV
2MV
1Mvar
12%
足青
35.85kV
9.50kV
2MW
1Mvar
20%

# 参 考 文 献


[1] 陈光会，王敏．电力系统基础［M］．北京：中国水利水电出版社，2004.
[2] 陈立新，吴志宏．电力系统分析［M］．北京：高等教育出版社，2006.
[3] J. 邓肯・格洛弗，穆卢库特拉．S. 萨尔马．电力系统分析与设计（英文原版）［M］．北京：机械工业出版社，2004.
[4] 蒋春敏．电力系统结构与分析计算［M］．北京：中国水利水电出版社，2011.
[5] 陈珩．电力系统稳态分析［M］．3版．北京：中国电力出版社，2007.
[6] 李光琦．电力系统暂态分析［M］．3版．北京：中国电力出版社，2007.
[7] 何仰赞，温增银．电力系统分析（上、下）［M］．武汉：华中科技大学出版社，2002.
[8] 王大光．电力系统（分析）［M］．北京：中国电力出版社，2010.
[9] 查丛梅．电力系统分析［M］．北京：中国电力出版社，2013.
[10] 夏道止．电力系统分析［M］．2版．北京：中国电力出版社，2011.